电工微视频自学丛书

电工工具使用快速入门

杨清德　胡立山　编著

中国电力出版社
CHINA ELECTRIC POWER PRESS

内容提要

本丛书旨在帮助电工初学者及爱好者快速入门学技术，丛书以图、表、口诀、微视频等形式讲解，具有内容新颖、实用，叙述简洁、活泼等特色。丛书共 8 分册，分别为《电工快速入门》《电工识图快速入门》《电动机使用与维修快速入门》《万用表使用快速入门》《电工工具使用快速入门》《变频器应用快速入门》《PLC 应用快速入门》《低压控制系统应用快速入门》。

本书为《电工工具使用快速入门》分册，共 8 章，详细介绍了通用电工工具、常用电工工具、线路安装工具、登高工具、安全用具、维修电机专用工具、常用电动工具，以及电工测量仪表的结构原理和使用、维护方法，并对部分工具的常见故障及维修进行了讲解。

本书可作为电工技能培训教材，适合电工初学者、爱好者阅读，也可供有一定经验的电工从业人员学习，还可供职业院校相关专业师生参考。

图书在版编目（CIP）数据

电工工具使用快速入门 / 杨清德，胡立山编著. —北京：中国电力出版社，2024.5
（电工微视频自学丛书）
ISBN 978-7-5198-8781-0

Ⅰ．①电⋯　Ⅱ．①杨⋯②胡⋯　Ⅲ．①电工工具-使用方法-教材　Ⅳ．①TM914.53

中国国家版本馆 CIP 数据核字（2024）第 069993 号

出版发行：中国电力出版社
地　　址：北京市东城区北京站西街 19 号（邮政编码 100005）
网　　址：http://www.cepp.sgcc.com.cn
责任编辑：马淑范（010-63412397）
责任校对：黄　蓓　王海南
装帧设计：赵姗姗
责任印制：杨晓东

印　　刷：北京雁林吉兆印刷有限公司
版　　次：2024 年 5 月第一版
印　　次：2024 年 5 月北京第一次印刷
开　　本：787 毫米×1092 毫米　16 开本
印　　张：15.5
字　　数：355 千字
定　　价：48.00 元

版权专有　侵权必究

本书如有印装质量问题，我社营销中心负责退换

前 言

党的二十大报告指出："实施就业优先战略""健全终身职业技能培训制度，推动解决结构性就业矛盾"。近几年来，国家已出台一系列政策，激励更多劳动者，特别是青年一代走技能成长、技能报国之路，各地各领域根据产业转型、区域发展需求，通过岗前培训帮助新职工尽快成长、职业技能培训为农民工拓宽就业渠道等多种形式，帮助就业者快速适应岗位，促进创业带动就业。让就业者有一技傍身，不再为找工作发愁。为了满足大量农民工、在职职工和城镇适龄青年学电工的需求，特策划并组织一批专家学者编写了《电工微视频自学丛书》，包括《电工快速入门》《电工识图快速入门》《电动机使用与维修快速入门》《万用表使用快速入门》《电工工具使用快速入门》《变频器应用快速入门》《PLC应用快速入门》《低压控制系统应用快速入门》，共8分册。

电工技术是一门知识性、实践性和专业性都较强的实用技术，其应用领域较广，各个行业及各个部门涉及的技术应用各有侧重。为此，本套丛书在编写时充分考虑了多数电工初学者的情况，以一个无专业基础的人从零起步初学电工技术的角度，将电工的必备知识和技能进行归类、整理和提炼，并选择了近年来中小型企业紧缺的电工相关专业岗位必备的几个技能重点，以通俗的语言介绍电工知识和技能是本丛书的编写风格，具有新（新技术、新方法、新工艺、新应用）、实（贴近实际、注重应用）、简（文字简洁、风格明快）、活（模块式结构配以图、表、口诀、视频）的特色，重点讲如何巧学、巧用，帮助读者加深对知识和技能的理解和掌握，以便读者通过直观、快捷的方式学好电工技术，为今后工作和进一步学习打下基础。本套丛书穿插了"知识链接""指点迷津""技能提高"等板块，以增加趣味性，提高可读性。

本书是《电工工具使用快速入门》分册，由杨清德、胡立山编著。主要内容包括通用电工工具、常用电工工具、线路安装工具、登高工具、安全用具、维修电机专用工具、常用电动工具，以及电工测量仪表的结构原理和使用、维护方法，并对部分工具的常见故障及维修进行了讲解。

由于编者水平有限，加之时间仓促，书中难免存在缺点和错漏，敬请读者多提意见和建议，可发至电子信箱370169719@qq.com，我们再版时修改。

编 者

目　录

前言

第1章　通用电工工具百战百胜 ... 1

1.1　试电笔 ... 1
1.1.1　试电笔的结构 ... 2
1.1.2　试电笔的工作原理 ... 3
1.1.3　试电笔的测量范围 ... 3
1.1.4　试电笔的一般使用方法 ... 3
1.1.5　巧用试电笔 ... 5
1.1.6　新型试电笔介绍 ... 6

1.2　电工钳 ... 8
1.2.1　钢丝钳 ... 8
1.2.2　尖嘴钳 ... 10
1.2.3　剥线钳 ... 11

1.3　旋具 ... 12
1.3.1　螺钉旋具 ... 12
1.3.2　螺母旋具 ... 14

1.4　电工刀 ... 20

第2章　常用电工工具手足情深 ... 23

2.1　高压验电器 ... 23
2.1.1　高压验电器的作用及组成 ... 23
2.1.2　高压验电的要求及方法 ... 26
2.1.3　使用高压验电器的注意事项 ... 27

2.2　绝缘棒 ... 29
2.2.1　绝缘棒的结构 ... 29
2.2.2　绝缘棒的使用 ... 30
2.2.3　绝缘棒加装隔弧板 ... 32

2.2.4　绝缘棒的保管方法 ········· 32
 2.3　绝缘夹钳 ················· 33
 2.4　压接钳 ··················· 34
   2.4.1　压接钳的种类 ··········· 34
   2.4.2　压接钳的使用 ··········· 35
 2.5　断线钳 ··················· 40
   2.5.1　专用断线钳 ············· 40
   2.5.2　普通断线钳 ············· 41
 2.6　电烙铁 ··················· 42
   2.6.1　常用电烙铁介绍 ········· 42
   2.6.2　电烙铁的选用 ··········· 49
   2.6.3　正确使用电烙铁 ········· 51
 2.7　吸锡器 ··················· 54
   2.7.1　常用吸锡器 ············· 54
   2.7.2　吸锡器的使用 ··········· 55
 2.8　喷灯 ····················· 56
   2.8.1　喷灯的用途及结构 ······· 56
   2.8.2　点火前的检查 ··········· 57
   2.8.3　正确使用喷灯 ··········· 57

第3章　线路安装工具得心应手 ······ 61
 3.1　錾子 ····················· 61
 3.2　榔头 ····················· 62
 3.3　手锯 ····················· 64
 3.4　紧线器 ··················· 65
   3.4.1　紧线器的种类和结构 ····· 65
   3.4.2　紧线器的选用 ··········· 67
 3.5　叉杆、桅杆、架杆 ········· 68
   3.5.1　叉杆 ··················· 68
   3.5.2　桅杆 ··················· 71
   3.5.3　架杆 ··················· 73
 3.6　导线垂弧测量尺 ··········· 73
 3.7　弯管器 ··················· 75

第4章　登高工具步步为营 ·········· 77
 4.1　梯子 ····················· 77
   4.1.1　梯子的种类 ············· 77

- 4.1.2 梯子的使用 …… 77
- 4.2 脚扣 …… 81
  - 4.2.1 概述 …… 81
  - 4.2.2 用脚扣登杆 …… 81
  - 4.2.3 使用脚扣登杆的注意事项 …… 83
- 4.3 蹬板 …… 84
  - 4.3.1 概述 …… 84
  - 4.3.2 蹬板登杆 …… 85
- 4.4 安全带 …… 88
- 4.5 吊绳和吊袋 …… 91
- 4.6 工具夹 …… 91

第5章 安全用具护平安 …… 93

- 5.1 电工安全用具概述 …… 93
  - 5.1.1 绝缘安全用具 …… 93
  - 5.1.2 一般防护安全用具 …… 93
  - 5.1.3 正确保管安全用具 …… 94
- 5.2 临时接地线 …… 96
  - 5.2.1 概述 …… 96
  - 5.2.2 临时接地线的装设 …… 97
  - 5.2.3 使用接地线的注意事项 …… 99
- 5.3 绝缘手套和电绝缘鞋 …… 100
  - 5.3.1 绝缘手套 …… 100
  - 5.3.2 电绝缘鞋 …… 102
- 5.4 安全帽和安全网 …… 104
  - 5.4.1 安全帽 …… 104
  - 5.4.2 安全网 …… 105
- 5.5 遮栏 …… 106
  - 5.5.1 遮栏的种类 …… 106
  - 5.5.2 遮栏的作用 …… 107
  - 5.5.3 室内外使用的临时遮栏 …… 107
- 5.6 标示牌 …… 108
  - 5.6.1 允许类标示牌 …… 108
  - 5.6.2 提醒类标示牌 …… 108
  - 5.6.3 禁止类标示牌 …… 109
- 5.7 护目镜 …… 111
  - 5.7.1 吸收式滤光镜 …… 111

5.7.2 反射式滤光镜 …… 112

第6章 维修电机专用工具熟能生巧 …… 113

6.1 绕线模 …… 113
6.2 绕线机 …… 118
 6.2.1 绕线机的种类 …… 118
 6.2.2 正确使用绕线机 …… 120
6.3 短路侦察器 …… 121
6.4 指南针 …… 122
6.5 拉具 …… 123
 6.5.1 拉具的种类 …… 123
 6.5.2 拉具的使用方法 …… 124
6.6 嵌线工具 …… 126
 6.6.1 划针 …… 126
 6.6.2 理线板 …… 126
 6.6.3 压线板 …… 127
6.7 转速表 …… 127
6.8 常用测量量具 …… 129
 6.8.1 千分尺 …… 129
 6.8.2 游标卡尺 …… 131
 6.8.3 百分表 …… 133
 6.8.4 钢直尺和卷尺 …… 133

第7章 常用电动工具手疾眼快 …… 135

7.1 电动工具的分类 …… 135
7.2 电锤 …… 136
 7.2.1 概述 …… 136
 7.2.2 结构及工作原理 …… 138
 7.2.3 使用维护与检修 …… 139
7.3 电钻 …… 141
 7.3.1 冲击电钻 …… 141
 7.3.2 手电钻 …… 145
 7.3.3 电钻的使用技巧 …… 150
7.4 电动曲线锯 …… 152
 7.4.1 基本结构及工作原理 …… 152
 7.4.2 安全操作与使用 …… 154
 7.4.3 常见故障检修 …… 156

7.5 手提式切割机 ··· 157
　7.5.1 切割机的选用 ··· 157
　7.5.2 构造及工作原理 ··· 158
　7.5.3 正确使用及注意事项 ····································· 158
　7.5.4 维护与保养 ··· 160
7.6 电动自攻螺钉钻 ··· 161
　7.6.1 概述 ··· 161
　7.6.2 使用方法 ··· 162
7.7 电动工具用单相串励电动机的检修 ····························· 163
　7.7.1 单相串励电动机的组成 ··································· 163
　7.7.2 定子励磁绕组的重绕 ····································· 166
　7.7.3 电枢绕组的维修 ··· 168

第8章 电工测量仪表一丝不苟 ······································ 175

8.1 钳形电流表 ··· 175
　8.1.1 钳形电流表的种类 ······································· 175
　8.1.2 钳形电流表的结构 ······································· 177
　8.1.3 钳形电流表的基本线路 ··································· 178
　8.1.4 常用钳形电流表的功能及参数 ····························· 179
　8.1.5 钳形电流表的使用 ······································· 182
　8.1.6 使用钳形电流表的注意事项 ······························· 186
8.2 绝缘电阻表 ··· 188
　8.2.1 手摇式绝缘电阻表 ······································· 189
　8.2.2 数字式绝缘电阻表 ······································· 192
　8.2.3 手摇式绝缘电阻表的使用 ································· 195
　8.2.4 电池供电式绝缘电阻表的使用 ····························· 200
　8.2.5 高压绝缘电阻表简介 ····································· 202
　8.2.6 使用绝缘电阻表的注意事项 ······························· 205
8.3 直流电桥 ··· 208
　8.3.1 直流单臂电桥 ··· 208
　8.3.2 直流双臂电桥 ··· 210
8.4 接地电阻测定仪 ··· 211
　8.4.1 接地电阻测定仪的使用方法 ······························· 212
　8.4.2 使用接地电阻测定仪的注意事项 ··························· 213
8.5 回路电阻测试仪 ··· 214
　8.5.1 仪表面板和测试线 ······································· 214
　8.5.2 特性及性能规格 ··· 214

  8.5.3 一般使用方法 …………………………………………………………… 216
  8.5.4 故障回路阻抗和故障预期电流测量 …………………………………… 217
  8.5.5 线路阻抗与预期短路电流测量 ………………………………………… 220
 8.6 绝缘子测试仪 ………………………………………………………………… 221
  8.6.1 概述 ……………………………………………………………………… 221
  8.6.2 使用方法 ………………………………………………………………… 222
  8.6.3 使用注意事项 …………………………………………………………… 222

附录 A 常用安全工器具的技术要求及预防性检查 ………………………………… 224

附录 B 电气产品安全认证标志 ……………………………………………………… 234

参考文献 ……………………………………………………………………………………… 237

第 1 章

通用电工工具百战百胜

通用电工工具是指专业电工经常使用到的工具，包括低压用的试电笔、电工钳（钢丝钳、尖嘴钳和斜口钳）、旋具（螺钉旋具和螺母旋具）、电工刀等。电工通常将最常用的通用工具装在工具包或工具箱中，如图 1-1 所示。

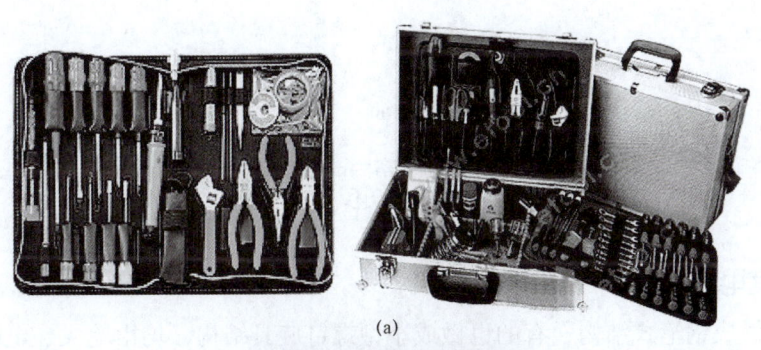

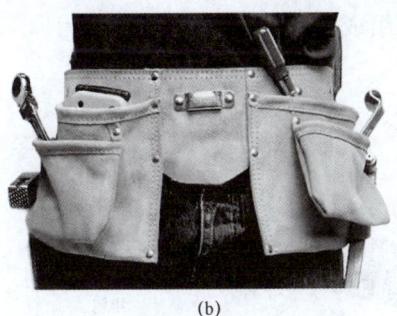

图 1-1 电工通用工具及工具包
(a) 工具箱；(b) 工具包

视频 1.1 电工工具使用（一）

视频 1.1 电工工具使用（二）

视频 1.1 电工工具使用（三）

1.1 试 电 笔

试电笔也称验电器或验电笔，通常简称电笔，它是用来检验导线、电器或电气设备的金属外壳是否带电的一种电工工具。试电笔具有体积小、重量轻、携带方便、使用方法简单等

1

优点，是电工必备的工具之一。

常用的试电笔有钢笔式、旋具式、感应式、组合式等。目前电工最常用的是旋具式试电笔，如图 1-2 所示。

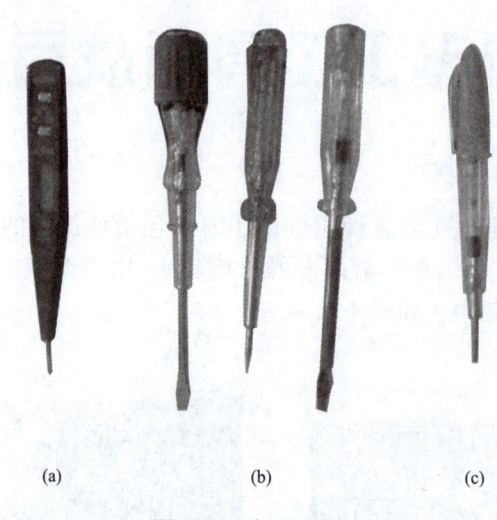

图 1-2　常用试电笔
（a）感应式；（b）旋具式；（c）钢笔式

1.1.1　试电笔的结构

试电笔常做成钢笔式结构，有的也做成小型螺钉旋具结构，均由笔尖、电阻、氖管、笔筒、弹簧和金属端盖或挂鼻等组成，其基本结构如图 1-3 所示。

图 1-3　试电笔的基本结构

氖管是一种内部充满氖气的玻璃管，在电路中只要通过微弱的电流，它就会发出暗黄色的光，如图 1-4 所示。

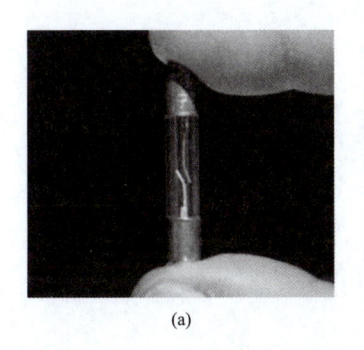

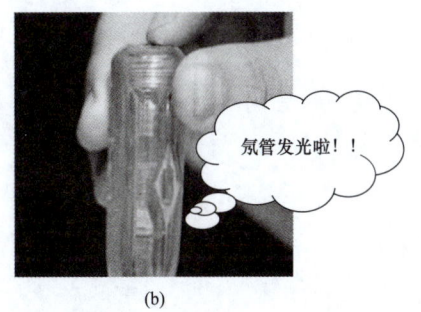

图 1-4 氖管和氖管发光
（a）氖管；（b）氖管发光

1.1.2 试电笔的工作原理

试电笔的工作原理是被测带电体通过电笔、人体与大地之间形成的电位差超过 60V 以上（其电位不论是交流还是直流）时，电笔中的氖管在电场的作用下会发出红色光。

如图 1-5 所示，点划框内部分表示试电笔的结构。R1 表示人体的电阻，它的下端接了地线，表示人站在地上。先把试电笔接向触点 1，这时相当于试电笔笔尖接到零线上，试电笔两端电压为零，氖管不发光。再把试电笔接向触点 2，这时相当于试电笔笔尖接到相线上，加于氖管的电压超过它的起辉电压（约 60V）发出辉光。

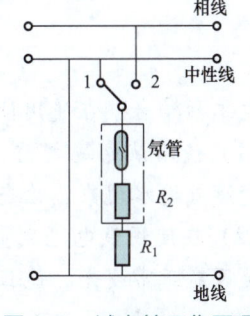

图 1-5 试电笔工作原理

> **知识点拨**
>
> 用试电笔检测导体时，电流经试电笔笔尖金属体→氖管→电阻→弹簧→尾部金属体→人体→大地，构成回路，其电流很微小，人体与大地有 60V 电位差，试电笔则有辉光。

1.1.3 试电笔的测量范围

普通低压试电笔的电压测量范围在 60~500V。低于 60V 时，电笔的氖管可能不会发光显示；对于高于 500V 的电压，严禁用普通低压试电笔去测量，以免产生触电事故。

1.1.4 试电笔的一般使用方法

使用试电笔时，人手接触电笔的部位一定要在试电笔的金属端盖或挂鼻，而绝对不是试电笔前端的金属部分，如图 1-6 所示。

使用试电笔要使氖管小窗背光，以便看清它测出带电体带电时发出的红光。如果试电笔氖管发光微弱，切不可就此断定带电体电压不够高，也许是试电笔或带电体测试点有污垢，也可能测试的是带电体的地线，这时必须擦干净测电笔或者重新选测试点。反复测试后，氖管仍然不亮或者微亮，才能最后确定测试体确实不带电。

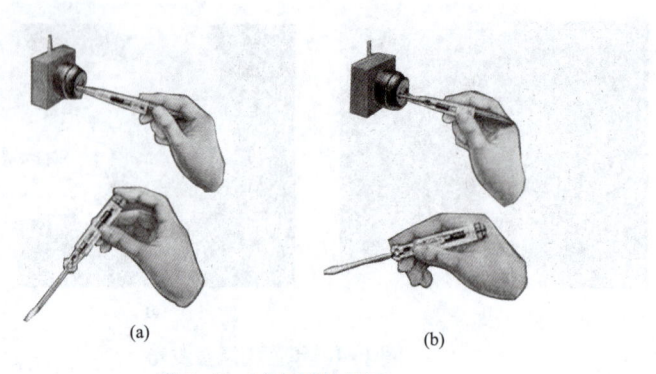

图 1-6　试电笔的握法
（a）正确用法；（b）不正确用法

技能提高

使用试电笔注意事项

电工初学者，在使用试电笔时要注意以下几个方面的问题：

（1）使用试电笔之前，首先要检查电笔内有无安全电阻，然后检查试电笔是否损坏，有无受潮或进水现象，检查合格后方可使用。

（2）在使用试电笔测量电气设备是否带电之前，先将试电笔在有电源的部位检查一下氖管是否能正常发光，能正常发光方可使用，如图 1-7 所示。

图 1-7　检查试电笔的好坏

（3）在明亮的光线下或阳光下测试带电体时，应当注意避光，以防光线太强不易观察到氖管是否发亮，造成误判。

（4）大多数试电笔前面的金属探头都制成小螺钉旋具形状，在用它拧螺钉时，用力要轻，扭矩不可过大，以防损坏。

（5）在使用完毕后要保持试电笔清洁，并放置在干燥处，严防摔碰。

指点迷津

试电笔使用口诀
试电笔有多形式，钢笔、螺刀、感应式。
低压设备有无电，使用电笔来验电。
手触笔尾金属点，千万别碰接电端。
测量电压有范围，氖泡发光为有电。
设备外壳碰相线，氖管发亮可识别。
使用电笔有禁忌，不可接触高压电。
确认电笔完好性，用前一定试通电。
笔身破裂莫使用，电阻不可随意换。
避光、莫当起子使，刀杆应加保护管。

1.1.5 巧用试电笔

试电笔除了可用来测量区分相线与中性线之外，还具有一些特殊用途。

（1）区别交、直流电源。当测试交流电时，氖管两个极会同时发亮；而测试直流电时，氖管只有一极发光，把试电笔连接在正、负极之间，发亮的一端为电源的负极，不亮的一端为电源的正极。参见图1-8。

（2）判别电压的高低。有经验的电工可以凭借自己经常使用的试电笔氖管发光的强弱来估计电压的大约数值，氖管越亮，说明电压越高。

（3）判断感应电。在同一电源上测量，正常时氖管发光，用手触摸金属外壳会更亮，而感应电发光弱，用手触摸金属外壳时无反应。

（4）检查相线是否碰壳。用试电笔触及电气设备的壳体，若氖管发光，则有因相线碰壳而引起的漏电现象。

图1-8 试电笔判断交流电、直流电

1.1.6 新型试电笔介绍

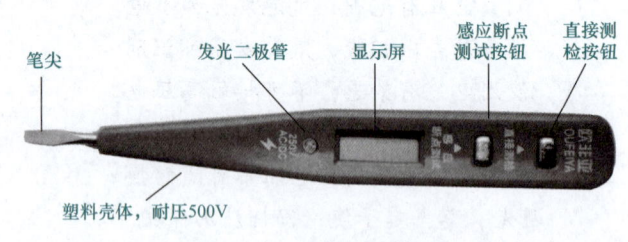

1. 数显感应试电笔

数显感应试电笔是近年来才出现的电工工具，图1-9所示的是比较常见的一种，还有一种是带照明灯的感应试电笔，如图1-10所示。感应式试电笔无需物理接触，就可检查控制线、导体和插座上的电压或沿导线检查断路位置。数显感应试电笔既灵敏又安全，是电工日常工作的必备工具之一。下面简要介绍其使用方法。

图1-9 数显感应试电笔

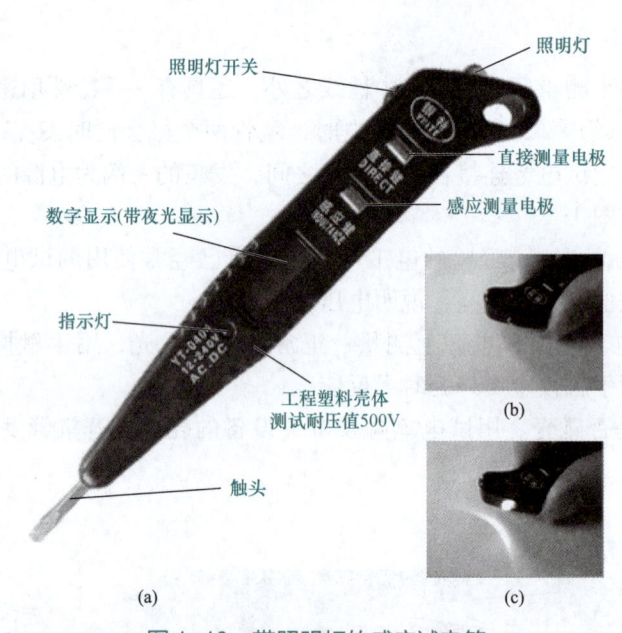

图1-10 带照明灯的感应试电笔
（a）结构；（b）无灯光效果；（c）有灯光效果

（1）交流电测量。手触直测钮，用笔头测带电体，有数字显示者为相线，反之为中性线，如图1-11所示。

（2）线外估测中性线、相线及断点。手触检测钮，用笔头测带电体绝缘层，有符号显示为相线，反之为中性线；沿线移动符号消失为导线的断点位置。

（3）自检。一手触直测钮，另一手触笔头，发光二极管亮的证明试电笔本身正常（以下测量均要用手触直测钮）。

（4）测电器设备的通断（不能带电测量）。手触被测设备一端，测另一端，亮者为设备通，反之为断。

（5）测电池容量。手触电池正极，笔头测负极，不亮者为电池有电，亮者为无电。

（6）测电子元器件。

1）测小电容器。手触电容器的一个极，用试电笔测另一极，闪亮一下为电容器正常；对调位置测量，同上。如均亮或均不亮，证明电容器短路（或容量过大）或断路。

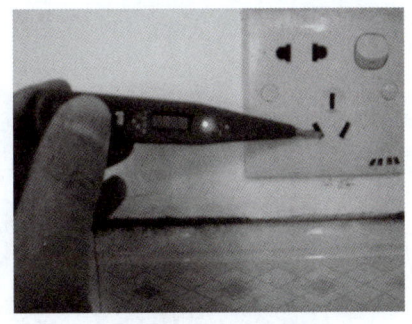

图 1-11　交流电测量

2）测二极管。手触二极管的一个极，用试电笔测另一极，亮者，手触极为正极，反之为负极。双向均亮或均不亮，则二极管短路或断路。

3）测三极管。轮流用手触三极管的一个极，分别测另两个极，直至全亮时，手触极为基极，该三极管为 NPN 型。测某极，手触另两个极亮者，所测极为基极，该三极管为 PNP 型。

在使用数显感应试电笔时，如果试电笔自检失灵，要打开后盖检查电池是否正常或接触是否良好。

2. 非接触试电笔

非接触试电笔如图 1-12 所示，可用于检验危险电压是否存在，侦测护套内断路点的位置、探测微波炉的微波泄漏、检查电线带电情况等。

3. 防水试电笔

如图 1-13 所示，防水试电笔采用了橡胶覆膜表面，使用非常安全和方便。

图 1-12　非接触试电笔

图 1-13　防水试电笔

4. 多功能试电笔

多功能试电笔既可作为非接触"试电笔"使用，又可作为 LED 白光长电池寿命"手电筒"，特别适合电工安装、家庭电气维护、办公室电路故障等现场工作，如图 1-14 所示。这种试电笔具有如下特点：

（1）体积小，便于携带。

（2）电池寿命长，使用 7 号干电池。

（3）非接触感应电压，安全可靠。

（4）一机两用。作为非接触"试电笔"或交流电压探测器，可从距离 2.5~38cm 的位置探测 40~300V 交流电压；超高亮度白色 LED 照明"手电筒"，白色 LED 灯泡可用 10 万 h。

图 1-14　多功能试电笔

> 技能提高

用试电笔检修照明装置

在检修照明电路时，常有这样的情形：用试电笔接触灯头插座两个电极时，氖管都发光，照明灯泡却不亮。对于这种情形，稍微细致观察还可发现，试电笔在接触灯头插座两个电极时，氖管发光的亮度并不一样。有经验的电工立刻可以判断出，这是照明电路中的中性线断路了。

为什么中性线断路了，试电笔与它接触时反倒能发光呢？这也不难理解。当试电笔金属笔尖接触相线时，电流经试电笔及人体对地电容 C 入地，与中性线构成回路，氖管正常发光。如果中性线在图 1-15 中某点 M 处断开了，中性线的 a 段与相线离得很近，且有一定长度，则 a 段与相线之间存在一个等效电容 C'。当用试电笔金属笔尖接触中性线 a 段上的一点时，相当于在笔尖前串接了电容 C' 后去接触相线，于是，电流通过相线→C'→试电笔→C→地，成一回路，氖管会发光。但因 C' 与 C 相当于串联，总电容小于 C，总容抗增大，所以流过氖管的电流小于试电笔直接接触相线时的电流，氖管发光的亮度就差些。

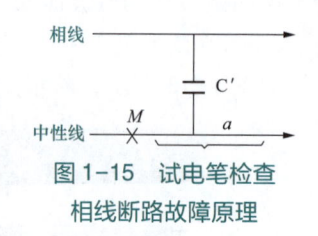

图 1-15　试电笔检查相线断路故障原理

1.2　电 工 钳

常用的电工钳有钢丝钳、剥线钳和尖嘴钳。

1.2.1　钢丝钳

钢丝钳有铁柄和绝缘柄两种，电工用钢丝钳为绝缘柄。常用的钢丝钳有 150、175、200mm 及 250mm 等多种规格，可根据内线或外线工种需要进行选用。

钢丝钳主要由钳头和钳柄两大部分组成，其结构如图 1-16 所示，钳头由钳口、齿口、刀口和铡口 4 部分组成。

钢丝钳是一种钳夹和剪切工具,其用途很多:钳头上的钳口用来弯绞或钳夹导线线头,齿口用来旋动螺母,刀口用来剪切导线或剖切软导线绝缘层,铡口用来铡切较硬的线材,如图1-17所示。

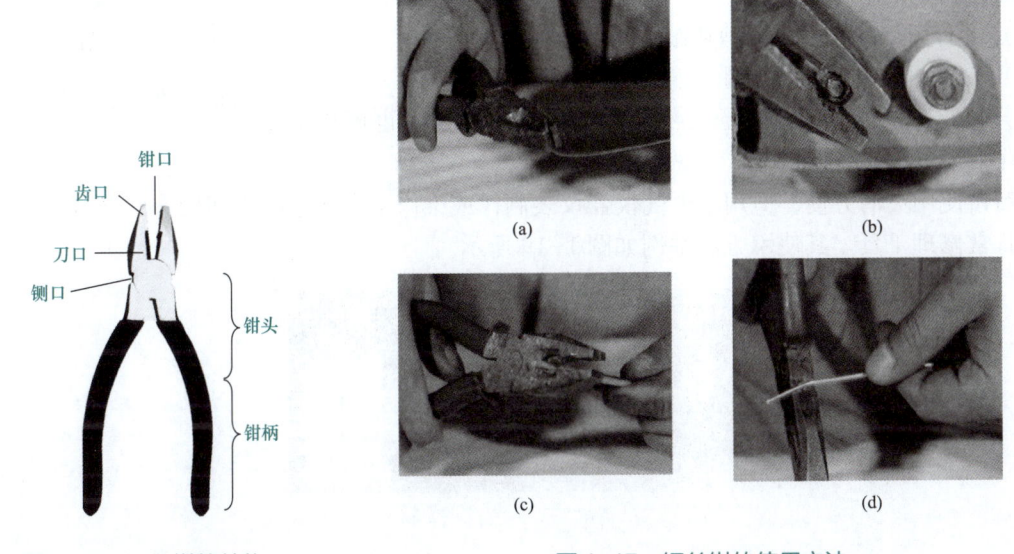

图1-16 钢丝钳的结构

图1-17 钢丝钳的使用方法
(a)弯绞线头;(b)旋动螺母;(c)剪切导线;(d)铡切钢丝

知识链接

使用钢丝钳注意事项

(1)钢丝钳的绝缘护套耐压一般为500V,使用时检查手柄的绝缘性能是否良好。如果绝缘被损坏,进行带电作业时会发生触电事故。

(2)带电操作时,手离金属部分的距离应不小于2cm,以确保人身安全。

(3)剪切带电导线时,严禁用刀口同时剪切相线和中性线,或同时剪切两根相线,以免发生短路事故。

(4)钳轴要经常加油,防止生锈。

指点迷津

钢丝钳使用口诀
电工使用钢丝钳,基本用途有四个。
弯绞紧固和铡切,剪断导线很便捷。
钳的手柄应绝缘,带电作业要注意。
钳轴加油防生锈,不作手锤敲物件。

1.2.2 尖嘴钳

尖嘴钳的头部尖细，适用于在狭小的空间操作。尖嘴钳也有铁柄和绝缘柄两种，绝缘柄的耐压为500V，其外形如图1-18所示。

尖嘴钳的主要用途如下：

（1）带有刃口的尖嘴钳能剪切细小金属丝。

（2）尖嘴钳能夹持较小的螺钉、垫圈、导线等元件。

（3）可将单股导线接头弯圈、剖削塑料电线绝缘层，也可用来带电操作低压电气设备。

图1-18 尖嘴钳

尖嘴钳使用灵活方便，适用于电气仪器仪表制作或维修中在狭小的空间操作，又可以作为家庭日常修理工具。其使用方法举例如图1-19所示。

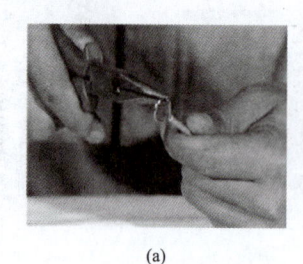

图1-19 尖嘴钳使用方法举例
（a）制作接线鼻；（b）辅助拆卸螺钉

> **知识链接**

使用尖嘴钳注意事项

（1）绝缘手柄损坏时，不可用来剪切带电电线。

（2）为保证安全，手离金属部分的距离应不小于2cm。

（3）钳头比较尖细，且经过热处理，所以钳夹物体不可过大，用力时不要过猛，以防损坏钳头。

（4）注意防潮，钳轴要经常加油，以防止生锈。

> **指点迷津**

尖嘴钳使用口诀
尖嘴用来夹小件，电线成形也能做。
带电作业须细心，手离金属两厘米。
使用尖钳要注意，避免嘴坏绝缘脱。

1.2.3 剥线钳

剥线钳是用来剥除截面积为 6mm² 以下的塑料或橡胶绝缘导线的绝缘层的专用工具，它由钳头和钳柄两部分组成，如图 1-20 所示。钳头部分由压线口和切口构成，分为 0.5~3m 的多个直径切口，用于剥削不同规格的芯线。

使用剥线钳时，把待剥导线线端放入相应尺寸的切口中，然后用力握住钳柄，导线的绝缘层即被剥落并自动弹出，如图 1-21 所示。

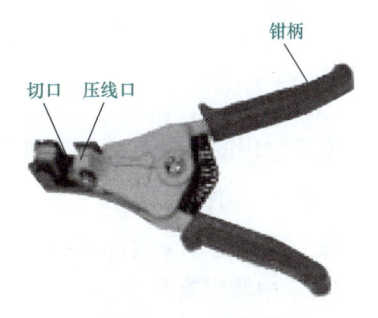

图 1-20 剥线钳

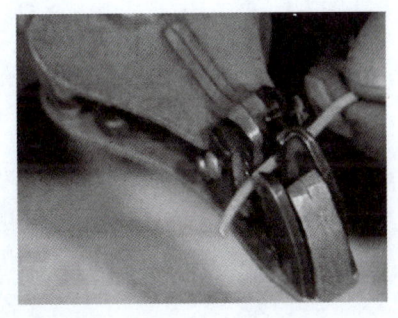

图 1-21 剥线钳的使用

知识链接

使用剥线钳注意事项

（1）选择的切口直径必须大于线芯直径，即电线必须放在大于其芯线直径的切口上切剥，不能用小切口剥大直径导线，以免切伤芯线。

（2）剥线钳不能当钢丝钳使用，以免损坏切口。

（3）带电操作时，首先要检查柄部绝缘是否良好，以防止触电。

指点迷津

> **剥线钳使用口诀**
> 剥线选用剥线钳，六平方内能拿下。
> 剥线之前要注意，刃口要比线稍大。
> 带电操作防触电，柄部绝缘要先查。

1.3 旋 具

电工常用的旋具有螺钉旋具和螺母旋具两大类。

1.3.1 螺钉旋具

螺钉旋具是一种紧固和拆卸螺钉的工具,习惯称为螺丝刀或起子,也称改锥。

1. 常用螺钉旋具

螺钉旋具的式样有很多,按其头部形状不同可分为一字形和十字形两大类,如图 1-22 所示。十字形起子通常称为梅花起子。

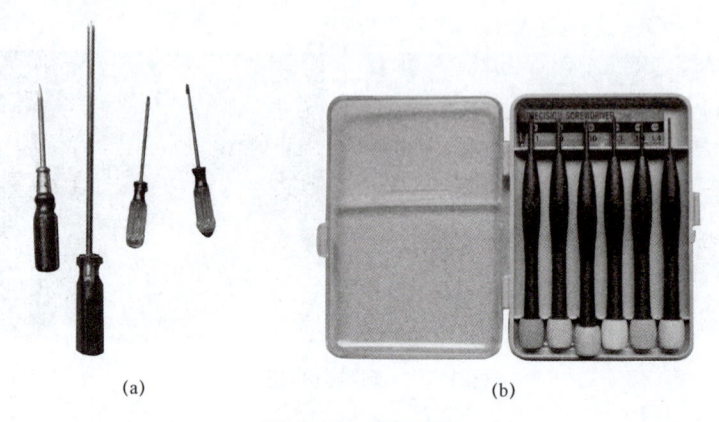

图 1-22 螺钉旋具
(a) 十字形起子;(b) 一字形起子

螺钉旋具的规格有很多,其标注方法是先标杆的外直径(单位:mm),再标杆的长度(单位:mm)。如"6×100"就是表示杆的外直径为 6mm,长度为 100mm。

一字形螺钉旋具常用规格有 50、100、150、200mm 等,电工必备的是 50mm 和 150mm 两种。十字形螺钉旋具是专供紧固和拆卸十字槽的螺钉,常用的规格有 4 种:Ⅰ号适用的螺钉直径为 2~2.5mm,Ⅱ号适用的螺钉直径为 3~5mm,Ⅲ号适用的螺钉直径为 6~8mm,Ⅳ号适用的螺钉直径为 10~12mm。

磁性螺钉旋具按握柄材料可分为木质绝缘柄和塑胶绝缘柄,它的规格比较齐全,分十字形和一字形。金属杆的刀口端焊有磁性金属材料,可以吸住待拧紧的螺钉,能准确定位、拧紧,使用很方便,目前使用也比较广泛,如图 1-23 所示。

近年来,还出现了多用组合式螺钉旋具、冲击式螺钉旋具、电动式螺钉旋具等新型工具,如图 1-24 所示,可根据需要进行选用。

2. 螺钉旋具的使用方法

(1) 大螺钉旋具一般用来紧固较大的螺钉。使用时,除大拇指、食指和中指要夹住握柄外,手掌还要顶住柄的末端,这样就可以防止旋具转动时滑脱,如图 1-25(a)所示。

(2) 小螺钉旋具一般用来紧固电气装置界限桩头上的小螺钉,使用时可用手指顶住木柄的末端捻旋，如图 1-25（b）所示。

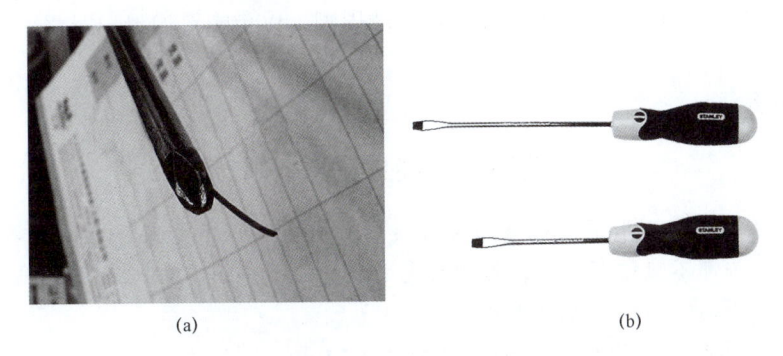

(a)　　　　　　　　　　　　　　　(b)

图 1-23　磁性螺钉旋具
（a）十字形刀口；（b）一字形刀口

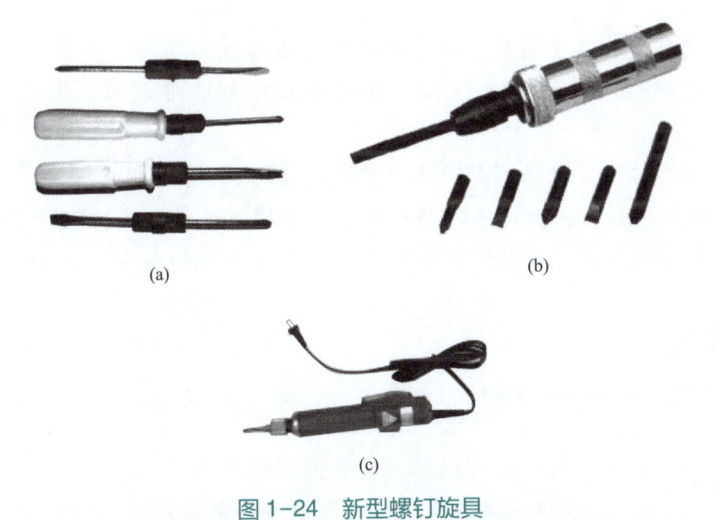

(a)　　　　　　　　　　　　　　　(b)

(c)

图 1-24　新型螺钉旋具
（a）组合式；（b）冲击式；（c）电动式

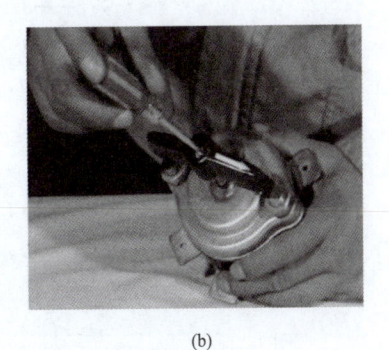

(a)　　　　　　　　　　　　　　　(b)

图 1-25　螺钉旋具的两种握法
（a）大螺钉旋具握法；（b）小螺钉旋具握法

（3）使用较长螺钉旋具时，可用右手压紧并转动手柄，左手握住螺钉旋具中间部分，以使螺钉刀不滑落。此时，左手不得放在螺钉的周围，以免螺钉刀滑出时将手划伤。

> **知识链接**

使用螺钉旋具注意事项

（1）根据不同螺钉选用不同规格的螺钉旋具。旋具头部厚度应与螺钉尾部槽形相配合，斜度不宜太大，头部不应该有倒角，否则容易打滑。一般来说，电工不可使用金属杆直通柄顶的螺钉旋具，否则容易造成触电事故。

（2）使用旋具时，需将旋具头部放至螺钉槽口中，并用力推压螺钉，平稳旋转旋具，特别要注意用力均匀，不要在槽口中蹭动，以免磨毛槽口。

（3）使用螺钉旋具紧固和拆卸带电的螺钉时，手不得触及旋具的金属杆，以免发生触电事故。

（4）不要将旋具当作錾子使用，以免损坏螺钉旋具。

（5）为了避免螺钉旋具的金属杆触及皮肤或触及邻近带电体，可在金属杆上穿套绝缘管。

（6）旋具在使用时应该使头部顶牢螺钉槽口，防止打滑而损坏槽口。同时注意，不用小旋具去拧旋大螺钉。否则，一是不容易旋紧，二是螺钉尾槽容易拧豁，三是旋具头部易受损。反之，如果用大旋具拧旋小螺钉，也容易造成因力矩过大而导致小螺钉滑丝现象。

> **指点迷津**

螺钉旋具使用口诀

起子又称螺丝刀，拆装螺钉少不了。
刀口形状有多种，一字、十字最常用。
根据螺钉选刀口，刀口、钉槽吻合好。
规格大小要适宜，塑料、木柄随意挑。
操作起子有技巧，刀口对准螺钉槽。
右手旋动起子柄，左扶螺钉不偏刀。
小刀拧小螺钉时，右手操作有奥妙。
大刀不易旋螺钉，双手操作螺丝刀。
小钉不便用手抓，刀口上磁抓得牢。
为了防止人触电，金属部分塑料套。
螺钉固定导线时，顺时方向才可靠。

1.3.2 螺母旋具

电工常用的螺母旋具有活动扳手、呆扳手和套筒扳手，这些都是用于紧固和拆卸螺母的工具。

1. 活动扳手

活动扳手也称为活络扳手,是用来紧固和起松螺母的一种专用工具。电工最常用的螺母旋具就是活动扳手。

(1) 结构和规格。活动扳手由头部和柄部两大部分组成。头部由活动扳唇、呆扳唇、扳口、蜗轮和轴销等构成,如图1-26所示。活动扳手的规格以长度最大开口宽度(单位:mm)来表示,电工常用的活动扳手有150mm×19mm(6in)、200mm×24mm(8in)、250mm×30mm(10in)和300mm×36mm(12in)四种规格。

(2) 使用方法。

1) 旋动蜗轮可调节扳口大小,使用时应根据螺母的大小来调节扳口的宽度,如图1-27所示。

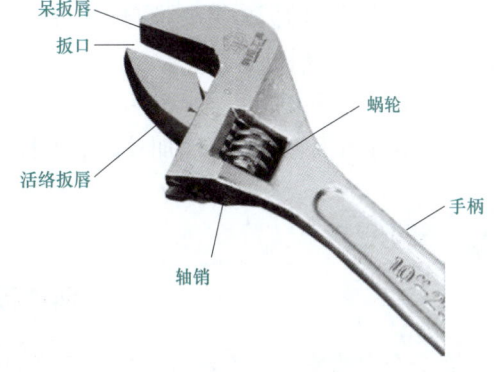

图 1-26 活动扳手

图 1-27 调节扳口宽度

2) 扳动大螺母时,常用较大的力矩,手应握在近柄尾处,手越靠后,扳动起来越省力,如图1-28所示。

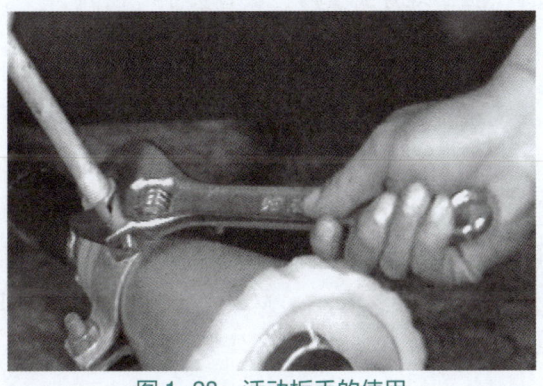

图 1-28 活动扳手的使用

3）扳动小螺母时，因需要不断地转动蜗轮，调节扳口的大小，所以手要握在靠近呆扳唇处，并用大拇指调制蜗轮，以适应螺母的大小。

（3）使用活动扳手注意事项。

1）活动扳手的扳口夹持螺母时，呆扳唇在上，活扳唇在下。活扳手切不可反过来使用，以免损坏活动扳唇。

2）不得把活络扳手当锤子用。

3）不可用钢管接长来施加较大的扳拧力矩。

知识链接

别拿扳手当榔头

在安全大检查、大整治活动中，某班组职工提出"扳手当榔头"是个安全隐患。但有的职工却认为，安全大检查、大整治是要解决安全生产中的关键性问题，对"扳手当榔头"这种司空见惯的现象进行批判是小题大做。

对于基层而言，落实和执行安全管理制度是履行安全职责的关键。"扳手当榔头"正是一些安全管理制度在基层无法落实的一个缩影。由惯性违章产生的惯性故障，由惯性故障引发的惯性事故，在一些领域反复上演，成为一直没有解决好的"老大难"问题。

从改正"扳手当榔头"这些干惯了、看惯了的惯性违章行为做起，让安全管理制度落实在细节上，让安全牢牢掌握在手中。

指点迷津

活络扳手使用口诀
使用扳手应注意，大小螺母握法异。
呆唇在上活唇下，不能反向用力气。
扳大螺母手靠后，扳动起来省力气。
扳小螺母手靠唇，扳口大小可调制。
夹持螺母分上下，莫把扳手当锤使。
生锈螺母滴点油，拧不动时别乱动。

2. 呆扳手

电工还经常用到呆扳手（也称为开口扳手、死扳手），它有单头和双头两种，其开口宽度不能调节，有单端开口和两端开口两种形式，分别称为单头扳手和双头扳手，如图 1-29 所示。单头扳手的规格是以开口宽度表示，双头扳手的规格是以两端开口宽度（单位：mm）表示，如 8×10、32×36 等。

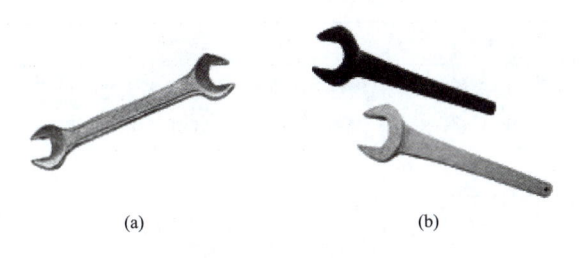

图 1-29　呆扳手

(a) 双头；(b) 单头

3. 整体扳手

整体扳手有正方形、六角形、十二角形（俗称梅花扳手）。其中，梅花扳手在维修电工中应用颇广。

（1）梅花扳手。梅花扳手如图 1-30 所示，它主要用于装拆大型外六角螺钉或螺母。

梅花扳手都是双头形式，它的工作部分为封闭圆，封闭圆内分布了 12 个可与六角头螺钉或螺母相配的孔型。适应于工作空间狭小、不便使用活扳手和呆扳手的场合，其规格表示方法与双头扳手相同。使用时只要转过 30°，就可改变扳动方向，所以在狭窄的地方工作较为方便。

（2）内六角扳手。内六角扳手的外形如图 1-31 所示，主要用于拆装内六角螺钉。其规格以六角形对边的尺寸来表示，最小的规格为 3mm，最大的为 27mm。

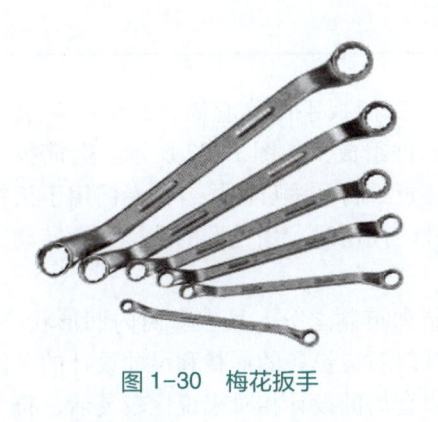

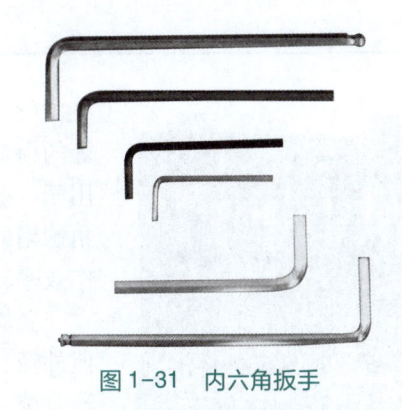

图 1-30　梅花扳手

图 1-31　内六角扳手

> **知识链接**
>
> ## 公制内六角扳手配套使用的螺钉尺寸
>
> 公制内六角扳手配套使用的螺钉尺寸对照见表 1-1。

表 1-1　　　　　　　　公制内六角扳手配套使用的螺钉尺寸对照

公制扳手规格 （mm）	螺　钉　规　格				
^	内六角圆柱头 螺钉（杯头）	内六角沉头 螺钉（平杯）	内六角半圆头 螺钉（圆杯）	内六角紧定 螺钉（机米）	内六角圆柱头轴 肩螺钉（塞打）
0.7	—	—	—	M1.6	—
0.9	—	—	—	M2	—
1.3	M1.4	—	—	M2.5, M2.6	—
1.5	M1.6, M2	—	—	M3	—
2	M2.5	M3	M3	M4	—
2.5	M3	M4	M4	M5	—
3	M4	M5	M5	M6	M5
4	M5	M6	M6	M8	M6
5	M6	M8	M8	M10	M8
6	M8	M10	M10	M12, M14	M10
8	M10	M12	M12	M16	M12
10	M12	M14, M16	M14, M16	M18, M20	M16
12	M14	M18, M20	M18, M20	M22, M24	M20
14	M16, M18	M22, M24	M22, M24	—	—
17	M20	—	—	—	—

（3）套筒扳手。套筒扳手简称套筒，是由一套尺寸不等的梅花筒和一些附件组成，如图1-32所示。套筒扳手适用于一般扳手难以接近螺钉和螺母的场合，专门用于扳拧六角螺帽的螺纹紧固件。使用时，用弓形的手柄连续转动，工作效率较高。

套筒扳手有公制和英制之分，虽然套筒内凹形状一样，但外径、长短等是针对对应设备的形状和尺寸设计的，国家没有统一规定，所以套筒的设计相对来说比较灵活，符合大众的需要。

套筒扳手一般都附有一套各种规格的套筒头，以及摆手柄、接杆、万向接头、旋具接头、弯头手柄等，用来套入六角螺帽。套筒扳手的套筒头是一个凹六角形的圆筒；通常扳

图 1-32　套筒扳手

手由碳素结构钢或合金结构钢制成，扳手头部具有规定的硬度，中间及手柄部分则具有弹性。如果说套筒头是鱼，那么扳手就是水，二者联合形成了套筒扳手。

根据套筒的内六棱尺寸，螺栓的型号依次排列，可以根据需要选用。操作时，根据作业

需要更换附件、接长或缩短手柄。有的套筒扳手还带有棘轮装置，当扳手顺时针方向转动时，棘轮上的止动牙带动套筒一起转动；当扳手沿逆时针方向转动时，止动牙便在棘轮的作用除了省力以外，还使扳手不受摆动角度的限制。要增长它的使用寿命，切记不可超负载使用。当扳手超负载使用时，会在突然断裂之前先出现柄部弯曲变形。

各类扳手的选用原则，一般优先选用套筒扳手。电工常常使用 T 形套筒，如图 1-33 所示。

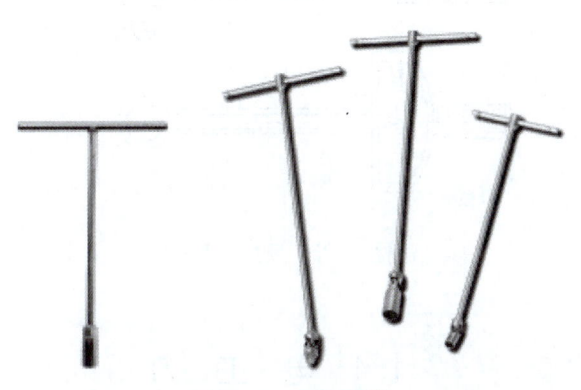

图 1-33　T 形套筒

（4）棘轮扳手。当螺钉或螺母的尺寸较大或扳手的工作位置很狭窄，就可用棘轮扳手，其外形如图 1-34 所示。棘轮扳手摆动的角度很小，能拧紧和松开螺钉或螺母。拧紧时，作顺时针转动手柄。方形的套筒上装有一只撑杆，当手柄向反方向扳回时，撑杆在棘轮齿的斜面中滑出，因而螺钉或螺母不会跟随反转。如果需要松开螺钉或螺母，只需翻转棘轮扳手朝逆时针方向转动即可。

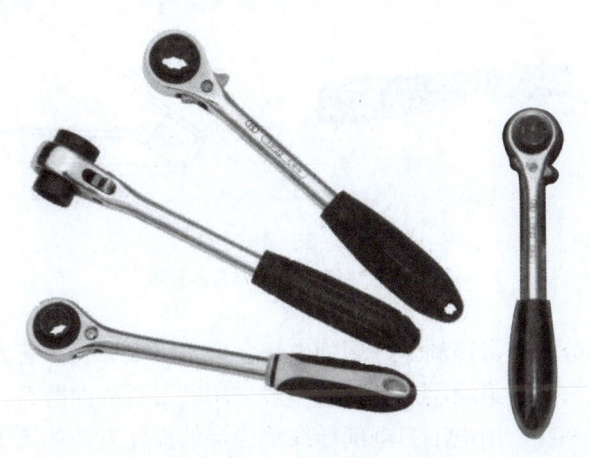

图 1-34　棘轮扳手

（5）测力扳手。为使每个螺钉或螺母的拧紧程度较为均匀一致，可使用测力扳手，如图 1-35 所示。测力扳手有一根长的弹性杆，其一端装着手柄，另一端装有方头或六角头，在方头或六角头上套装一个可换的套筒用钢珠卡住；在顶端上还装有一个长指针。刻度板固定在柄座上，每格刻度值为1N。当要求一定数值的旋紧力，或几个螺母（或螺钉）需要相同的旋紧力时，则可使用测力扳手。除表盘测力扳手外，还有数显测力扳手、预置测力扳手等测力扳手。

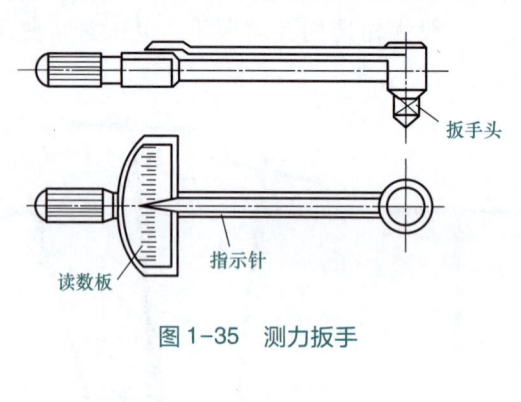

图 1-35 测力扳手

1.4 电 工 刀

电工刀是电工常用的一种切削工具，适合于在装配及维修工作中剥削电线绝缘外皮，切削木桩、切断绳索等。

普通电工刀由刀片、刀刃、刀把、刀挂等构成。不用时，把刀片收缩到刀把内。电工刀的尺寸有大小两种型号，它的外形如图1-36所示。

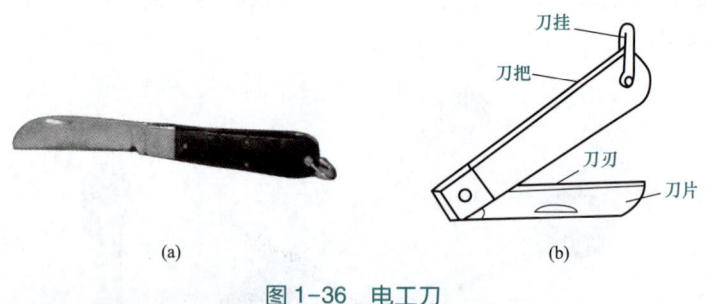

图 1-36 电工刀
(a) 实物图；(b) 结构示意图

电工刀的刀刃部分要磨得锋利才好剥削电线，但不可太锋利，若太锋利，则容易削伤线芯；磨得太钝，则无法剥削绝缘层。磨刀刃一般采用磨刀石或油磨石，磨好后再把底部磨点倒角，即刃口略微圆一些。用电工刀剥削导线绝缘层的操作方法如图1-37所示。

另外，还有各种多功能电工刀，除了有刀片外，还有锯片、通针、扩孔锥、螺钉旋具、尺子、剪子等工具，使用非常方便。

如图1-38（a）所示的多功能电工刀除了刀片外，还有锯片、锥子、扩孔锥等。在硬杂木上拧螺钉很费劲时，可先用多功能电工刀上的锥子锥个洞，这时拧螺钉便省力多了。在圆

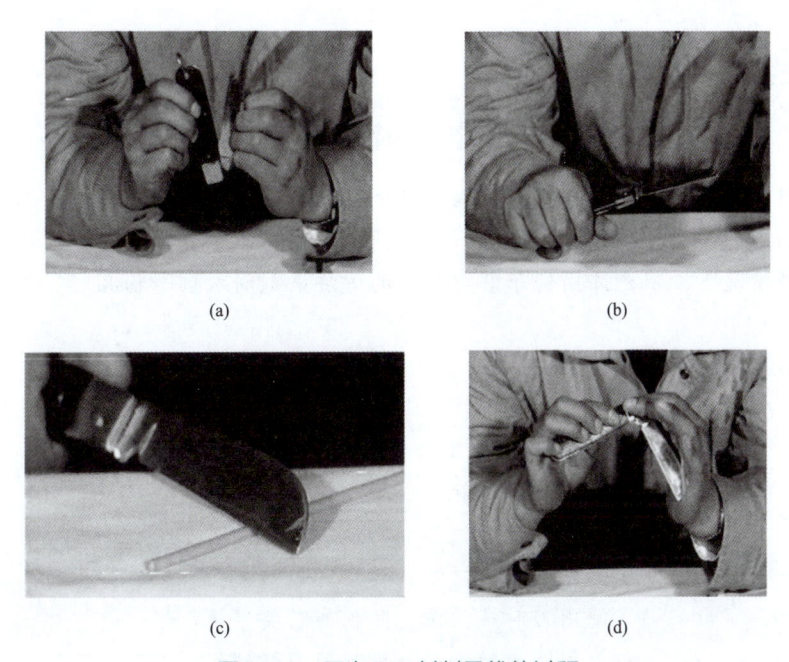

图 1-37　用电工刀剖削导线的过程

(a) 打开刀片；(b) 握法；(c) 剖削导线；(d) 关闭刀片

木上需要钻穿线孔，可先用锥子钻出小孔，然后用扩孔锥将小孔扩大，以利于较粗的电线穿过。锯片可用来锯割木条、竹条，制作木榫、竹榫。

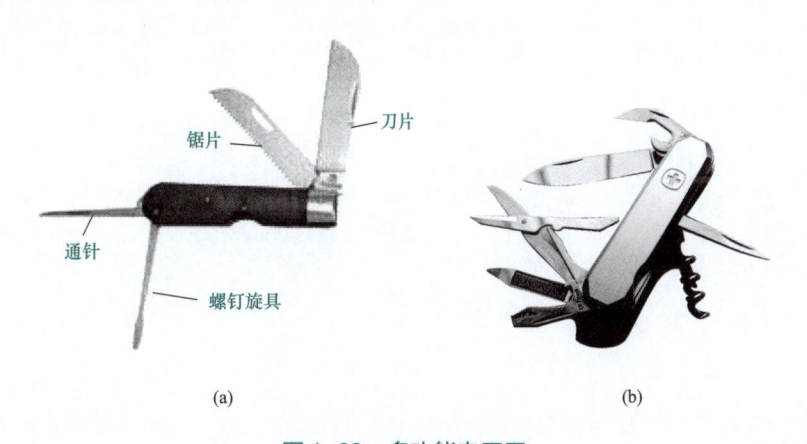

图 1-38　多功能电工刀

(a) 四功能电工刀；(b) 七功能电工刀

如图 1-38（b）所示的多功能电工刀，除了刀片以外，还带有锯子、尺子、剪子和开啤酒瓶盖的开瓶扳手。电线、电缆的接头处常采用塑料或橡皮带等作加强绝缘，可用电工刀上的剪子剪断。电工刀上的钢尺，可用来检测电器尺寸。

知识链接

使用电工刀注意事项

（1）使用电工刀时，刀口一定要朝人体外侧，切勿用力过猛，以免不慎划伤手指。

（2）电工刀的手柄一般是不绝缘的，因此严禁用电工刀带电操作电气设备。

（3）一般情况下，不允许用锤子敲打刀背的方法来剖削木桩等物品。

指点迷津

电工刀使用口诀

电工刀柄不绝缘，带电导线不能削。
刀片长度三规格，功能一般分两种。
单用刀与多功能，后者可锯锥扩孔。
使用刀时应注意，防伤线芯要牢记。
刀刃圆角抵线芯，可把刀刃微翘起。
切剥导线绝缘层，电工刀要倾斜入。
接近线芯停用力，推转一周刀快移。
刀刃锋利好切剥，锋利伤线也容易。
使用完毕保管好，刀身折入刀柄内。

第 2 章

常用电工工具手足情深

常用电工工具一般包括高压验电器、绝缘棒、绝缘夹钳、压线钳、断线钳和焊接工具等，这些工具也是电工在安装及维修时比较常用的工具。

2.1 高压验电器

高压验电器也称为高压测电器，是用来检查高压线路和电力设备是否带电的专用工具，也是保证在全部停电或部分停电的电气设备上工作人员安全的重要技术措施之一。

视频 2.1 高压验电器的使用

高压验电器是变电所常用的最基本的安全用具，它一般以辉光作为指示信号，新式高压验电器也有以音响或语言作为指示的。

2.1.1 高压验电器的作用及组成

高压验电器主要用来检测高压架空线路、电缆线路、高压用电设备是否带电。高压验电器的主要类型有发光型高压验电器、声光型高压验电器、高压电磁感应风车旋转验电器。

1. 发光型高压验电器

发光型高压验电器由握柄、护环、紧固螺钉、氖管窗、氖管和金属探针（钩）等部分组成。图 2-1 所示为发光型 10kV 高压验电器的结构。

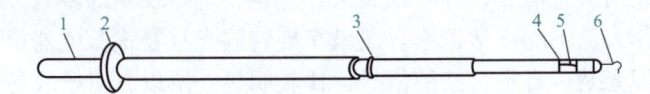

图 2-1 发光型 10kV 高压验电器的结构
1—握柄；2—护环；3—紧固螺钉；4—氖管窗；5—氖管；6—金属探针

2. 声光型高压验电器

现在广泛使用的是棒状伸缩型高压验电器，如图 2-2 所示。棒状伸缩型高压验电器是根据国内电业部门要求，在吸取国内外各验电器优点基础上研制的"声光双重显示"型验电器，它具有以下优点：

(1) 验电灵敏度高。不受阳光、噪声影响，白天、黑夜、户内、户外均可使用。
(2) 抗干扰性强，内设过压保护，温度自动补偿，具备全电路自检功能。

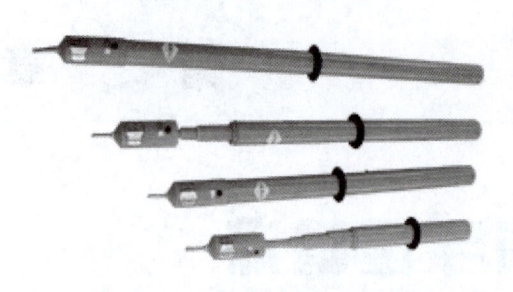

图 2-2　10kV 声光型高压验电器

（3）内设电子自动开关，电路采用集成电路屏蔽，保证在高电压、强电场下集成电路安全可靠地工作。

（4）产品报警时发出"请勿靠近，有电危险"的警告声音，简单明了，避免了工作人员的误操作，保障了人身安全。

（5）验电器外壳为 ABS 工程塑料，伸缩操作杆由环氧树脂玻璃钢管制造。

（6）产品结构一体，使用存放方便。

知识链接

棒状伸缩型高压验电器使用方法

（1）先按一下验电指示器的自检按钮，指示器应发出间歇式声光指示信号，证明验电指示器本身完好。

（2）将验电指示器旋转装于操作杆第一节端部（最上一节顶端），第一节尾部插孔处用接地连线插入并接地。

（3）将操作杆缓缓升起使指示器端部金属触头接触带电体，若有电则指示器将发出声光指示信号，反之则无声光信号指示。

（4）验电时应注意接地连线与高压带电体保持足够的安全距离，整个操作过程应符合安全规程的要求。

3. 高压电磁感应风车旋转验电器

虽然声光型电子式验电器灵敏度高，但是在农网检修时，由于输配电网络大，交叉、跨越、平行线路、电缆线路及风电感应比较多，即使工作地点确已停电，但如果电子式验电器调整得不好，还会发出报警信号，有时把交叉、跨越、平行线路都停电，电子验电器仍然会发报警信号，使工作人员不能正常工作。而风车旋转闪光报警式验电器报警电压高，同时有风车旋转、闪光灯闪光及声音报警三种信号，比较明显。所以，对于农村电工来说，风车旋转闪光报警式验电器是比较实用的。

如图 2-3 所示，高压电磁感应风车旋转验电器一般由检测部分（指示器部分或风车）、绝缘部分、握手部分三大部分组成。绝缘部分是指自指示器下部金属衔接螺钉起至罩护环止的部分，握手部分系指罩护环以下的部分。其中绝缘部分、握手部分根据电压等级的不同其长度也不相同。

4. 感应型高压带电显示验电装置

感应型高压带电显示验电装置是一种利用静电感应原理指示高压电气设备是否带有运行电压的感应型高压带电显示验电装置，如图 2-4 所示。

该装置具有以下特点：

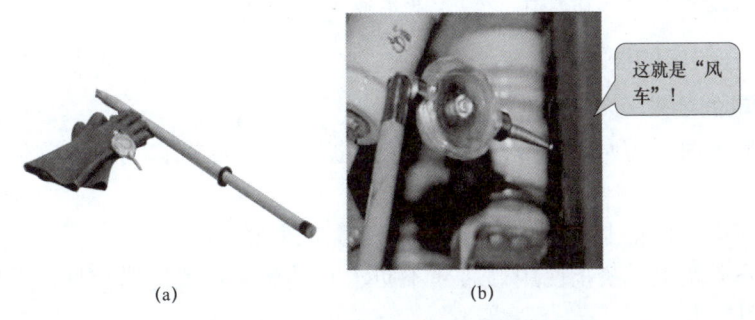

图 2-3　高压电磁感应风车旋转验电器
(a) 握手部分；(b) 检测部分和绝缘部分

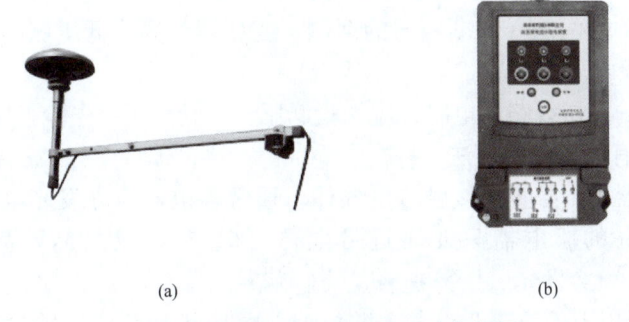

图 2-4　感应型高压带电显示验电装置
(a) 传感器；(b) 带电显示验电器

（1）复合高压带电显示功能。在高压设备带有运行电压时，常设带电显示和专设验电插件发出红色闪光，以直观、醒目的方式提醒工作人员设备带电，以防止误触带电设备或带电合接刀闸等引起的人身、设备事故，如图 2-5 所示。

（2）分相检测逐相验电功能。每路安装 3 只专用高可靠性、抗干扰传感器，可分相检测、验证本路高压设备运行状况。传感器可有效防止旁路、邻相、隔离开关断口的一侧高压带电设备对停电部位的干扰，不会出现误指示。强制电气闭锁回路采用高可靠性元件，并具有全回路自检功能。

（3）可靠性高。具有双重显示方式，可确保验电可靠性；专设的验电插件，可满足安全规程的验电要求。

图 2-5　感应型高压带电显示验电装置的使用

（4）可带电安装。传感器装设在高压设备对地安全距离外，不会发生绝缘击穿危害一次设备及人身安全，保证运行安全。安装无需停电，安装、运行、检查轻松简便。

(5) 全天候运行。不受风、雨、雪、雾等恶劣气候的影响。

2.1.2 高压验电的要求及方法

1. 高压验电的要求

(1) 高压验电时，需两人进行，其中一人监护，另一人操作，操作人必须戴绝缘手套、穿绝缘鞋（靴）。

(2) 先在有电的设备上检查验电器，应确实保证良好。

(3) 雨天室外验电，禁止使用普通（不防水）的验电器或绝缘拉杆，以免受潮闪络或沿表面放电，引起事故。

(4) 验电时，必须使用试验合格、在有效期内、符合该系统电压等级的验电器。特别要禁止不符合系统电压等级的验电器混用。因为，在低压系统使用电压等级高的验电器，有电也可能验不出来；反之，人员安全得不到保证。

(5) 在停电设备的两侧（如断路器的两侧，变压器的高、低压侧等）及需要短路接地的部位，分相进行验电。

(6) 同杆架设的多层线路验电时，应先验低压，后验高压；先验下层，后验上层。

2. 验电时判断有无电压的方法

(1) 试验验电器，不必直接接触带电导体。通常验电器清晰发光电压不大于额定电压的25%。因此，完好的验电器只要靠近带电体（6、10kV及35kV系统分别约为150、250mm及500mm），就会发光、报警或感应风车旋转。

(2) 在35kV及以上的线路及设备上验电时，要防止钩住或顶着导体。室外设备架构高，用绝缘拉杆验电，只能根据有无火花及放电声判断设备是否带电，不直观，难度大。白天，火花看不清，主要靠听放电声。变电所背景噪声很大，思想稍不集中，极易作出错误判断。因此，操作方法很重要。验电时如绝缘拉杆钩住或顶着导体，即使有电也不会有火花和放电声。因为实接不具备放电间隙。正确的方法是绝缘拉杆与导体应保持虚接或在导体表面来回蹭，如设备有电，通过放电间隙就会产生火花和放电声，如图2-6所示。

图2-6 判断有无电压的方法

(3) 在被检测线路及设备上进行检测时，验电器应慢慢移近设备，直到接触触头导电部分。在此过程中，如一直无声、光指示，可判断为无电；否则，即可知带电。

> 知识链接

用高压验电器区分有电、静电和感应电

（1）有电。因工作电压的电场强，验电器靠近导体一定距离，就发光（或报警），显示设备有电。验电器离带电体越近，亮度（或声音）就越强。操作人细心观察，掌握这一点对判断设备是否带电很重要。

（2）静电。对地电位不高，电场微弱，验电时验电器不亮。与导体接触后，有静电时才发光；随着导体上静电荷通过验电器→人体→大地放电，验电器亮度由强变弱，最后熄灭。停电后，在长度较长的高压电缆上验电时，就会遇到这种现象。

（3）感应电。与静电差不多，电位较低，绝大多数情况下验电时验电器不亮。

2.1.3 使用高压验电器的注意事项

（1）在使用前应检查高压验电器的各种配件是否完好，绝缘是否符合要求。室外使用高压验电器，必须在天气良好的情况下进行。

> 知识点拨

按说明书要求使用高压验电器

在使用高压验电器验电前，一定要认真阅读使用说明书，检查一下是否超过试验期，外表是否损坏、破伤。例如，GDY型高压电风车验电器在从包中取出时，首先应观察电转指示器叶片是否有脱轴现象，警报是否发出音响，脱轴者不得使用，然后将电转指示器在手中轻轻摇晃，其叶片应稍有摆动，证明良好，如图2-7所示。然后检查报警部分，证明音响良好。对于GSY型系列高压声光型验电器在操作前应对指示器进行自检试验，才能将指示器旋转固定在操作杆上，并将操作杆拉伸至规定长度，再作一次自检后才能进行。

图2-7 检查高压验电器

（2）验电时，操作人员一定要戴绝缘手套，穿绝缘靴，防止跨步电压或接触电压对人体的伤害。操作者应手握罩护环以下的握手部分，不要超过保护环，如图2-8所示。

图 2-8　高压验电器的握法
（a）正确握法；（b）错误握法

（3）对线路的验电应逐相进行。测试时，应逐渐靠近被测体，如图 2-9 所示，直至氖管发光；若逐渐靠近被测体，但氖气管一直不亮，则说明被测体不带电。

（4）测试时，操作者最好是站在高压绝缘垫上，并且一人测试，另一人监护；操作者在前，监护人在后，以防止发生相间或对地短路事故。人与带电体应保持足够的安全距离。

（5）对同杆塔架设的多层电力线路进行验电时，其操作顺序为：先验低压，后验高压；先验下层，后验上层。

图 2-9　使用高压验电器验电

（6）验电操作：① 要态度认真，克服可有可无的思想，避免因走过场而流于形式；② 要掌握正确的判断方法和要领。

例如，某发电厂10kV线路停电后坚持验电，监护人发现线路上仍带电，操作人认为是静电。停止操作后，经调度检查发现，是用户变电站"漏"拉了一组隔离开关，向发电厂反送电。对此及时进行了纠正，避免了带电挂地线的事故。另一发电厂，用绝缘拉杆在一条35kV双电源线路上验电。该线路本侧断路器已拉开，但线路对端变电所的断路器未拉开，故线路上有电。验电时已经听到"吱、吱"的放电声，操作人员竟然错把线路有电当作静电，继续合上线路侧的接地刀闸，故引起三相短路。通过以上两个案例说明，验电操作是一项要求很高、极其重要的工作，切不可疏忽大意。

（7）高压验电器不能检测直流电压。

（8）在保管和运输中，不要使其强烈振动或受冲击，不准擅自调整拆装，凡有雨雪等影响绝缘性能的环境,一定不能使用。不要把它放在露天烈日下暴晒,应保存在干燥通风处,不要用带腐蚀性的化学溶剂和洗涤剂进行擦拭或接触。

(9) 高压验电器每半年应进行一次预防性试验。

> **指点迷津**

> **高压验电器使用口诀**
> 高压验电有危险,验电程序要规范。
> 手套胶靴安全帽,着装要求合规范。
> 验前设备先自检,以免测试时误判。
> 估电压选验电器,雨雪莫在室外验。
> 握住手柄站姿端,一人监护一人验。
> 验电顺序不能乱,先下后上再低高。
> 舍近求远可不好,每相必须一一验。
> 验时伸手速度慢,闪光音响细分辨。
> 安全距离不可减,验电 5s 不过限。
> 验后设备应放电,验前不得接地线。

2.2 绝 缘 棒

绝缘棒也叫绝缘杆或操作棒,俗称闸杆,主要是用于断开和闭合高压刀闸,跌落保险(跌落熔断开关)安装或拆除临时接地线,进行正常的带电测量和试验等。

视频 2.2 绝缘棒的使用

2.2.1 绝缘棒的结构

绝缘棒主要由工作部分、绝缘部分、握手三部分组成,如图 2-10 所示。常用绝缘棒结构如图 2-11 所示。

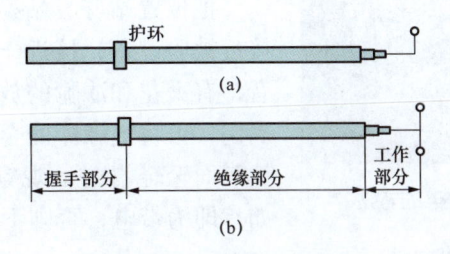

图 2-10 绝缘棒的结构
(a) 工作部分为 L 形;(b) 工作部分为 T 形

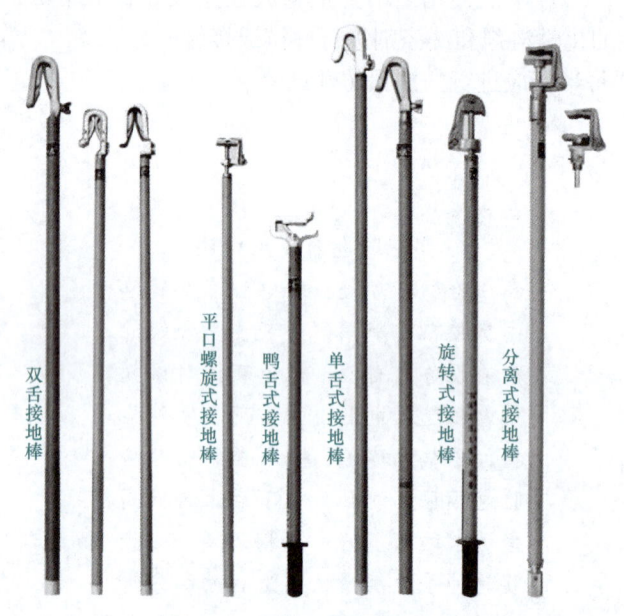

图 2-11 常用绝缘棒的外形（双舌接地棒、平口螺旋式接地棒、鸭舌式接地棒、单舌式接地棒、旋转式接地棒、分离式接地棒）

工作部分由金属制成 L 形或 T 形弯钩，其顶端有一粗大部分，防止操作时绝缘棒从刀闸孔中脱出。工作部分的长度和宽度不大于 500mm，以免操作时造成相间短路。

绝缘棒的绝缘部分一般由电木、胶木、塑料、环氧树脂玻璃布棒（管）等材料制成。要求绝缘部分表面光滑无裂纹，没有深刻的裂痕或硬伤。如果用木材制作，表面应磨光并涂绝缘漆。

对用于 110kV 以上的绝缘棒，绝缘部分的长度应为 2~3m，为了便于携带，可以将绝缘棒分成 3~4 段，每段的端头用金属螺纹连接。

握手部分与绝缘部分应有明显的分界线。隔离环的直径比握手部分大 20~30mm。

2.2.2 绝缘棒的使用

1. 使用绝缘棒验电的方法

把位置站好、站稳后，举起绝缘棒的金属头接近被验设备，接近于虚接时看火花和听放电声音，有火花和清脆的放电声音的为带电，如无法确定，可将绝缘棒的金属头实接带电体，沿带电体表面轻轻滑过，观察有无小火花和放电声音，如有即为带电，否则不带电，如图 2-12 所示。

图 2-12 使用绝缘棒验电的方法

2. 使用绝缘棒挂地线的方法

先接好接地线的接地端，用绝缘棒的金属丁字端头套在地线接线端的金属圆环内卡住地线端头，沿绝缘棒拉紧地线，举起地线靠近经验明无电的设备，分别接触三相，充分放电后，迅速准确地挂在一相上，用绝缘棒将地线头拉入被接地导线，卡住，退出绝缘拉杆金属丁字端头。然后，继续悬挂下一相地线。

> **知识链接**

使用绝缘棒注意事项

（1）使用前，要详细检查绝缘棒有无损坏，并用清洁柔软又不掉毛的干布块擦拭杆体。如有疑问，可用 2500V 绝缘电阻表测定，其有效长度的绝缘电阻值应不低于 10 000MΩ。

（2）操作人员还必须穿戴好必要的辅助安全用具，如绝缘手套和绝缘靴等，如图 2-13 所示。在操作现场，轻轻将绝缘棒从专用工具袋抽出，悬离地面进行节与节之间的丝扣连接，不可将棒体置于地面上进行，以防杂草、土质进入丝扣中或粘敷在杆体的外表上。丝扣要轻轻拧紧，不可丝扣尚未拧到位就开始使用。

（3）绝缘棒在使用中要防止碰撞，以避免损坏表面绝缘层。使用绝缘操作棒时，要尽量减小对棒体的弯曲力，以防损坏棒体。

（4）操作时，绝缘棒有效绝缘长度不得低于《电业安全工作规程》中的规定：10kV 及以下为 0.7m，35kV 为 0.9m，110kV 为 1.3m，220kV 为 2.1m。

（5）绝缘棒使用后，与连接各节杆体时的操作程序一样，将各节分解，并将杆体表面的污迹、水滴等擦拭干净，轻轻装入专用工具袋中。

（6）在雨、雪或潮湿的天气，室外使用的绝缘棒应为全天候绝缘棒，如图 2-14 所示。最好是使用有防雨的伞形罩，使伞的下部保持干燥，没有伞形罩的绝缘杆一般不得在上述天气中使用。

图 2-13 使用绝缘棒要穿戴安全用具

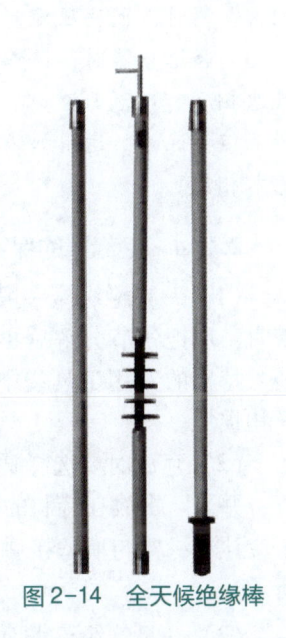

图 2-14 全天候绝缘棒

2.2.3 绝缘棒加装隔弧板

农村、小型企业 10kV 配电变压器低压侧有很多没装总控制开关，当变压器需要停、送电操作时，常因变压器低压侧负载电流较大或拉、合 10kV 跌落式熔断器时风大，造成相间弧光短路，变电所断路器跳闸。为解决此类变压器的高压跌落式熔断器拉、合时易引起弧光短路的问题，有些电工给绝缘操作杆加装隔弧板，即在绝缘操作杆顶端侧面加焊一个 48mm 螺帽，用 φ8mm×50mm 的螺杆把一块 300mm×200mm×3mm 的电工胶木板装在绝缘操作杆顶端的侧面，如图 2-15 所示。

当拉开、合上 10kV 跌落式熔断器时，将胶木板置于边相熔断器与中相熔断器之间，若电弧较大，风将电弧吹向胶木板，胶木板把电弧隔开。电弧燃烧时间很短，不会一下子烧穿胶木板，胶木板绝缘经试验也能够承受 10kV 电压，也就烧不到另一相，因此，避免了相间弧光短路。

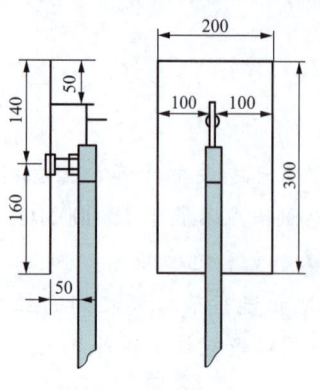

图 2-15 绝缘棒加装隔弧板示意图

> **知识链接**

运用加装隔弧板绝缘棒的方法

运用加装隔弧板的绝缘棒的操作方法：拉闸操作时，先拉掉上风的一个边相 10kV 跌落式熔断器，拉掉后绝缘棒不要马上移开，待熔管自动跌落后再将绝缘棒移开。拉掉上风的一相后，将绝缘棒翻转 180°，再拉掉下风的另外一个边相熔断器，最后拉中相熔断器。拉中相熔断器时，因高压无回路电流，基本没有电弧。

闭合熔断器时，操作顺序与上述操作过程相反。即先合中相，再合下风边相，最后合上风边相。

值得注意，运用加装隔弧板的绝缘棒操作跌落式熔断器，其拉合顺序与未加装隔弧板的基本相反。

2.2.4 绝缘棒的保管方法

（1）一副绝缘棒一般由三节组成。存放或携带时，应把各节分解后再将其外露丝扣一端朝上装入特别的专用工具袋中，以防杆体表面擦伤或丝扣损坏。

（2）存放时要选择通风良好、清洁干燥的地方，并悬空平放在特制的闸杆架上，由专人管理。不应让绝缘棒与墙壁接触，以免受潮，如图 2-16 所示。

图 2-16 绝缘棒陈放

（3）一旦绝缘棒表面损伤或受潮，应及时处理和干燥。杆体表面损伤不宜用金属丝或塑料带等带状物缠绕。干燥时最好选用阳光自然干燥法，不可用火重烤。经处理和干燥后，闸杆必须经试验合格后方可再用。

（4）绝缘杆应定期进行交流耐压试验，每年一次。试验不合格的绝缘棒要立即报废销毁，不可降低标准使用，更不可与合格绝缘棒混放在一起。

指点迷津

绝缘棒使用口诀
安全用具绝缘棒，防止受潮为首要。
使用保管防碰擦，保护绝缘最重要。
操作着装有规定，绝缘鞋子及手套。
操作须有监护人，手握不过护环套。
雨雪天气潮湿大，选用防雨伞形罩。

2.3 绝缘夹钳

绝缘夹钳是用来安装和拆卸高压熔断器或执行其他类似工作的工具，主要用于 35kV 及以下电力系统。绝缘夹钳由工作部分、绝缘部分和握手部分组成，如图 2-17 所示。

视频 2.3 绝缘夹钳的使用

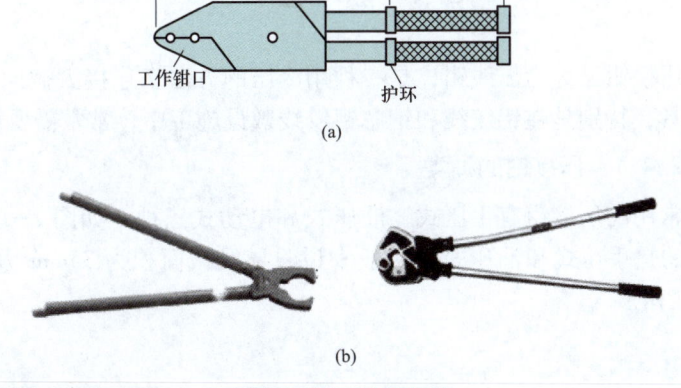

图 2-17 绝缘夹钳
（a）组成示意图；（b）实物图

绝缘夹钳多为由胶木、电木或亚麻油浸煮过的木材制成的。钳身、钳把由护环隔开，以限定手握部位。

绝缘夹钳的工作部分是一个坚固的钳口，并有一个或两个管形缺口，用以夹持高压保险器的绝缘部分。绝缘部分与握手部分之间有一个隔离环,直径比握手部分大 20~30mm,防止操作时不慎将手握到绝缘部分上。

绝缘夹钳各部分的长度有一定要求,在额定电压 10kV 及以下时,钳身长度不应小于 0.75m,钳把长度不应小于 0.2m。

知识链接

使用及保存绝缘夹钳应注意的事项

(1) 使用时绝缘夹钳不允许装接地线。
(2) 在潮湿天气只能使用专用的防雨绝缘夹钳。
(3) 绝缘夹钳应保存在特制的箱子内,以防受潮后降低绝缘强度。
(4) 绝缘夹钳应定期进行试验,试验方法同绝缘棒,试验周期为一年,10~35kV 夹钳实验时施加 3 倍线电压。

指点迷津

> 绝缘夹钳使用口诀
> 坚固耐用绝缘钳,高压操作好方便。
> 使用不装接地线,绝缘措施要齐全。

2.4 压 接 钳

压接钳又称为压线钳,是一种用冷压的方法来连接大截面铜、铝导线的专用工具,特别是在铝绞线和钢芯铝绞线敷设施工中,常常需要用到它。

2.4.1 压接钳的种类

常用的压接钳有手压式、油压式和电动式三种,如图 2-18 所示。电工最常用的是手压式和油压式,一般来说,导线截面积为 35mm^2 及以下用手压钳,35mm^2 以上用油压钳。

视频 2.4 压接钳的使用

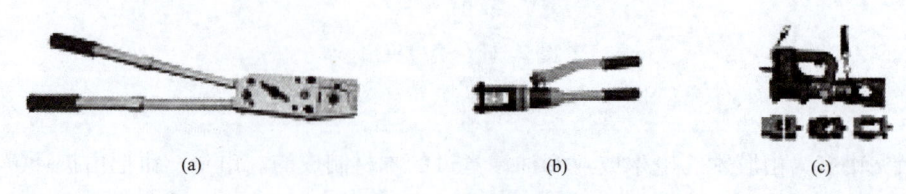

图 2-18 导线压接钳
(a) 手压式;(b) 油压式;(c) 电动式

2.4.2 压接钳的使用

目前，铝线已越来越广泛地代替铜线。铝线有镀锡的和不镀锡的两种。镀锡铝线一般可采用像铜线一样的连接方法。不镀锡的铝线很容易氧化，若连接不妥，连接处就会发热，甚至会影响电路的安全。

1. 手压式压接钳的使用

手压式压接钳适用于输配电室内室外工程。如图2-19所示，它由钳头和钳柄两部分组成，钳头由阳模、阴模和定位螺钉等构成。阴模需要随不同规格的导线而选配。

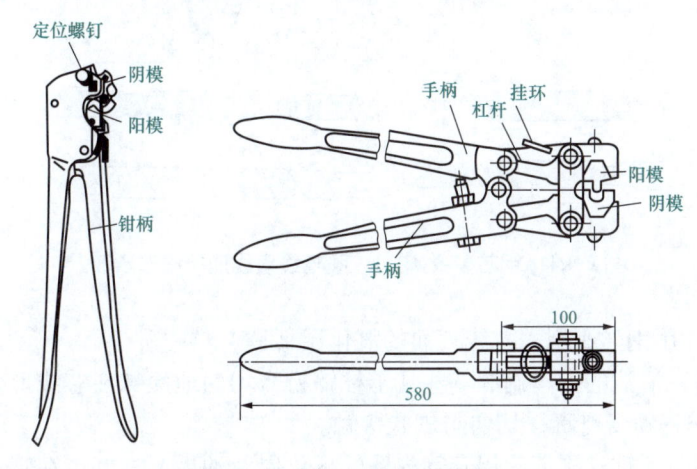

图2-19 手压式压接钳的结构

操作时，先将接线端头预压在钳口腔内，将剥去绝缘的导线端头插入接线端头的孔内，并使被压裸线的长度超过压痕的长度，然后将手柄压合到底，使钳口完全闭合，当锁定装置中的棘爪与齿条失去啮合，则听到"嗒"的一声，即为压接完成，此时钳口便能自由张开，如图2-20所示。

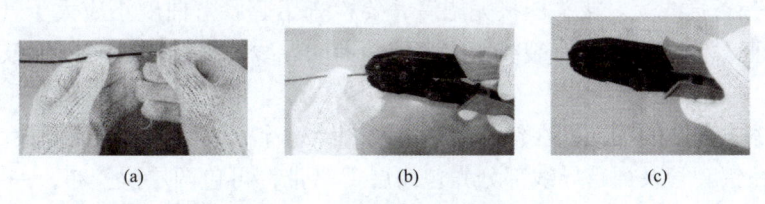

图2-20 压接钳的一般使用方法
（a）穿接线卡；（b）放入钳口；（c）两手用力压接

下面具体介绍用手压式压接钳连接铝芯电线的方法：

（1）铝芯多（单）股电线直线连接方法。铝芯多（单）股电线直线连接方法如图2-21所示。

步骤1：根据导线截面选择压模和椭圆形铝套管。
步骤2：把连接处的导线绝缘护套剥除，剥除长度应为铝套管长度一半加上5~10mm

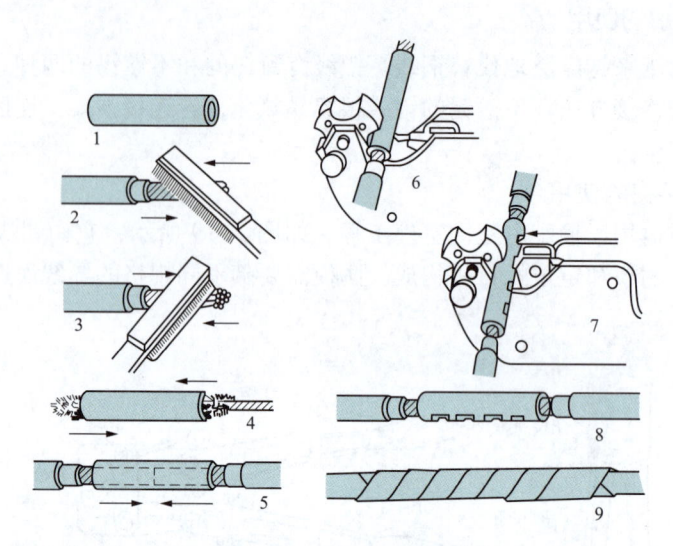

图 2-21　铝芯多（单）股电线直线压接操作步骤

（裸铝线无此项），用钢丝刷刷去芯线表面的氧化层（膜）。

步骤 3：用另一清洁的钢丝刷蘸一些凡士林锌粉膏均匀地涂抹在芯线上，以防氧化层重生。注意：凡士林锌粉膏有毒，切勿与皮肤接触。

步骤 4：用圆条形钢丝刷消除铝套管内壁的氧化层及油垢，最好也在管子内壁涂上凡士林锌粉膏。

步骤 5：把两根芯线相对地插入铝套管，使两个线头恰好在铝套管的正中连接。

步骤 6：根据铝套管的粗细选择适当的线模装在压接钳上，拧紧定位螺钉后，把套有铝套管的芯线嵌入线模。

步骤 7：对准铝套管，用力捏夹钳柄，进行压接。先压两端的两个坑，再压中间的两个坑，压坑应在一条直线上。接头压接完毕后，要检查铝套管弯曲度不应大于管长的 2%，否则要用木槌校直；铝套管不应有裂纹；铝套管外面的导线不得有"灯笼"形鼓包或"抽筋"形不齐等现象。

步骤 8：擦去残余的油膏，在铝套管两端及合缝处涂刷一层快干的沥青漆。

步骤 9：在铝套管及裸露导线部分先包两层黄蜡带，再包两层黑胶布，一直包到绝缘层 20mm 的地方。

（2）铝芯多（单）股电线与设备的螺栓压接式接线桩头的连接方法。铝芯多（单）股电线与设备的螺栓压接式接线桩头的连接方法如图 2-22 所示。

步骤 1：根据芯线的粗细选用合适的铝质接线耳。

步骤 2：刷去芯线表面的氧化层，均匀地涂上凡士林锌粉膏。

步骤 3：把接线耳插线孔内壁的氧化层也刷去，最好也在内壁涂上凡士林锌粉膏。

步骤 4：把芯线插入接线耳的插线孔，要插到孔底。

步骤 5：选择适当的线模，在接线耳的正面压两个坑，先压外坑，再压里坑，两个坑要

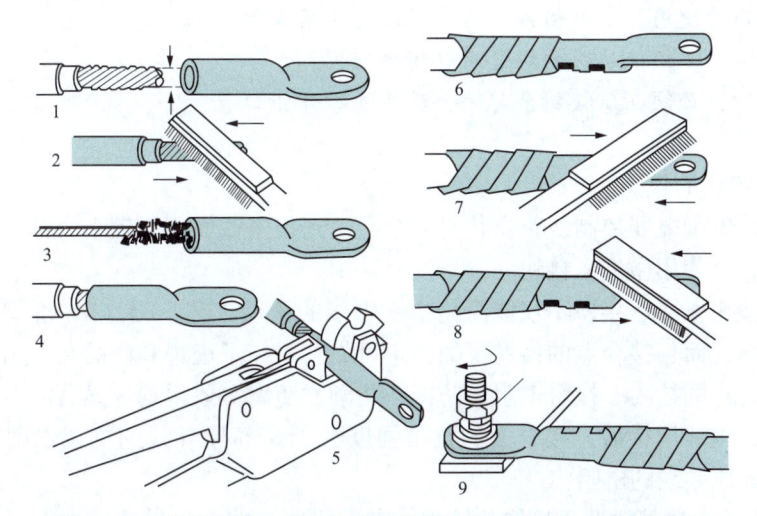

图2-22 铝芯多股电线与设备的接线桩头压接操作步骤示意图

在一直线上。

步骤6：在接线耳根部和电线剥去绝缘层之间包缠绝缘带（绝缘带要从电线绝缘层包起）。

步骤7：刷去接线耳背面的氧化层，并均匀地涂上凡士林锌粉膏。

步骤8：使接线耳的背面向下，套在接线桩头的螺钉上。

步骤9：依次套上平垫圈和弹簧垫圈，用螺母紧紧地固定。

2. 油压式铝导线压接钳的使用

油压式铝导线压接钳适用于输配电室内室外工程中的各种接续金具、架空地下电缆线等专业使用，其结构如图2-23所示。油压式铝导线压接钳的使用与手压式压接钳的使用方法基本一致，这里不再重复。

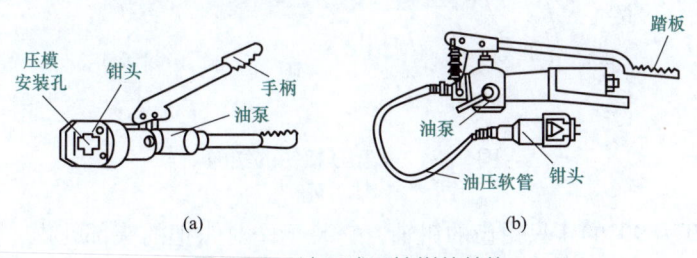

图2-23 油压式压接钳的结构
(a) 手动油压钳；(b) 脚踏油压钳

> 知识链接

使用压接钳注意事项

(1) 压接时，钳口、导线和冷压端头的规格必须相配。

(2) 压接钳的使用必须严格按照其使用说明正确操作。

(3) 压接时，必须使端头的焊缝对准钳口凹模。

(4) 压接时，必须在压接钳全部闭合后才能打开钳口。

3. 微型压接钳的使用

电工在进行电子电器控制线路安装时，常会遇到很多截面积比较小的导线，若工艺设计要求采用压接，可使用微型压接钳。

用微型压接钳作冷压接，不仅能简化烙铁焊接的繁琐工艺，提高工效，消除环境污染，有利于人体健康，而且接合点的性能更加稳定可靠，避免了虚焊和产品在使用过程中的锡氧化，尤其对接合点的拉力、接触电阻、防振、防潮、防腐等效果均为显著。

实践证明，电线压接后，接合点的抗拉强度大于85%原导线的抗拉强度，接触电阻小于长度为15mm原导线的电阻。

如图2-24所示为某微型压接钳的结构，它采用偏心曲面推进机构，作用力由活动钳体通过其头部曲面传递给钳齿，钳齿再挤压压接件而完成压接。压接终了，钳齿就能自动复回至原工作位置，4只钳齿进退动作协调，压深一致，较可靠地保证了每批压接件压痕的一致性。

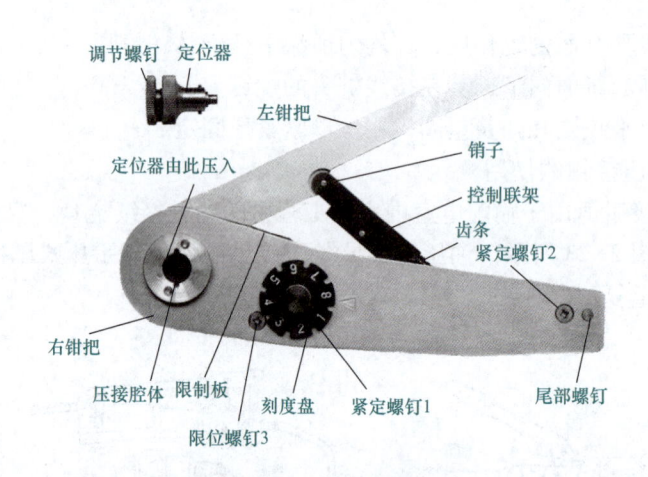

图 2-24 微型压接钳的结构

端面上装有互为90°的4只钳齿的钳轴，它装于一对钳把的头部孔内，当左钳把以钳轴为轴心绕其转动时，其头部曲面形孔壁推进钳齿闭合，钳齿即挤压端子完成压接。钳齿压入端子的深度，靠右钳把中段处的深度调节器改变凸轮位置得到。压痕在端子轴向的位置由附设的定位器调节控制。锁定机构用来控制左右钳把开启位置，从而保证了每个压接件压深的一致性。

使用时，要使接合点获得较佳的端接效果，必须考虑以下三点：

(1) 导线与端子孔径相配间隙。若选配的导线与端子间隙过小，压接后，端子发生开裂，导线即易压伤。若间隙过大，则端子与导线变形甚微，导线则从端子孔中发生拉脱。经验表明，一般选用端子孔径大约为导线直径的1.2~1.3倍。

（2）压痕位置的调节。当压痕位置无要求时，可将剥去皮的裸线插入端子孔内，放进钳腔即可压接。若压痕位置在端子轴向有尺寸要求时，可将定位器插销对准面盖缺口，压入腔体，压到底后按顺时针旋转120°，即进入卡槽再将压接件通过腔体插入定位器孔中，目视钳齿位置是否正确，若位置不对，则调旋定位器螺杆即可。定位器孔径为2mm，定位长度为10~19mm，调节旋钮每周1mm。

（3）压痕深度的调节。压痕深度是指钳齿压入压接件直径方向上的深度。可分为一般调节和精确调节两种。

1）压痕深度的一般调节。这种调节只需转动右钳把中段处的刻度盘即可调节。调节时，可按选用导线截面积和端子尺寸，粗略定出所需挡数，经试压后，视其接合点松紧程度，再拨动刻度盘。若偏松，则向小挡调旋；反之，则向大挡调旋。图2-24所示的微型压接钳可供1~8挡压深的调节。

2）压痕深度的精确调节：当按一般调节法，最佳位置介于两挡之间，这时可将右钳把体内的限位螺钉按下列步骤作精确调节：

a. 将刻度盘调至偏小一挡。

b. 将紧定螺钉1旋出。

c. 将右钳把体内的限位螺钉向前旋1/2或1/4周，然后再将紧定螺钉1旋紧。

d. 将右钳把尾部的紧定螺钉2旋松。

e. 先不放入压接件，使钳齿缓慢闭合，并调旋尾部螺钉至两钳把刚能自动回弹即可。

f. 再将紧定螺钉2旋紧，放入压接件试压后，视其压痕深浅，再按上述方法调至最佳压深位置。

> 知识链接

故障排除及使用注意事项

（1）当误用小挡压入大直径端子或钳腔内被硬质物卡住，如继续使钳齿闭合，即会使钳齿损坏，这时需将左钳把与锁定位置相连的销子拆下，使左钳把回弹，钳齿便即复回，而后再把销子装上即可。

（2）使用时，不得用坚硬的钢制压接件或将实心和壁厚特厚的圆筒件塞入钳腔压接，否则将会损坏压接钳。

（3）试压时，必须由大挡逐步向小挡过渡调节，以免使压钳受力过大，造成卡死或损坏。切勿在压接中途，强行扳压钳把，造成机构失灵或损坏。

（4）使用完毕，将定位器拆下，并擦去污物，将左右钳把放松放至盒内。

指点迷津

压接钳使用口诀
常用压钳有三类,手压油压与电动。
钳口导线及端头,规格相配才选用。

2.5 断线钳

断线钳可分为专用断线钳和普通断线钳。

2.5.1 专用断线钳

断线钳是一种能适用于钢绞线的切割,夹线绕线、扒皮,并配有安全把套的多用途钳子,如图 2-25 所示。

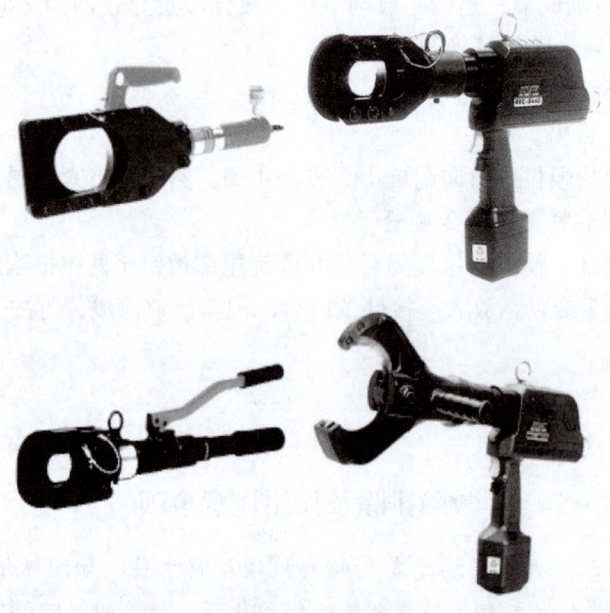

图 2-25 断线钳

断线钳的钳嘴、齿形夹线钳口、断线钳口和拧螺栓螺帽钳口均集合于钳子中轴前部的两面。在中轴后部沿闭合中线的一面有一凹槽,沿钳体平面的闭合中线设有绕线钳口和扒皮钳口,钳柄配有带防脱套环的安全把套,其中轴后部的钳体宽呈梯形。其绕线钳口由 $\phi2$、$\phi3$ 两个通孔构成。它能夹住 $\phi1.5 \sim \phi4$ 的实线,对钢芯绞线搭接线头夹线盘绕。其扒皮钳口是 $\phi1$、$\phi2$、$\phi3$ 的刃孔,构成并铣有坡口,它能扒脱 $\phi0.5 \sim \phi4$ 细丝线、实线搭接线头的绝缘皮。其安全把套是在钳柄上配有带防脱套环的绝缘把套,可有效地防止高空作业中钳子脱手掉落。

> **指点迷津**
>
> **专用断线钳使用口诀**
> 安装工具断线钳,类型普通和专用。
> 主要作用是断线,钢芯铝线钢绞线。
> 使用不要超负荷,高空操作防掉落。

2.5.2 普通断线钳

普通断线钳又称斜口钳,专供剪断较粗的金属丝、线材及导线电缆时使用。

普通断线钳的钳柄有铁柄、管柄和绝缘柄三种。其中,电工用的绝缘柄断线钳的外形如图 2-26 所示,绝缘柄的耐压值为 500V。

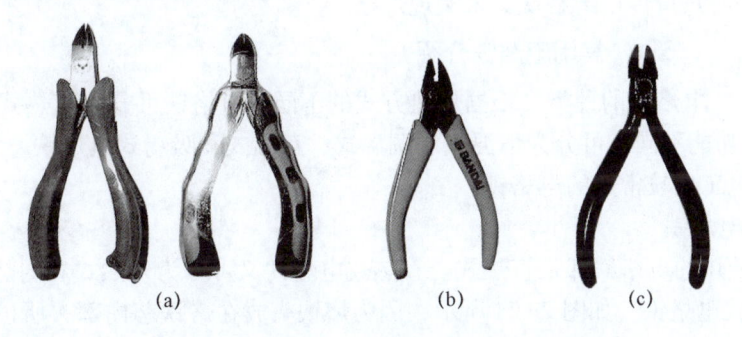

图 2-26 普通断线钳
(a) 绝缘柄断线钳;(b) 铁柄断线钳;(c) 管柄断线钳

普通断线钳既可作为电工安装时剪断余线,也可作为弱电领域中的切断用工具。其头部扁斜、尖端很小是它的特点,最适于切断树脂成形后的切口和精密仪器等上的极细线及乙烯树脂线、剪断电路板上元器件的过长引脚。不仅如此,有时也可作为拆装使用,如图 2-27 所示。

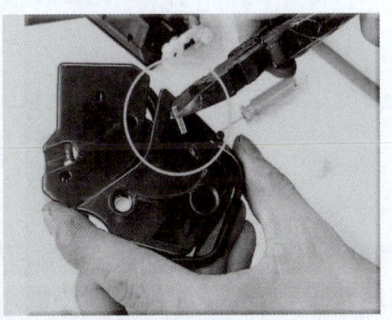

图 2-27 用普通断线钳拆装硒鼓定位销

> **知识点拨**

正确使用断线钳

值得一提的是，对粗细不同、硬度不同的材料，应选用大小合适的斜口钳。斜口钳剪断电线或元件引脚时，应将线头朝向下，以防止断线时伤及操作者的眼睛或其他人。普通断线钳不可用来剪断铁丝或其他的金属物体，以免损伤器件口，超过 1.6mm 的电线不可用斜口钳剪断。

2.6 电烙铁

电烙铁是手工施焊的主要工具，它通过电来加热电阻丝或 PTC 加热元件，并将热量传送给烙铁头来实现焊接。

2.6.1 常用电烙铁介绍

电烙铁的种类，根据加热方式的不同，电烙铁可分为直热式和燃气式。根据功能不同，可分为恒温式、调温式、双温式和吸锡式电烙铁。

视频 2.5 电烙铁的使用

下面介绍电工比较常用的电烙铁。

1. 直热式电烙铁

一般场合使用的电烙铁都是直热式。直热式电烙铁又可分为外热式和内热式。

（1）外热式电烙铁。如图 2-28 所示，因为烙铁头放在烙铁芯内部，所以称为外热式电烙铁。这种电烙铁的功率较小，常用的有 30W 和 45W 两种，适合于电子元器件及线路的焊接工作。

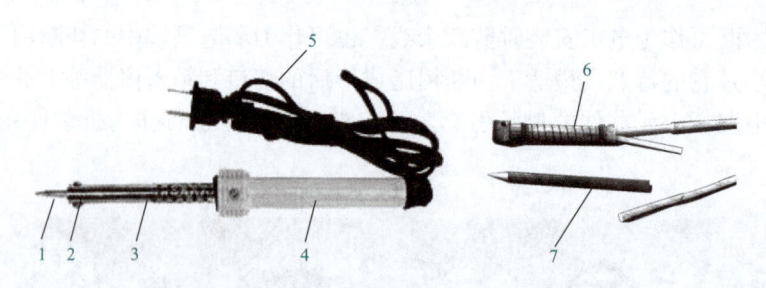

图 2-28 外热式电烙铁及其结构
1—烙铁头；2—烙铁头固定螺钉；3—金属支架；
4—塑料手柄；5—电源线；6—烙铁芯；7—烙铁头

电工在维修电动机、变压器等设备时，有时还要使用如图 2-29 所示的外热式大功率电烙铁，这种电烙铁能量转换效率低，加热慢，一般需要 10~15min，功率比较大，从 45W 到数百瓦，电工常用的有 75、100、150W 和 200W 等。

外热式电烙铁烙铁头的温度可通过烙铁头固定螺钉来调节。外热式电烙铁的烙铁头有直

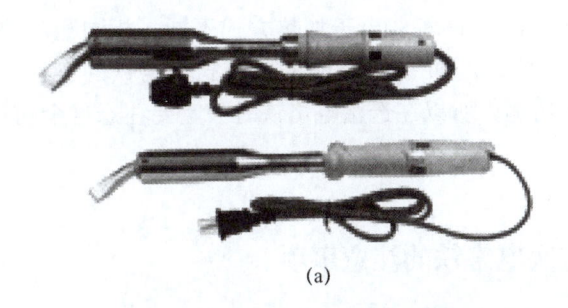

图 2-29 大功率外热式电烙铁和发热芯
(a) 大功率外热式电烙铁；(b) 发热芯

形和弯形两种，如图 2-30 所示，可根据使用情况来选用。

外热式电烙铁的主要特点是：加热速度慢，效率低，大部分热能都散发到空气中；体积比较大，使用起来不太灵活，不适合于焊接小型元器件和紧密电路板。

（2）内热式电烙铁。由于内热式电烙铁的烙铁芯是被烙铁头包起来的，即烙铁芯装在烙铁头内部，故称为内热式。这种电烙铁具有加热效率高、加热速度快、耗电省、体积小、重量轻、价格低等优点，初学者一般都喜欢使用这种电烙铁，如图 2-31 所示。

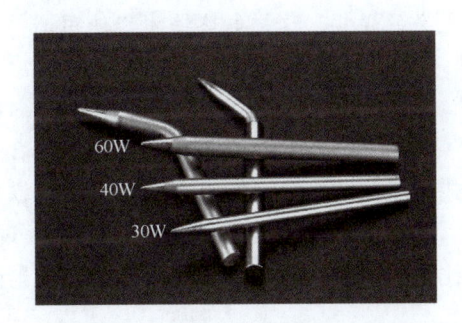

图 2-30 外热式电烙铁烙铁头
(a) 弯形烙铁头；(b) 直形烙铁头

内热式电烙铁的缺点也是比较明显的，因为烙铁头把加热器的大部分热量都吸收了，使烙铁头的温度上升很高，导致烙铁头氧化，称为烙铁头"烧死"。烙铁头一旦氧化就不容易上锡，对焊接质量有影响。另外，内热式电烙铁的发热芯容易断，怕摔，所以在使用时要注意轻拿轻放。烙铁头和发热芯如图 2-32 所示。

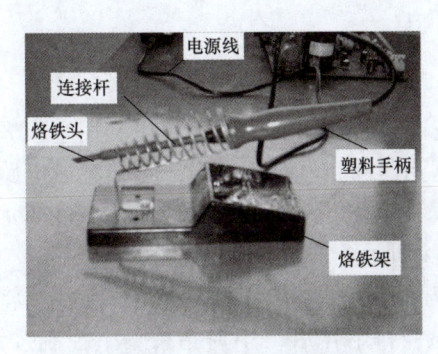

图 2-31 内热式电烙铁

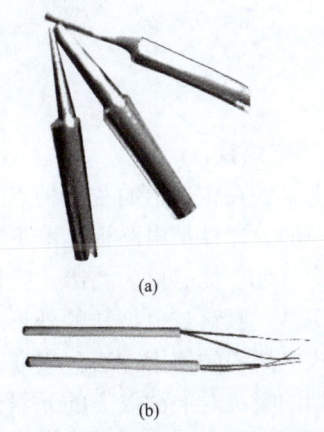

图 2-32 内热式电烙铁的烙铁头和发热芯
(a) 烙铁头；(b) 发热芯

常用的内热式电烙铁有 25、35W 和 50W 等。由于加热方式不同，相同瓦数的内热式电烙铁比外热式电烙铁的实际功率大一些，例如一把 25W 的内热式电烙铁的实际功率，就相当于 45W 左右外热式电烙铁的实际功率，所以在选用电烙铁时一定要注意这个问题。

> **知识链接**
>
> ### 首次电烙铁的注意事项
>
> 首次使用电烙铁时，插上电源插头后，在电烙铁温度上升的同时，先在烙铁头上涂少许松香，待加热到焊锡熔点后，再往烙铁头上加焊锡。在使用过程中，由于电烙铁温度很高，达 300℃ 以上，长时间加热会使焊锡熔化挥发，在烙铁头上留下一层污垢，影响焊接。使用时用擦布将烙铁头擦拭干净或在松香里清洗干净，再往烙铁头上加焊锡，保持烙铁头上有一层光亮的焊锡，这样电烙铁才好使用。

2. 恒温式电烙铁

恒温电烙铁的外形和内部结构如图 2-33 所示，它解决了烙铁头被氧化变黑的问题。恒温式电烙铁的主要工作原理是借助电烙铁内部的磁性开关自动控制通电时间而达到恒温的目的。恒温电烙铁不仅不会出现"烧死"现象，还可提高焊接质量。而且由于断续通电，还会比普通电烙铁省电，同时又能防止元器件因温度过高而损坏。

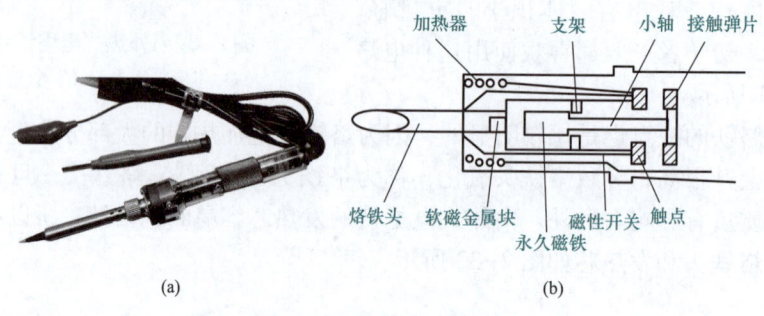

图 2-33 恒温式电烙铁
（a）外形；（b）内部结构

3. 吸锡电烙铁

吸锡电烙铁在构造上的主要特点是把加热器和吸锡器装在一起。因而可以利用它很方便地将要更换的元器件从电路板上取下来，而不会损坏元器件和电路板。对于更换集成电路等多管脚的元器件，优点更为突出。吸锡电烙铁又可做一般电烙铁使用，所以它是一件非常实用的焊接工具。吸锡式电烙铁的外形与结构如图 2-34 所示。

吸锡式电烙铁的使用方法：接通电源，预热 5~7min 后向内推动活塞柄到头卡住，将吸锡烙铁前端的吸头对准欲取下的元器件的焊点，待锡钎料熔化后，小拇指按一下控制按钮，活塞后退，锡钎料便吸进储锡盒内。每推动一次活塞（推到头），可吸锡一次。如果一次没有把锡钎料吸干净，可重复进行，直到干净为止。

(a)

(b)

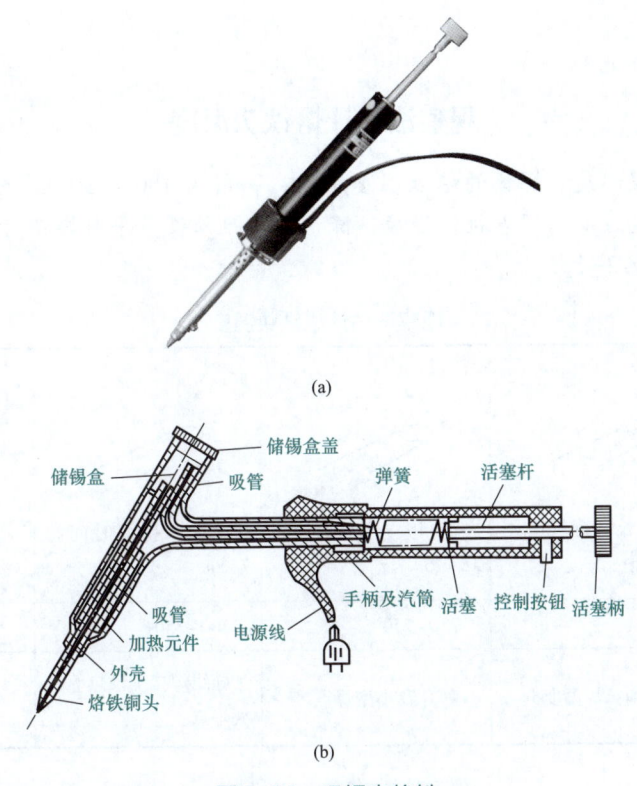

图 2-34 吸锡电烙铁

(a) 外形图；(b) 内部结构

4. 双功率电烙铁

双功率电烙铁有两种功率，平时工作在小功率状态（20~30W），可用于焊接电阻、电容等小型元器件。在电烙铁上有一个按钮，按下按钮，功率可在短时间内升至 70~130W，可用于焊接接线柱等大型元器件，非常适合于电工安装时使用，如图 2-35 所示。

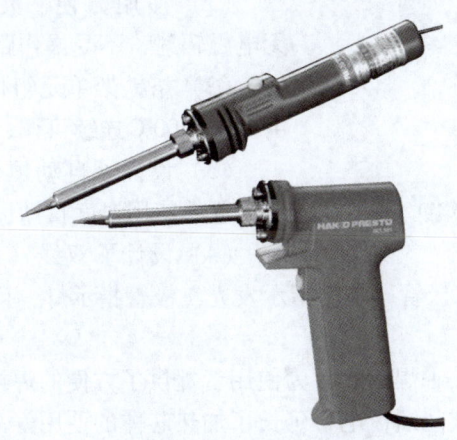

图 2-35 双功率电烙铁

> 知识链接

观察法估计烙铁头温度

具有适当的焊接温度。焊锡的熔点温度不同，一般为 180~230 ℃。温度过低，容易造成冷焊、虚焊；温度过高，焊点机械强度下降、可靠性降低。平时焊接时，可用观察法估计烙铁头的温度，见表 2-1。

表 2-1　　　　　　　　　　观察法估计烙铁头温度

观察现象	烟细长，持续时间长，>20s	烟稍大，持续时间约 10~15s	烟大，持续时间约 7~8s	烟很大，持续时间约 3~5s
估计温度（℃）	<200	230~250	300~350	>350
焊接	达不到锡焊温度	PCB 及小型焊点	导线焊接。预热等较大焊点	粗电线、板材及大焊点

5. 无绳式电烙铁

如图 2-36 所示为无绳式电烙铁的外形图。无绳式电烙铁是一种新型恒温式焊接工具，它由无绳电烙铁单元和红外线恒温焊台单元两部分组成，可实现 220V 电源电能转换为热能的无线传输。无绳电烙铁具有如下优点：

（1）使用方便、灵活、安全、无任何静电，无电磁辐射，不受操作距离限制。

（2）烙铁架单元组件中设温度高低调节旋钮，由 160~400℃ 连续可调，并有温度高低挡格指示。

（3）设计了自动恒温电子电路，可根据使用者设置的使用温度自动恒温，误差范围为 ±3℃。

（4）设计了双线（相线、中性线）同时开关控制按钮和电源指示发光二极管，加温指示发光二极管指示灯，可以观测工作状态，使用安全可靠。

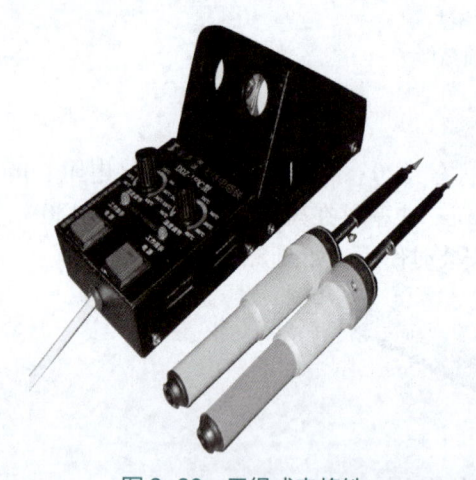

图 2-36　无绳式电烙铁

（5）烙铁架上设置了松香焊锡盒，为使用者提供了方便的焊接条件。

（6）采用了恒温自控式间断供电，延长了加热芯体的使用寿命。

（7）因无绳电烙铁单元自身不带电，彻底消除了各种静电感应危害，并且烙铁专用架单元省去了三线接地线，采用二线和通用单相电源插头供电。

（8）无绳电烙铁单元十分轻便，体积小，储热量大，离开烙铁架后，可长时间使用。

（9）采用自动恒温电路间断供电（非加热状态耗电 0.05W），可大量节省电能。

近年来出现了一种即热即冷式无绳焊接烙铁。这种电烙铁不需接插电源，方便携带；不受场地限制，不受电源限制；随时随地满足任何焊锡需求；加热和冷却几乎瞬时完成。瞬间提供 500℃的高温，瞬间冷却到常温，安全可靠，不烫伤身体和工件，是维修改装和室外焊接维护的必备工具。使用 5 号电池，每组电池可以焊接超过 700 个焊点。

6. 燃气式电烙铁

燃气式电烙铁也称为自热烙铁，如图 2-37 所示，它利用丁烷气体燃烧产生的热量加热烙铁头来进行焊接，还能用热风来熔塑料、紧缩热缩套管及喷火加热器等，适合于电工在野外和用电不方便的地方，代替普通电烙铁进行重要的临时性焊接工作。燃气式电烙铁的烙铁头由纯铜做基体，经镀铁、镀铬及镀锡多层镀层加工而成，切不可用锉刀打磨或改变其形状。

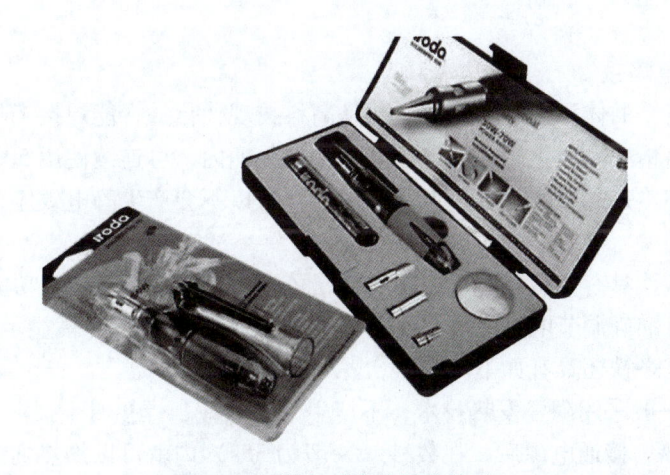

图 2-37 燃气式电烙铁的外形

燃气式电烙铁的结构如图 2-38 所示。从储气罐高速喷出由液化丁烷产生的丁烷气，点火后产生火焰，再通过加热多陶瓷基体来加热。调节火焰的大小可控制温度，使火焰温度在 200~500℃之间。

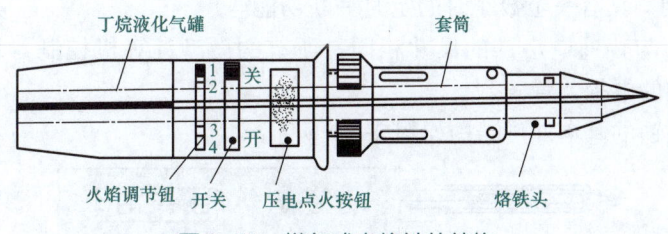

图 2-38 燃气式电烙铁的结构

知识链接

使用燃气式电烙铁的注意事项

（1）燃气式电烙铁以丁烷为燃料源，不能将它置放于高温50℃以上的地方，或长时间置于阳光直接曝晒中。

（2）如果丁烷调节阀开太大，则焊头的燃烧网会忽红忽暗，降低使用效率。

（3）充气时，切勿在有明火、暖气机、壁炉或有易燃物的地方。在启用点火时，务必将烙铁离身体或脸部远一点。

（4）要小心使用火炬功能，因为火炬温度高达1300℃。要特别小心在白天或强光中使用火炬功能，因为强光下几乎看不到燃烧火焰。

（5）使用后，不要碰触烙铁金属部分，以免烫伤。当烙铁还在使用中或刚关闭时，不可随处放置，也不可将盖子盖上；收纳时，一定要确认烙铁本身已冷却。焊接完毕，将工具收纳好，并陈放在小孩拿不到的干燥有锁抽屉中。

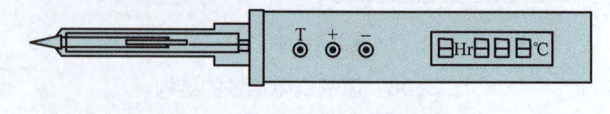

7. 智能数显电烙铁

智能数显电烙铁的体积小、功能齐全，是高科技现代化的智能焊接工具。其将全部的微型计算机控制电路精心微型化后，设计在电烙铁的手柄内，可连续使用5000h以上。由于智能数显电烙铁的加热是通过陶瓷发热方式实现的，所以不会产生静电效应，且电烙铁安全接地，无静电感应现象。

智能数显电烙铁具有微型计算机控制功能，可以实现1~9h的定时功能。另外，通过调节手柄上的按键可准确调节电烙铁的温度，并通过手柄上的液晶屏幕显示出来。除此之外，目前市面上该类电烙铁还具有如下特点：

（1）无感。一般采用陶瓷发热技术，不产生电感效应，焊接时不损坏元器件。

（2）快速加热。接通电源后，在数秒（一般为35s）内就可以加热到预置的温度。

（3）精确的温度控制。采用微型计算机技术，温度控制误差为1℃左右，可随意调节电烙铁的加热温度。

（4）精确的温度设置范围。通过手柄上的按钮调节，精度可达1℃。

（5）液晶数显。在手柄上配有液晶屏幕，可以显示电烙铁的加热温度、调节温度及定时。

（6）定时功能。具有一至数小时的定时关断功能。

（7）体积小。与普通电烙铁的尺寸相同，所有的微型计算机控制器均安装在手柄上，而不需要一个附加的电控装置。

智能数显电烙铁的基本外形结构如图2-39所示。

图2-39 智能数显电烙铁

指点迷津

电烙铁种类口诀

烙铁加热常两式，外热式与内热式。
外热芯在头外部，加热较慢效率低。
内热芯在头内部，体小节能高效率。
还有新品恒温式，磁性开关自控制。
烙铁加装吸锡器，既能焊接又吸锡。
双功率和无绳式，燃气式和数显式。
新品烙铁比较多，选用还需看仔细。

2.6.2 电烙铁的选用

在进行制作与维修时，应根据不同的施焊对象选择不同的电烙铁。主要从烙铁的种类、功率及烙铁头的形状这三个方面考虑，在有特殊要求时，选择具有特殊功能的电烙铁。可用下面的口诀来帮助记忆：

选用烙铁考虑好，种类功率与烙头。
内热外热两大类，种类选择看用途。
根据对象选功率，大小合适便操作。
选择烙头有依据，尖端要比焊盘小。

1. 电烙铁种类的选择

一般的焊接应首选内热式电烙铁。对于大型元器件及直径较粗的导线，应考虑选用功率较大的外热式电烙铁。对要求工作时间长，被焊元器件又少的，可考虑选用长寿命型的恒温电烙铁。表2-2为选择电烙铁的依据，仅供参考。

表2-2　　　　　　　　　　　　选择电烙铁的依据

焊接对象及工作性质	烙铁头温度（室温，220V电压，℃）	选 用 烙 铁
一般印制电路板、安装导线	300~400	20W内热式、30W外热式、恒温式
集成电路	350~400	20W内热式、恒温式
焊片、电位器、2~8W电阻、大电解电容、大功率管	350~450	35~50W内热式、恒温式，50~75W外热式
8W以上大电阻、12mm²以上导线 汇流排、金属板等	400~550	100W内热式、150~200W外热式、300W外热式
维修、调试一般电子产品	500~630	20W内热式、恒温式、储能式、两用式

2. 电烙铁功率的选择

采用小型元器件的普通印制电路板和 IC 电路板的焊接应选用 25~35W 内热式电烙铁或 30W 外热式电烙铁，这是因为小功率的电烙铁具有体积小、重量轻、发热快、便于操作、耗电省等优点。

对一些采用较大元器件的电路，则应选用功率大一些的电烙铁，如 50W 以上的内热式电烙铁或 75W 以上的外热式电烙铁，如图 2-40 所示。电烙铁的功率选择一定要合适，过大易烫坏元件，过小则易出现假焊或虚焊，直接影响焊接质量。

图 2-40 用外热式电烙铁焊接较大器件

3. 烙铁头的选择

选择烙铁头的依据：应使它尖端的接触面积小于焊接处（焊盘）的面积。烙铁头接触面过大，会使过量的热量传导给焊接部位，损坏元器件及印制板。一般说来，烙铁头越长、越尖，温度越低，需要焊接的时间越长；反之，烙铁头越短、越粗，则温度越高，焊接的时间越短。

知识链接

烙铁头的选用

如图 2-41 所示为几种常用烙铁头的外形。其中，圆斜面式适用于在单面板上焊接不太密集的焊点；凿式和半凿式多用于电器维修工作；尖锥式和圆锥式烙铁头适用于焊接高密度的焊点和小而怕热的元器件。当焊接对象变化大时，可选用适合于大多数情况的斜面复合式烙铁头。

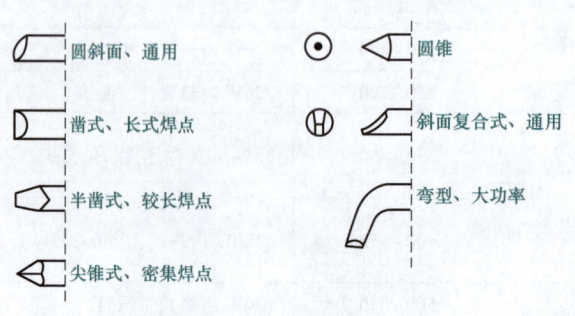

图 2-41 常用烙铁头的形状

> 技能提高

烙铁头的修正

目前，市售的烙铁头大多只是在紫铜表面镀一层锌合金。虽然镀锌层有一定的保护作用，但经过一段时间的使用以后，由于高温和助焊剂的作用，烙铁头被氧化，使表面凹凸不平，这时就需要修整。

修整的方法一般是将烙铁头拿下来，根据焊接对象的形状及焊点的密度，确定烙铁头的形状和粗细。将烙铁头夹到台钳上，用粗锉刀修整，然后用细锉刀修平，最后用细砂纸打磨光滑。修整过的烙铁头要马上镀锡，方法是将烙铁头装好后，在松香水中浸一下，然后接通电源，待烙铁热后，在木板上放些松香及一些焊锡，用烙铁头沾上锡，在松香中来回摩擦。直到整个烙铁头的修整面均匀地镀上一层焊锡为止。也可以在烙铁头沾上锡后，在湿布上反复摩擦。

2.6.3 正确使用电烙铁

1. 电烙铁的握法

电烙铁的握法通常有两种，即正握法和握笔法。

（1）正握法。用五个手指把电烙铁握在掌中，如图 2-42 所示。适合于大功率却又不需要很仔细焊接的大型焊件，或竖起来的电路板焊接。

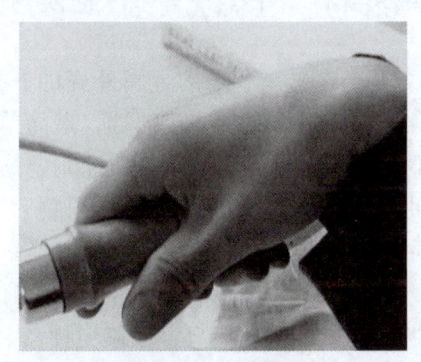

图 2-42　正握法

（2）握笔法。即像握钢笔写字一样的握法，如图 2-43 所示，适合于小功率电烙铁和小型焊接件。

图 2-43　握笔法

2. 使用电烙铁的注意事项

（1）应经常进行安全检查。其方法是：用万用表 R×10k 挡，分别测量插头两根引线与电烙铁头（或金属外壳）之间的绝缘电阻，如图 2-44 所示，测量结果应该为无穷大。若测量用电阻，说明该电烙铁存在漏电故障。此外，还应检查电烙铁的电源线是否有绝缘层破损之处，如有，可用绝缘胶布进行处理。

（2）在焊接过程中，如发现温度略微过高或过低，可调节烙铁头的长度，外热式须松开紧固螺钉，内热式可直接调节。

（3）在用电烙铁焊接过程中，如较长时间不使用烙铁，最好把电源拔掉。否则会使得烙铁芯加速氧化而烧断，同时烙铁头上的焊锡也因此会过度氧化而使烙铁头无法"吃锡"，如图 2-45 所示。

图 2-44　测量电烙铁的绝缘电阻　　　　图 2-45　烙铁头无法"吃锡"

（4）一般烙铁有 3 个接线柱，其中一个是接金属外壳的。接线时应用三芯线将外壳接保护中性线。使用新烙铁或换烙铁芯时，应判明接地端，最简单的办法是用万用表测外壳与接线柱之间的电阻。如烙铁不发热时，也可用万用表快速判定烙铁芯是否损坏。

（5）电烙铁的电源线应使用花线，与塑料线相比，织物耐烫，橡胶受热时气味大，能提醒人。电烙铁使用了一段时间，特别是频繁使用后，要更换电源线，或适当截短后重新连接，防止根部内部折断。

（6）在没有焊接时，电烙铁要放在烙铁架上，以避免摔落。同时，要避免敲击电烙铁。

3. 电烙铁的日常维护

（1）若烙铁头上有杂质，可将一小块海绵用水浸透后放入一小铁盒内，再将工作中的烙铁头在海绵上轻快地正反拉几下，烙铁头就会光亮如新，如图 2-46 所示。

图 2-46　维护烙铁头

（2）若烙铁头已氧化，可把钢丝清洁球放在烙铁架盒内，将工作中的烙铁头在清洁球上扎几下，便可清除烙铁头的氧化物。另外，可手握电烙铁手柄，将氧化的烙铁头浸入盛有酒精的容器中，经 1~2min 后取出，氧化物就被彻底地清除了。

（3）烙铁头使用一段时间后，表面变得凹凸不平，要对烙铁头整形，可用砂纸和锉刀将其凹凸修成平滑面，以适合其要求。

（4）新型内热式电烙铁烙铁头结构简单，拆装方便，寿命长，而且不用锉刀修饰，不用挂锡。头部是尖的，适于小焊点的焊接，如图 2-47 所示。

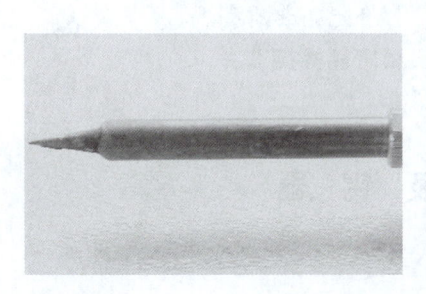

图 2-47 尖烙铁头适于焊接小焊点

> 技能提高

检查并更换烙铁发热芯

如果在使用时发现电烙铁不热，应先检查电源是否打开；若电源已经打开，则切断电源，拧开电烙铁先查看电源引线是否断，然后用万用表检测发热丝是否烧断；如果测得的电阻值在 2.5kΩ 左右，则表明电阻丝是好的，如图 2-48 所示。通常，如果其他都是正常的，那么电阻丝出问题的可能性较大。

更换烙铁芯时，先将固定烙铁芯的引线螺钉松开，卸下引线后，再把烙铁芯从连接杆中取出，然后把相同规格的烙铁芯装进去。注意，在用引线螺钉固定好烙铁芯后，必须把多余的引线头剪掉，否则极易引起短路或使烙铁头带电。

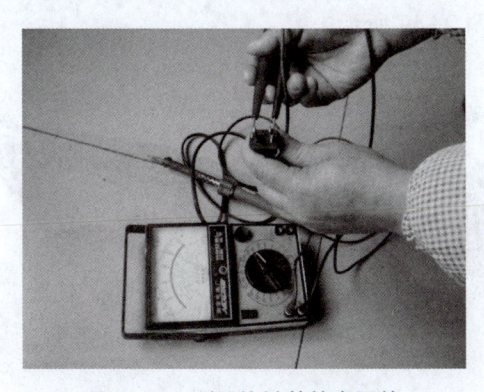

图 2-48 测量烙铁芯的电阻值

指点迷津

> **电烙铁使用口诀**
> 使用烙铁要注意，安全检查莫忘记。
> 用前检查绝缘阻，如果漏电有阻值。
> 熟悉不同的握法，新买烙铁先搪锡。
> 不焊放在铁架上，防止氧化莫敲击。
> 头子氧化不吃锡，打磨光亮杂质去。
> 如果烙铁芯已坏，相同规格换上去。

2.7 吸锡器

2.7.1 常用吸锡器

维修拆卸零件少不了使用吸锡器，尤其是大规模集成电路，更加难拆，拆不好容易破坏线路板，造成不必要的损失。

吸锡器主要分为电动式和手动式两种。

（1）手动式吸锡器。手动式吸锡器构造比较简单，且大部分是塑料制品，由于它的头部会常常接触高温，因此通常都采用耐热塑料。

（2）电动式吸锡器。电动真空吸锡器的外观呈手枪式结构。主要由真空泵、加热器、吸锡头及容锡室组成，是集电动、电热吸锡于一体的新型除锡工具。电动真空吸锡器具有吸力强、能连续吸锡等特点，且操作方便、工作效率高。工作时，加热器使吸锡头的温度达350℃以上。当焊锡熔化后，扣动扳机，真空泵产生负气压，将焊锡瞬间吸入容锡室。因此，吸锡头温度和吸力是影响吸锡效果的两个因素。

吸锡器在使用一段时间后必须经常清理，否则内部活动部分或头部会被焊锡卡住。清理方式随着吸锡器的不同而不同，不过大部分都是将吸锡头拆下来，再分别清理。

常见的吸锡器外形如图2-49所示。

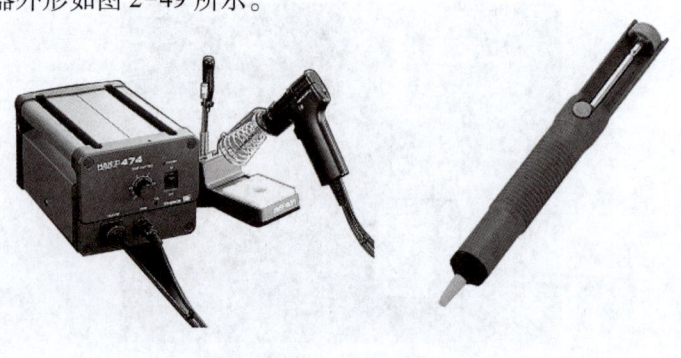

(a) (b)
图2-49 吸锡器
（a）电动式；（b）手动式

2.7.2 吸锡器的使用

1. 手动吸锡器的使用方法

（1）先把吸锡器活塞向下压至卡住。胶柄手动吸锡器里面有一个弹簧，使用时先把吸锡器末端的滑竿压入，直至听到"喀"一声，则表明吸锡器已完成固定。

（2）用电烙铁加热焊点至焊料熔化。

（3）移开电烙铁的同时，迅速把吸锡器嘴贴上焊点，并按动吸锡器按钮。

（4）一次吸不干净，可重复上述步骤，如图2-50所示。

图 2-50　手动吸锡器的使用

2. 电动式吸锡器的使用方法

操作时，只要按下电动式吸锡器的开关按钮就可将熔化的焊锡吸去。这种吸锡器操作简单，是目前常用的一种吸锡器。

（1）工作原理。吸锡枪接通电源后，经过5~10min预热，当吸锡头的温度升至最高时，用吸锡头贴紧焊点使焊锡熔化，同时，将吸锡头内孔一侧贴在引脚上，并轻轻拨动引脚，待引脚松动、焊锡充分熔化后，扣动扳机吸锡即可。

（2）使用技巧。若吸锡时，焊锡尚未充分熔化，则可能会造成引脚处有残留焊锡。遇到此类情况时，应在该引脚处补上少许焊锡，然后再用吸锡枪吸锡，从而将残留的焊锡清除。

根据元器件引脚的粗细，可选用不同规格的吸锡头。标准吸锡头内孔直径为1mm、外径为2.5mm。若元器件引脚间距较小，应选用内孔直径为0.8mm、外径为1.8mm的吸锡头；若焊点大、引脚粗，可选用内孔直径为1.5~2.0mm的吸锡头。

（3）日常维护。电动真空吸锡枪在日常使用中，应注意以下事项：

1）如果频繁使用吸锡枪，应及时检查过滤料是否失效，若失效则应及时更换。

2）在使用过程中，若吸锡枪的吸力不足，则应旋开容锡室的底盖和上盖，将焊锡及时清理掉。

3）需要更换吸锡头时，应首先通电5~10min，使吸锡头与吸管间的残余焊锡熔化，然后拧下吸锡头并拔掉电源，待吸锡枪冷却后，再用少量密封胶带将连接螺纹缠2~3层，接着拧下新的吸锡头即可。

> 技能提高

普通吸锡器的改进

普通吸锡器的吸嘴是用耐热塑料制成的，在使用过程中，频繁地与高温焊点或烙铁头碰触，吸嘴逐渐被烫化，直至不能使用。为此，可对普通吸锡器进行如下改进：

（1）找一支废旧钢笔，取下笔肠外部吸墨水的金属簧管，再截取头部一段，除去内部簧片，作为套嘴。

（2）将套嘴两端在砂轮上打研磨平，将其粗头一端套紧在吸锡器的塑料吸嘴上，以其细头顶端超出塑料吸嘴顶端1mm为宜。

（3）用尖嘴钳沿套嘴细头边缘逐一向内掰平约1mm，再将套嘴套紧在塑料吸嘴上，使吸嘴顶端边缘被金属包裹起来，避免塑料吸嘴与高温点直接接触，从而保护塑料吸嘴。

> 指点迷津

吸锡器使用口诀
吸锡器有两大类，电动式和手动式。
配合电烙铁吸锡，容锡室需常清理。

2.8 喷 灯

2.8.1 喷灯的用途及结构

喷灯是一种利用喷射火焰对工件进行加热的工具，火焰温度可达900℃以上，常用于电缆封端及导线局部的热处理等工序，也可用于线路敷设时辅助弯曲穿线管道。

喷灯分为煤油喷灯和汽油喷灯两种，喷灯的外形和结构如图2-51所示。

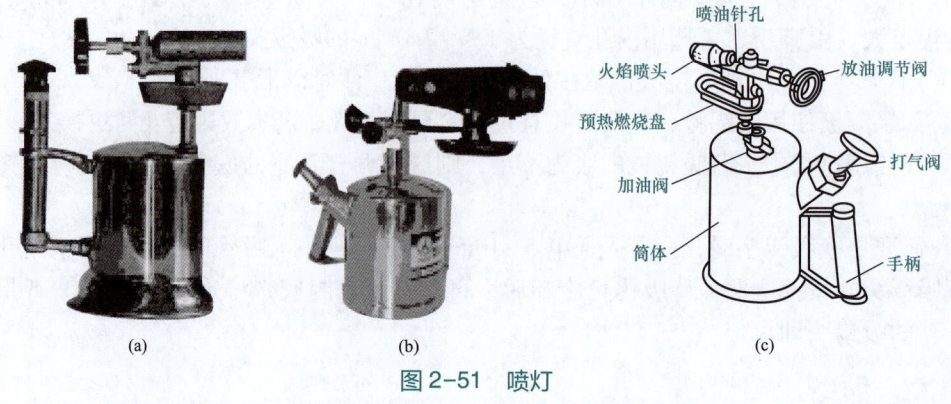

视频2.6 喷灯的使用

图2-51 喷灯
（a）汽油喷灯；（b）煤油喷灯；（c）喷灯的结构

2.8.2 点火前的检查

在使用喷灯时,点火前应进行必要的检查:

(1) 仔细检查油桶是否漏油,喷嘴是否堵塞、漏气等。

(2) 进行油量检查,如图 2-52 所示。根据喷灯所规定使用的燃料油的种类,检查油量是否超过油桶容量的 3/4,加油后的螺塞是否拧紧。

(3) 检查油桶外部是否擦干净,并检查是否漏油,如图 2-53 所示。

图 2-52 检查油量

图 2-53 擦干净油桶并检查是否漏油

2.8.3 正确使用喷灯

1. 加油

旋下加油阀上面的螺栓,倒入适量的油,以不超过筒体的 3/4 为宜,保留一部分空间储存压缩空气,以维持必要的空气压力。加完油后,应旋紧加油口的螺栓,关闭放油阀的阀杆,擦净撒在外部的汽油或煤油,并检查喷灯各处是否有渗漏现象。

> **知识点拨**
>
> ### 加油前必须熄火
>
> 汽油喷灯在加汽油时,应先熄火,再将加油阀上螺栓旋松,听见放气声后不要再旋出,以免汽油喷出,待气放尽后,方可开盖加油。

2. 预热

在预热燃烧盘(杯)中倒入汽油,用火柴点燃,预热火焰喷头。

3. 喷火

待火焰喷头烧热,燃烧盘中汽油烧完之前,打气 3~5 次,将放油阀旋松,使阀杆开启,喷出油雾,喷灯即点燃喷火。而后继续打气,火焰由黄变蓝即可使用。

4. 熄火

如需熄灭喷灯，应先关闭放油调节阀，直到火焰熄灭，再慢慢旋松加油口螺栓，放出筒体内的压缩空气。要旋松调节开关，完全冷却后再旋松孔盖。

以封闭充油电缆头为例，喷灯的使用过程如图 2-54 所示。

图 2-54　喷灯的使用方法（一）
（a）点火；（b）点火燃烧；（c）打气加压；（d）打开进油阀；
（e）开始喷火；（f）继续打气到火力正常

图 2-54 喷灯的使用方法（二）
（g）加热铅，封闭充油电缆头；（h）熄火时先关闭进油阀；（i）冷却 3~5min 后旋松放气阀

知识链接

使用喷灯注意事项

（1）喷灯只允许用符合规格的煤油或汽油，严禁用混合油。不得在煤油喷灯的筒体内加入汽油。

（2）喷灯打气时禁止灯身与地相摩擦。防止脏物进入气门，阻塞气道。如进气不畅通，应停止使用，立即检修。

（3）喷灯点火时，喷嘴前严禁站人，且工作场所不得有易燃物品。点火时，在点火碗内加入适量燃料油，用火点燃，待喷嘴烧热后，再慢慢打开进油阀；打气加压时，应先关闭进油阀。同时，应注意火焰与带电体之间的安全距离。

（4）火力不足时，先用通针疏通喷嘴，倘若仍有污物阻塞，应停止使用。火力正常时，切勿再多打气。

（5）使用前，检查底部，若发现外凸就不能使用，必须调换。

（6）使用中，经常检查油量是否过少，灯体是否过热，安全阀是否有效，以防止爆炸。

（7）喷灯使用完毕，应将剩余的气体放掉。同时应将筒体揩拭干净，并放在安全的地方。

指点迷津

喷灯使用口诀
喷灯焊接温度高，能熔电缆的铅包。
加油适量先预热，打气加压再燃烧。
火焰大小要适宜，以免绝缘构件烧。
熄火关闭调节阀，冷却之后放余气。
筒体擦干放置好，不可随意到处抛。

第 3 章

线路安装工具得心应手

线路安装电工工具主要包括錾子、榔头、手锯、紧线器、叉杆、桅杆和架杆等。

3.1 錾 子

錾子也称凿子，是用于打孔或对已生锈的小螺栓进行錾断的一种工具。尽管现在比较流行使用电动工具，但在一些比较特殊的场合，电工还不得不使用錾子。如图 3-1 所示的墙孔錾是电工手工开凿墙孔的简易工具。

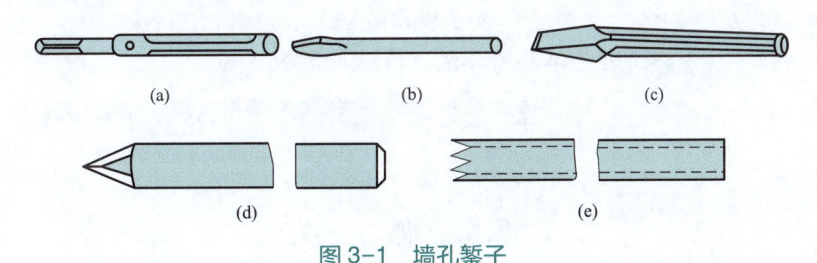

图 3-1 墙孔錾子
（a）圆榫錾；（b）小扁錾；（c）大扁錾；（d）圆钢长錾；（e）钢管长錾

常用的錾子有以下几种：

（1）圆榫錾。圆榫錾如图 3-1（a）所示，俗称麻线錾、麻线凿，或叫鼻冲、墙冲。圆榫錾主要用来錾打混凝土结构建筑物的木榫孔，常用的规格有直径 6、8mm 和 10mm 三种。錾孔时，要左手握住圆榫錾（注意錾子的尾部要露出约 4cm 左右），并要不断地转动錾身，并经常拔离建筑面，这样錾下的碎屑（灰沙石屑）就能及时排出，以免錾身胀塞在建筑物内。

（2）小扁錾。小扁錾如图 3-1（b）所示，俗称小钢凿，用来錾打砖墙上的方形木榫孔，电工常用的錾口宽 12mm。錾孔时，要用左手的大拇指、食指和中指握执小扁錾，注意錾子的尾部要露出约 4cm 左右，如图 3-2 所示。錾打时要经常拔出錾子，以利排出灰沙碎砖，并观察墙孔开錾得是否平整，大小是否正确及孔壁是否垂直。

（3）大扁錾。大扁錾如图 3-1（c）所示，主要用来錾打角钢支架和撑脚等的埋设孔穴，常用的錾口宽为 16mm。使用方法与小扁錾的相同。

图 3-2 用小扁錾錾打砖墙孔

（4）长錾。长錾如图 3-1（d）、(e) 所示，主要用来錾打墙孔作为穿越线路导线的通孔。图 3-1（d）所示的圆钢长錾用来錾打混凝土墙孔，由中碳圆钢制成；图 3-1（e）所示的钢管长錾，又叫锯齿錾、老虎爪。用来錾打砖墙孔，由无缝钢管制成，头部锯成犬牙状，齿尖。长錾直径有 19、25mm 和 30mm 三种，长度通常有 300、400mm 和 500mm 等多种。

使用长錾錾打时应该边錾打边转动。开始时用力要重，錾打速度可以快一些，转动次数可以少一些，当深度达 2/3 墙厚时用力要逐渐减轻，接近打穿时要防止砖片或粉刷层大块落下，这时必须轻轻敲打，并且敲打一次，转动一次，依靠转动力用尖头快口将粉刷层刮掉，直到打穿，这样可防止墙面损坏。

指点迷津

錾子使用口诀
简易工具墙孔錾，特殊场所派用场。
打孔穿墙可使用，生锈螺栓能錾断。

3.2 榔　　头

榔头也称为手锤，是电工在安装电气设备时常用到的工具之一，如图 3-3 所示。榔头由锤头、手柄和楔子组成，如图 3-4 所示。手锤的规格以锤头的重量来表示，电工常用的规格有 0.25、0.5kg 和 0.75kg 等，锤长为 300～350mm。锤头用碳素工具钢 T7 锻制而成，并经热处理淬硬。

图 3-3 榔头应用举例

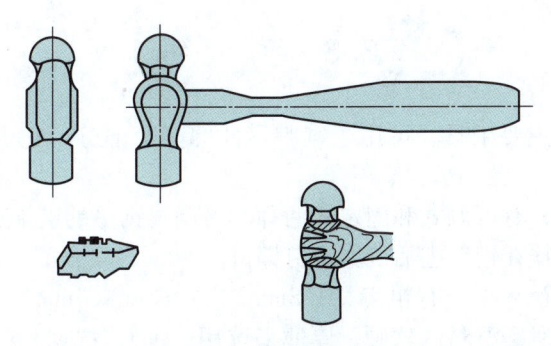

图 3-4　榔头的结构

使用时，一般为右手握锤，常用的握法有紧握锤和松握锤两种。紧握锤是指从挥锤到击锤的全过程中，全部手指一直紧握锤柄。如果在挥锤开始时，全部手指紧撮锤柄，随着锤的上举，逐渐依次地将小指、无名指和中指放松，而在锤击的瞬间，迅速将放松了的手指又全部握紧，并加快手腕、肘以至臂的运动，则称为松握锤。松握锤可以加强锤击力量，而且不易疲劳。这种握锤法分别如图 3-5 所示。要根据各种不同的加工需要选择使用手锤，使用中要注意时常检查锤头是否有松脱现象。

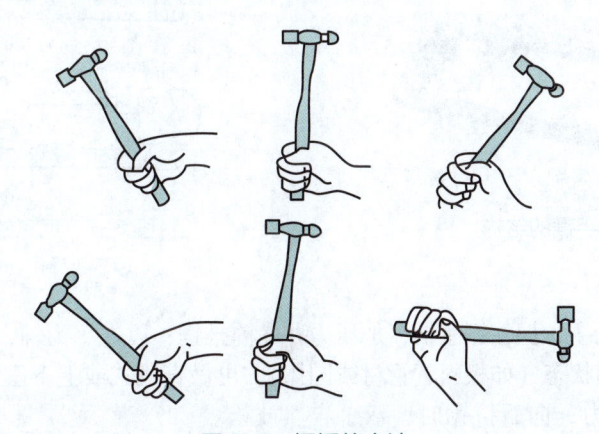

图 3-5　握锤的方法

指点迷津

手锤使用口诀
握锤方法有两种，紧握松握看情况。
手锤一定要拿稳，防止锤落把人伤。
锤头敲击各工件，注意平行接触面。

3.3 手　　锯

手锯是手工锯割的主要工具，可用于锯割零件的多余部分，它由锯弓、锯条和手柄构成，如图3-6所示。

锯弓用来安装锯条，有可调式和固定式两种。可调式锯弓的前端有一个固定销子，后端有一个活动销子，锯条挂在销钉上后旋紧螺钉即可。

根据锯条锯齿的牙距大小，有粗齿（1.8mm）、中齿（1.4mm）、细齿（1.1mm）三种规格。使用时，可根据所锯材料的软硬、厚薄来选用。锯割软件材料（如紫铜、青铜、铝、铸铁及中低碳钢等）或厚材料时，应选用粗齿锯条；锯割硬材料或薄料（如工具钢、穿线管子、角铁薄板等）时，应选用细齿锯条。

锯条的安装方法如图3-7（a）所示，应使齿尖朝着向前推的方向，图3-7（b）是锯条的不正确安装方法。安装锯条时，锯条的张紧程度要适当。若过紧，在使用中容易崩断；若过松，在使用中容易扭曲、摆动，使锯缝歪斜，同时也容易折断锯条。

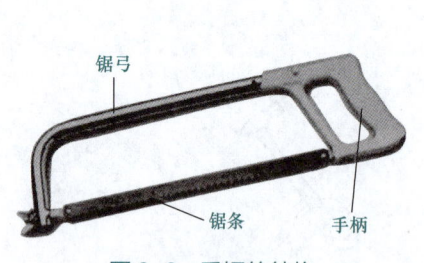

图3-6　手锯的结构

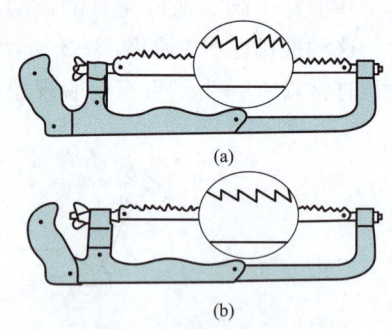

图3-7　锯条的安装方法
(a) 正确；(b) 不正确

握锯一般以右手为主，握住锯手柄，加压力并向前推锯；以左手为辅，扶正锯弓，如图3-8所示。根据加工材料的状态（如板料、管材或圆棒），可做直线式或上下摆动式的往复运动。向前推锯时，应均匀用力；向后拉锯时，双手自然放松。

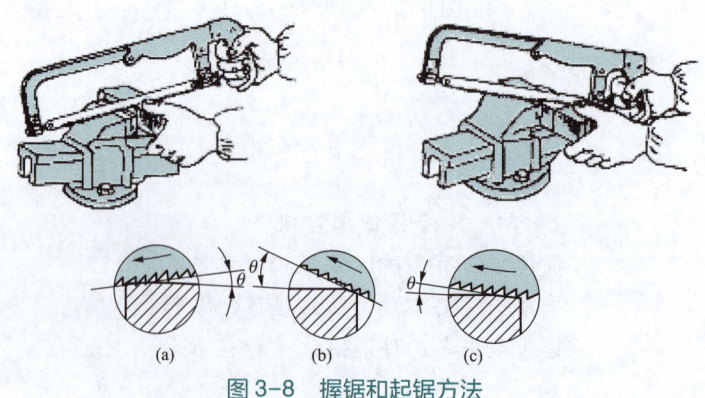

图3-8　握锯和起锯方法
(a) 远起锯；(b) 起锯角太大；(c) 近起锯

起锯是锯割操作的开始，起锯的好坏直接影响锯割质量。起锯方法有远起锯和近起锯两种（见图3-8），一般以远起锯为好。起锯时，左手拇指靠住锯条，使锯条能准确地锯在所需要的位置上。在操作时，压力要小，速度要慢，行程要短，控制起锯角在15°左右。快要锯断时，应注意轻轻用力。

知识链接

使用手锯注意事项

在使用手锯中，锯条折断是造成伤害的主要原因，所以在使用中应注意以下事项。

（1）应根据所加工材料的硬度和厚度去正确地选用锯条；锯条安装的松紧要适度，根据手感应随时调整。

（2）被锯割的工件要夹紧，锯割中不能有位移和振动；锯割线离工件支承点要近。

（3）锯割时要扶正锯弓，防止歪斜，起锯要平稳，起锯角不应超过15°，角度过大时，锯齿易被工件卡夹。

（4）锯割时，向前推锯时，双手要适当地加力；向后退锯时，应将手锯略微抬起，不要施加压力。用力的大小应根据被割工件的硬度而确定，硬度大的可加力大些，硬度小的可加力小些。

（5）安装或调换新锯条时，必须注意保证锯条的齿尖方向要朝前；锯割中途调换新条后，应调头锯割，不宜继续沿原锯口锯割；当工件快被锯割下时，应用手扶住，以免下落伤脚。

指点迷津

手锯使用口诀
手锯用于锯管材，右手握柄齿朝前。
锯条松紧要适当，前推后拉用巧力。
起锯操作最关键，快要锯断轻用力。

3.4 紧 线 器

3.4.1 紧线器的种类和结构

紧线器用来收紧户内外绝缘子线路和户外架空线路的导线。机械紧线常用的紧线器有两种，如图3-9所示，一种是钳形紧线器，另一种是活嘴形紧线器，又称弹簧形紧线器或三角形紧线器。

视频3.1 紧线器的使用

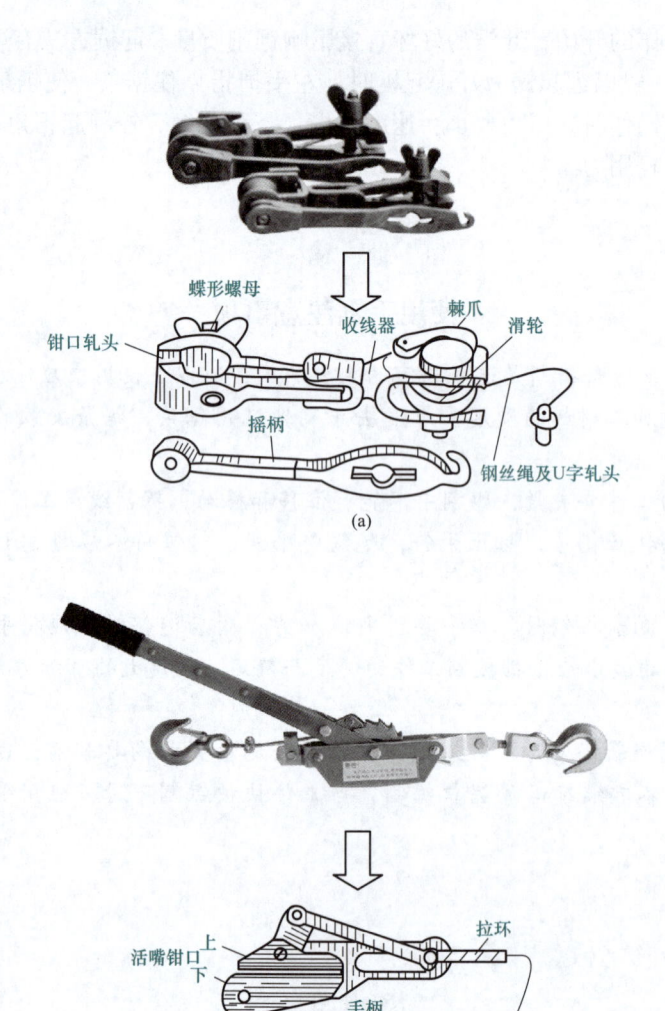

图 3-9 常用紧线器
(a) 钳形；(b) 活嘴形

钳形紧线器的钳口与导线接触面较小，在收紧力较大时，易拉坏导线绝缘护层或轧伤线芯，故一般用于截面积小的导线。

活嘴形紧线器与导线接触面较大，且具有拉力愈大、活嘴咬线愈紧的特点，可按表 3-1 选择使用活嘴形紧线器。活嘴形紧线器由夹线钳头（上、下活嘴钳口）、定位钩、收紧齿轮（收线器、棘轮）和手柄等组成，如图 3-10 所示。

表 3-1　　　　　　　　　　　活嘴形紧线器的选用

型　号	适用电线（mm²）	开大钳口（mm）	质量（kg）
大	150~240	22~22.5	3.5
大中	90~120	19~21	2.8
中	50~70	15~17	2.5
小	25~50	9~10	1.5

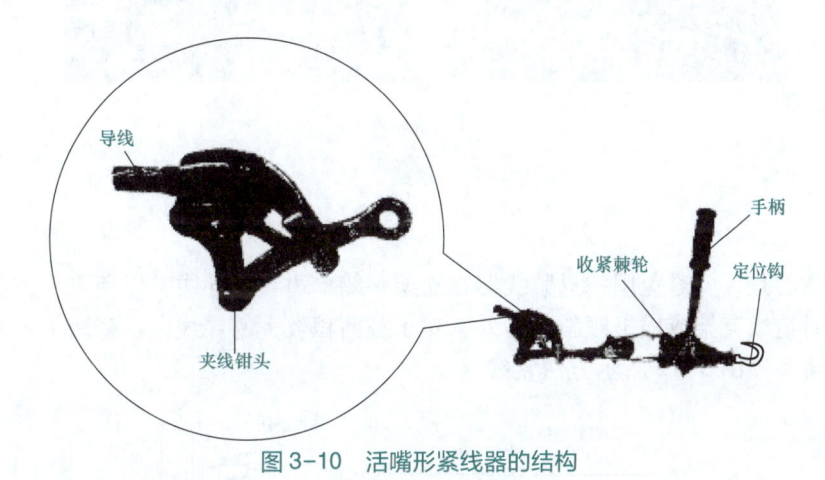

图 3-10　活嘴形紧线器的结构

3.4.2　紧线器的选用

使用时先把紧线器上的钢丝绳或镀锌铁线松开，并固定在横担上，用夹线钳夹住导线（铝导线需用麻布包缠后再夹紧），然后扳动专用扳手。由于棘爪的防逆转作用，逐渐把钢丝绳或镀锌铁线绕在棘轮滚筒上，使导线收紧。把收紧的导线固定在绝缘子上。然后先松开棘爪，使钢丝绳或镀锌铁线松开，再松开夹线钳，最后把钢丝绳或镀锌铁线绕在棘轮的滚筒上，如图 3-11 所示。

(a)

图 3-11　紧线（一）
(a) 安装紧线器

(b)

图 3-11 紧线（二）
(b) 开始紧线

需要注意的是，要避免用一只紧线器在支架一侧单边收紧导线，以免支架或横担受力不均而在收紧时造成支架或横担倾斜。另外，对于截面积较大的导线，在瓷瓶上不易顺瓷瓶嵌线槽弯曲，可参照图 3-12 所示方法紧线。

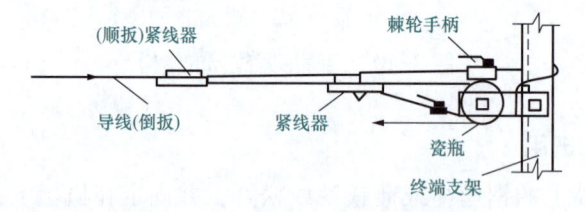

图 3-12 用两个紧线器紧线的方法

指点迷津

紧线器使用口诀
架空线路要收紧，借助工具紧线器。
钳形活嘴两大类，选用就看线粗细。
导线较粗选活嘴，小导线用钳形式。
紧线器固横担上，收紧线固绝缘子。
高空作业高危险，安全第一不麻痹。

3.5 叉杆、桅杆、架杆

3.5.1 叉杆

叉杆是用叉杆法立杆的主要工具，一般应做成不同高度的三副（如 6、5、4m），立短杆时用两副。作叉杆用的木杆一定要结实，梢径不得小于100mm，其结构如图3-13所示。

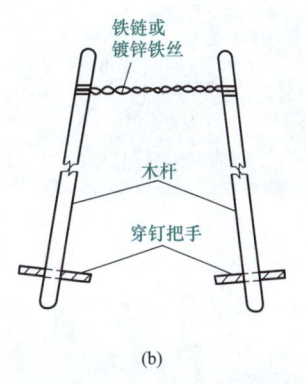

图3-13 叉杆
（a）实物图；（b）结构图

用叉杆法立杆完全使用人力，比较笨重又不安全，但对一般配电线路使用的电杆，以及由于现场条件限制不能使用其他机械设备施工时，它还是一种因地制宜的好办法，特别是在农村应用较广。由于这种方法施工简单、速度快，12m以下木杆及混凝土杆均可应用此法。

立杆工作一般需要5~7人进行。立杆时，在挖好的电杆坑里边对着电杆根部竖立一块2m长的木板作为滑板，使电线杆根部顶到滑板上，并在电杆梢部拴上两根结实的麻绳，由两个人分别拉住，防止电杆立起后歪倒。然后，就可将电线杆梢部抬起来，抬到一定高度时就应该用叉杆支承，以防止电杆倒下时将人砸伤。随着电杆梢部的抬高，叉杆也向电杆根部移动，一直将电线杆立直，使杆根落到坑底。电杆立直后，应用拉绳和叉杆把电杆稳住，然后，将电线杆的位置和方向找正，使横担和导线方向垂直。这时，就可以在杆坑内填土夯实。填土夯实的方法是，每填入300mm厚的土，用木夯夯实一次，一直填到与地面相平为止，如图3-14所示。

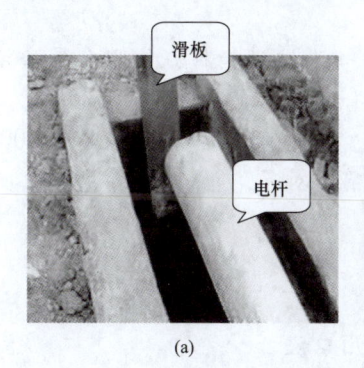

图3-14 用叉杆法立杆（一）
（a）电杆坑；（b）抬起电线杆梢部

图 3-14　用叉杆法立杆（二）
(c) 用叉杆支承；(d) 回填土；(e) 拆走叉杆

知识链接

叉杆法立杆的注意事项

立杆是架空线路的基础，它的坚固程度与线路寿命和日常维护工作有很大关系，这就要求电杆的面向、埋深和夯实等均应符合规定要求。立杆注意事项如下：

（1）立杆是一项繁重的工作，很容易发生事故，因此在立杆时，全体施工人员应了解工程质量要求，采取妥善的安全措施，认真检查杆坑是否合适，对立杆所使用的工具严加检查。

（2）施工中要组织好人力，统一口令，由一人统一指挥，作业人员必须精力集中，互相配合，严防非施工人员进入作业区域内。

（3）立起的电杆必须上下垂直，左右不歪，杆身倾斜度不可超过 15/1000。电杆若竖得过分倾斜，日后就容易发生倒杆。横担要正，前后对齐，即杆要在线路中心。

指点迷津

叉杆使用口诀
两根木杆作叉杆，简便实用好方法。
电杆十二米以下，最少五人可立杆。

3.5.2 桅杆

桅杆，又称把杆或抱杆等。在室内无法利用屋架、吊车、梁等建筑结构悬挂滑车等起重机具时，可采用这种装置。桅杆常用木质或金属材料制成单杆的（独脚把杆）或双杆的（人字把杆）。其中，人字桅杆如图 3-15 所示，顶端扎住，开角约 30°，前后须用拉紧绳（俗称缆风绳）来固定，双杆交叉处便可挂上起重机具起吊重物。

视频 3.2 液压弯管器的使用

1. 固定式人字桅杆立杆法

室外立杆，电工常用人字桅杆吊立混凝土（水泥杆）电杆。图 3-15 所示为固定式人字桅杆立杆法（吊立法）。吊立法主要工具如下。

（1）人字桅杆。立 12m 以下电杆，用 7m 长桅杆即可。

（2）钢丝绳。根据重量而定。一般用 3/8～3/4in 的钢丝绳，长 45m 左右，做起吊用。牵桅杆用钢丝绳两根，各 20m，1/4in。

（3）滑轮。双轮滑轮一个，所承受的质量不小于 3t，单轮滑轮 1、3t 的各一个。

（4）绞磨。一台，应坚固、牢靠。

（5）钎子。5 根，做固定绞磨（如图 3-16 所示）、钢丝绳等用，在土质松软的地方，可用角铁制钎子。

图 3-15 人字桅杆

图 3-16 绞磨

2. 桅杆立杆法吊立电杆

混凝土电杆的竖立，一般都采用吊车或人字桅杆等起重设备。竖杆前，在电杆梢端均匀地装上三道牵绳，以便校直电杆，牵绳安装方法如图 3-17 所示。

采用吊车或固定式人字桅杆立杆法吊立电杆，起吊电杆的绳索，一般需系在电杆离根端 2/5 部位。起吊时必须听从指挥。当电杆吊离地面约 200mm 时，应将电杆根端移至坑口；随着电杆继续起吊，电杆就会一边竖直，一边伸入坑内。同时，利用校直牵绳朝电杆起立方向拖拉，以加快电杆竖直，待电杆接近竖直时，即应停吊，并缓慢地放松吊索，同时校直电杆。校直电杆方法如图 3-18 所示。

图 3-17 牵绳安装方法

(a)

(b)

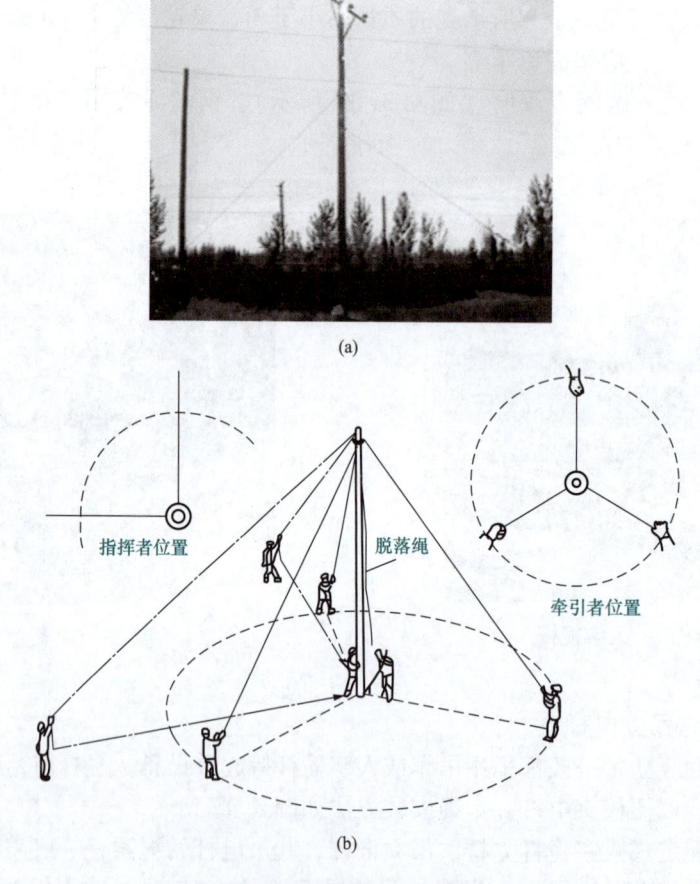

图 3-18 校直电杆的方法
(a) 实物图；(b) 示意图

> 知识链接

桅杆立杆注意事项

（1）当混凝土电杆完全入坑后，应进一步校直，并立即回土填坑。

（2）当杆坑完全填实后，应再复验电杆垂直情况，确认电杆与地面垂直后，方可拉动脱落绳，取下校直牵绳，竖杆完毕。

> 指点迷津

桅杆使用口诀

人字桅杆立电杆，一般采用吊立法。

绞磨滑轮钢丝绳，还需钎子作固定。

3.5.3 架杆

架杆是由两根直径相同、长度相同的圆木组成的立杆工具，其外形如图 3-19 所示。在距杆顶 300~350mm 处用铁丝做成一个 300~350mm 的链环，将两杆连接。在距杆根部 600mm 处安装把手（穿入长约 300mm 的螺栓）。

架杆的优点是两根杆根部叉开，底面积大，稳定性好，装置简单，竖立方便，因此应用较广。

使用时，要使两副架杆交替向电杆根部移动，并注意配合拉绳的使用，以确保施工安全。

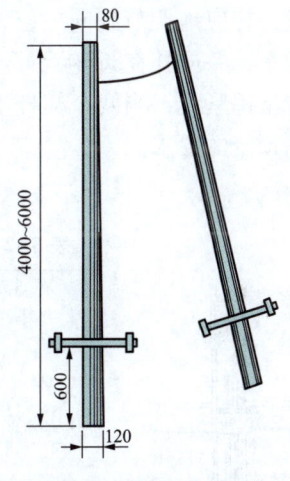

图 3-19 架杆（mm）

> 指点迷津

架杆使用口诀

两根圆木组架杆，距杆根部装把手。

两副架杆交替移，配合拉绳保立杆。

3.6 导线垂弧测量尺

在挡距内，导线的悬挂点与导线最低点之间的垂直距离，叫导线的弧垂，也称弛度，如图 3-20 所示。导线垂弧测量尺又称弛度标尺，其外形如图 3-21 所示。

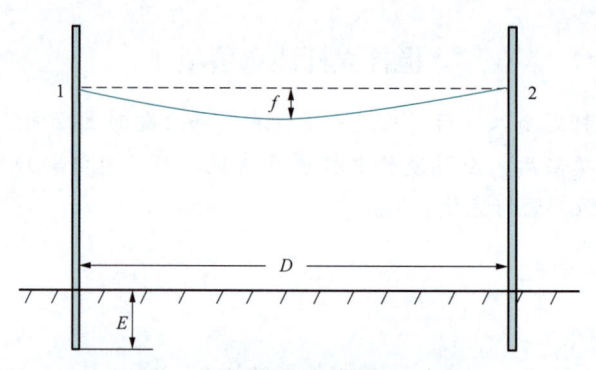

图 3-20 架空导线弧垂示意图

1，2—导线悬挂点；f—弧垂；D—挡距；E—埋深

使用时，需要用两把同样的标尺，先把两把标尺上的横杆根据表 3-2 架空导线弛度的参考值，相应地调节到同一位置上；接着把两把标尺分别挂在被测量挡距的两根电杆的同一根导线上，并应挂在近绝缘子处，如图 3-22 所示，然后两个测量者彼此从横杆上进行观察，并指挥紧线，当两个横杆上沿与导线下垂的最低点成一条直线时，则说明导线的弛度已调整到预定的要求。

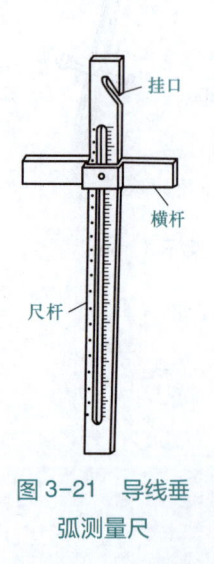

图 3-21 导线垂弧测量尺

表 3-2　　架空导线弛度的参考值

环境温度（℃） \ 挡距（m） \ 弛度（m）	30	35	40	45	50
-40	0.06	0.08	0.11	0.14	0.17
-30	0.07	0.09	0.12	0.15	0.19
-20	0.08	0.11	0.14	0.18	0.22
-10	0.09	0.12	0.16	0.20	0.25
0	0.11	0.15	0.19	0.24	0.30
10	0.14	0.18	0.24	0.30	0.38
20	0.17	0.23	0.30	0.38	0.47
30	0.21	0.28	0.37	0.47	0.58
40	0.25	0.35	0.44	0.56	0.69

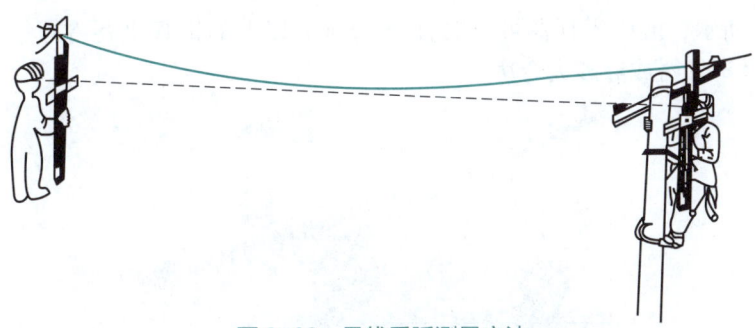

图 3-22　导线垂弧测量方法

在导线截面积一定的条件下，挡距越大，弧垂越大，导线所受到的拉力越大，所以对导线弧垂必须有一定的限制，以防拉断导线或造成倒杆事故。另外，弧垂还需考虑到安全距离。对各种导线在不同挡距、不同温度下的导线弧垂已制成表格、曲线，在配电线路设计时可参照有关规程、规定或手册中的有关表格、曲线。同一挡距内的导线弧垂必须相同，否则，导线被风吹动时易发生碰线而造成相间短路。

指点迷津

> 导线垂弧测量尺使用口诀
> 导线垂弧测量尺，顾名思义测垂弧。
> 两把标尺配合察，杆上指挥收紧线。

3.7　弯　管　器

弯管器是钢管配线中常用工具，弯管器的种类有手动弯管器、液压弯管器、电动弯管器等。

手动弯管器体积小、轻便，适于工地现场使用。它是靠人力来弯曲管子，只适用于弯直径 50mm 以下的管子。为使管子不被弯扁，在弯曲时，弯管器须逐点移动，使管子弯成所需的弯曲半径，如图 3-23 所示。

视频 3.3　配电线路桅杆立杆

图 3-23　用手动弯管器弯金属线管

如图3-24所示，液压弯管器可以对直径100mm以上的钢管进行冷弯。弯曲较粗的管子，可采用电动弯管器或灌砂火弯法。

图3-24 液压弯管器

知识链接

使用弯管器注意事项

（1）弯管时，应注意弯曲半径应大于2倍的管子外径。

（2）当管壁较厚或管径较粗时，可用气焊加热后进行弯制（管内填砂），但应注意火候，以免加热不足弯曲困难，或加热过度和加热不均造成弯瘪。此外，对预埋好的管子，可用气焊加热进行位置矫正和扭弯整形。

（3）当管径超过100mm或需大量弯制线管及线管的弯度要求较高时，可采用专用的电动（或液压）顶弯机。

指点迷津

弯管器使用口诀
钢管配线弯管器，逐点移动弯钢管。
弯曲半径计算准，加热火候控制好。
人力弯曲有困难，采用电动弯管器。

第 4 章

登高工具步步为营

电工在室内、室外施工时，常常需要使用到登高工具，如梯子、踏板、脚扣、腰带、腰绳、保险绳、安全带和接地线等工器具，借助这些攀登工器具才能够安全地完成电气线路安装、检修、清洗、树木剪枝等高空作业。

电工使用登高工具时尤其要注意安全。

4.1 梯 子

4.1.1 梯子的种类

梯子是用来登高的工具。常用的梯子有直梯和人字梯两种类型，如图 4-1 所示。一般来说，直梯用于户外登高作业，直梯常用的规格有 7、9、11、13、15、17 挡和 19 挡等。人字梯用于户内登高作业。

梯子的种类和形式有很多，材质也有竹制、木制、钢制和合金制等多种。其结构构造都有国家标准。因此，在制作或购置时，要符合国家的规定。

4.1.2 梯子的使用

1. 外观检查

（1）踏棍（板）与梯梁连接牢固，整梯无松散，各部件无变形，梯脚防滑良好。梯子竖立后平稳，无目测可见的侧向倾斜。升降梯升降灵活，锁紧装置可靠。

（2）竹木梯无虫蛀、腐蚀等现象。木梯不得有横向倾斜节疤或超过梯梁 1/5 宽度的节疤，踏档节疤直径不大于 3mm，无连续裂纹和长度大于 100mm 的浅表裂纹。木梯表面应涂漆保护。铝合金折梯铰链牢固，开闭灵活，无松动。

（3）折梯限制开度装置完整牢固。延伸式梯子操作用绳无断股、打结等现象，升降灵活，锁位准确可靠。

2. 安全保护措施

（1）在光滑坚硬的地面上使用时，梯脚应加橡胶套；在泥土地面上使用时，梯子应加铁尖，以防滑跌。必要

图 4-1 木制直梯和人字梯
（a）人字梯；（b）直梯

时，应一人作业，另一人扶梯，如图 4-2 所示。

（2）铝合金梯子升高到需要位置后，应把升降绳在下脚梯档上打绳结固定，还应插好梯子两侧的固定锁卡。

（3）人字梯两脚中间应加装拉绳或拉链，以限制其开脚度，防止自动滑开，如图 4-3 所示。

图 4-2　一人作业，另一人扶梯

图 4-3　人字梯加装拉绳

3. 在梯子上的站立姿势

（1）在直梯上作业时，工作人员应站在离梯顶 1m 处，用一只脚钩住梯挡，这样可扩大人体作业活动范围，不致因用力过度而站立不稳发生危险，如图 4-4 所示。不能站在梯顶上作业，因为这样很不安全。

（2）在人字梯子上作业时的站立姿势如图 4-5 所示。不准采用骑马式站立，因这样站立会使人在作业时极不灵活，同时也会造成两脚自动滑开而有跌落的危险。

图 4-4　在直梯上的站立姿势

图 4-5　在人字梯上的站立姿势

> 知识链接

使用梯子的有关规定

（1）任何登高用具，其结构构造要牢固可靠。供作业人员上下的踏板，其使用荷载应不大于1100N。这是以人和衣着的重量750N乘以荷载安全系数1.5而定的。当梯面上有特殊作业，压在踏板上的重量有可能超过上述荷载值时，应按实际情况对梯子踏板加以验算。如果不适合使用，就要更换或予以加固，以确保安全。用任何梯子上下时，都须面向梯子，不允许手中持带任何器物。

（2）移动式梯子，种类甚多，使用次数也较频繁，往往随手搬用，不加细察。因此，除新梯在使用前须按照现行的国家标准进行质量验收外，还需经常性的进行检查和保养。

（3）梯脚底部要坚实，并且要采取加包扎或钉胶皮或锚固或夹牢等防滑措施，以防滑跌倾倒。梯子不准垫高使用，以防止受荷后发生不均匀下沉或梯脚与垫物间的松脱，产生危险。梯子的上端要加设固定措施。立梯的工作角度以75°±5°为宜，过大则易发生倾滑，具有危险性。踏板上下间距以300mm为宜，不能有缺挡。

（4）如果将梯子接长使用，稳定性便会降低。因此，除对连接处采取安全可靠的连固措施外，规定只允许接长一次，即不允许以三个或三个以上梯子相连接。连接后梯梁的强度，不能低于单梯梯梁的强度。

（5）拆梯使用时，上部尖角以35°~45°为宜。铰链必须牢固，并要设置可靠的拉、撑措施。

（6）如使用直爬梯进行攀登作业，攀登高度以一级高处作业，即5m为限，超过2m时应加设安全防护圈。二级作业中高度超过8m的，则需在中间设置梯间平台，以备稍歇之用。

（7）梯子的安放应与带电部分保持安全距离，扶梯人应戴好安全帽。梯子不准放在箱子或桶类物品上使用。

4. 使用梯子的注意事项

（1）使用直梯时的注意事项。

1）经常检查梯子是否良好，凡是已经折断、松弛、破裂腐朽的梯子都不得使用。

2）梯子的两个脚应绑扎胶皮之类的防滑材料。

3）上下梯子不得携带笨重的工具和材料。

4）只允许一人在梯子上面工作。

5）木梯上部的第二个踏板面为最高安全站立高度。梯子上部第一个踏板不得站立或越过，并于最高安全站立高度处涂红色标志。

6）梯子上有人时，不得移动梯子的位置。

7）梯子表面应涂不导电的、透明涂料防腐剂。标志不受此限制。

8）梯子不用时应随时放倒，妥善保存。

电工微视频自学丛书

电工工具使用快速入门

9）对于升降梯子应注意检查锁位准确可靠，如图4-6所示。

（2）使用人字梯的注意事项。

1）人字梯与地面所成的角度范围同直梯一样，即人字梯间的距离范围应等于直梯与墙间距离范围的两倍。如果在地面上有小的障碍物，迫使两梯脚间距离拉得更开时，可将梯子中间绑扎的两道防自动滑开的安全绳重新调整、绑扎。

2）人字梯放好后，要检查四只脚是否都平稳着地。

3）应避免站在人字梯的最上一档工作，站在人字梯的单面工作时，也要将脚勾住梯子的横档，同直梯使用要求。

4）在人字梯上操作时，切不可采取骑马方式站立，以防人字梯自动滑开时造成严重的工伤事故，同时，骑马站立的姿势，在操作时也极不灵活。站在人字梯上打洞或接焊电线头时，下面应有人扶梯。

图4-6 升降梯子（锁位）

5）只允许一人在梯子上面工作。梯子上有人时不得移动梯子的位置。

6）梯子上部的第二个踏板面为最高安全站立高度。梯子上部第一个踏板不得站立或越过，并于最高安全站立高度处涂红色标志。

指点迷津

梯子使用口诀

电工用梯有两类，人字梯子和直梯。
使用梯子要人扶，否则设法帮靠牢。
梯子登高保安全，防滑措施要齐全。
直梯梯脚应防滑，人梯拉绳防张开。
直梯梯顶留一米，脚勾梯档保安全。
立梯角度75°，过大则易发倾滑。
人梯站姿不骑马，以免开脚自动滑。

4.2 脚　　扣

4.2.1 概述

脚扣又叫铁脚，用于电力杆塔的攀登。登杆脚扣采用合金钢制作，加工工艺严格，每个脚扣出厂前均按标准进行了出厂试验。

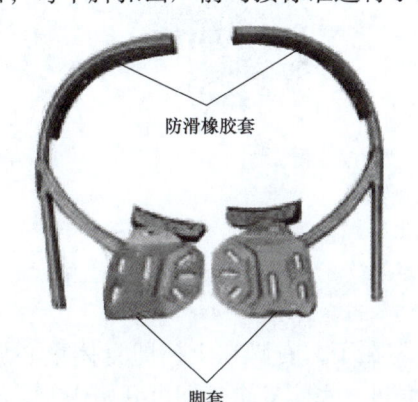

脚扣主要由弧形扣环、脚套组成，如图 4-7 所示。脚扣分两种：一种在扣环上制有铁齿，以咬入木杆内，供登木杆用；另一种在扣环上裹有防滑橡胶套，以增加攀登时的摩擦，防止打滑，供登混凝土杆用。

脚扣攀登速度较快，容易掌握登杆的方法，但在杆上作业时没有踏板灵活舒适，易于疲劳，故适用于杆上短时作业。为了保证杆上作业人体的平稳，两只脚应按如图 4-8 所示方法定位。

图 4-7　水泥杆脚扣

视频 4.1　脚扣登杆

(a)　(b)

图 4-8　在杆上操作时脚扣的定位方法
(a) 上下式；(b) 交叉式

4.2.2 用脚扣登杆

（1）向上攀登。在地面套好脚扣，登杆时根据自身方便，可任意用一只脚向上跨扣（跨距大小根据自身条件而定），同时用与上跨脚同侧的手向上扶住电杆。然后另一只脚再向上跨扣，同时另一只手也向上扶住电杆，如图 4-9 所示的上杆姿势。以后步骤重复，只需注意两手和两脚的协调配合，当左脚向上跨扣时，左手应同时向上扶住电杆；当右脚向上跨扣时，右手应同时向上扶住电杆。直至杆顶需要作业的部位。

图 4-9　用脚扣向上攀登

（2）杆上作业。

1）若操作者在电杆左侧作业，此时操作者左脚在下，右脚在上，即身体重心放在左脚，右脚辅助。估测好人体与作业点的距离，找好角度，系牢安全带即可开始作业。注意必须系好安全腰带，并且要把安全带可靠地绑扎在电线杆上，以保证在高空工作时的安全。

2）若操作者在电杆右侧作业，此时操作者右脚在下，左脚在上，即身体重心放在右脚，以左脚辅助。同样也是估测好人体与作业点上下、左右的距离和角度，系牢安全带即可开始作业。

3）若操作者在电杆正面作业，此时操作者可根据自身方便采用上述两种方式的一种方式进行作业，也可以根据负载轻重、材料大小采取一点定位，即两只脚同在一条水平线上，一只脚扣的扣身压扣在另一只脚的扣身上，如图 4-10 所示。

图 4-10　在电杆正面作业

(3) 下杆操作。下杆方法与登杆方法相同。可根据用脚扣在杆上作业的三种方式，首先解脱安全带，其次将置于电杆上方侧的（或外边的）脚先向下跨扣，同时与向下跨扣之脚的同侧手向下扶住电杆，然后再将另一只脚向下跨扣，同时另一只手也向下扶住电杆。以后步骤重复，只需注意手脚协调配合往下就可，直至安全着地，如图 4-11 所示。

图 4-11　下杆操作

4.2.3　使用脚扣登杆的注意事项

（1）使用前必须仔细检查脚扣部分有无断裂、腐朽现象，脚扣皮带是否牢固可靠，脚扣皮带若损坏，不得用绳子或电线代替。

（2）在登杆前，对脚扣要做人体冲击试验，同时应检查脚扣皮带是否牢固可靠。使用时，一定要按电杆规格选择大小合适的脚扣，水泥杆脚扣可用于木杆，但木杆脚扣不能在水泥杆上使用，因为木杆脚扣的扣片上有锯齿。

（3）雨天或冰雪天气不宜用脚扣登水泥杆。

（4）上、下杆的每一步都必须使脚扣环完全套入，并可靠地扣住电杆，才能移动身体，否则会造成事故。

> **知识链接**

有关登杆作业的安全规定

（1）登杆作业前：

1）不能胜任外线杆上工作的外线电工，不允许登杆作业；新技工、学徒工在训练期间，必须在熟练技工的监护指导下进行登杆学习。

2）登杆人员在登杆前，应对杆上情况和上杆后的工作顺序了解清楚，做好准备。

3）登杆前，必须检查所用的工器具，如踩板或脚扣、绳索、滑轮、紧线器、工具袋等是否紧固适用；安全带是否完好，能否支持身体及工作时的荷重。对登高工具应按规定指定专人负责检查和试验，不符合要求的立即停止使用并更换。

4）各种外线工器具必须正确使用。外线电工应穿长袖长裤工作服，登杆前应将衣袖裤腿扣好扎紧。如图 4-12 所示的着装不符合安全规定。

5）电杆根部腐朽或未夯埋牢固，电杆倾斜，拉线不妥时禁止登杆。

6）五级以上大风、大雪、雷雨、大雾大气时

图 4-12　着装不符合规定

禁止登杆。发现远处有雷电现象时也不得登杆。

7）体力不佳，精神恍惚者禁止登杆作业。

8）在地面工作的人员必须戴安全帽，非因工作，不得在杆下逗留。杆下人员要离开电杆3~5m。

（2）登杆工作：

1）登杆前应检查杆根埋土深浅有无晃动现象，采取措施后，方可登杆。登杆后，必须拴好安全带，方能开始作业。

2）杆上工作者必须站在踩板、脚扣、固定牢固的踩脚木或牢固的杆构件上。禁止将安全带拴在横担上或瓷瓶柱上。

3）在转角杆上工作时，应站在外角，如必须在内角方向工作，应有防止电线滑出打伤的安全措施。

4）杆上工作时，禁止上下抛丢任何工器具或材料，应用绳索系吊。

5）杆上工作要带工具袋，暂时不用的工具和零星材料，应放在工具袋内，以防落下伤人。

6）上、下电杆必须使用专用登杆工具（如脚扣、踩板），禁止攀援拉线或抱杆滑下，也不准用绳索代替安全带。

7）冬季作业水泥杆上挂霜时，不得使用脚扣登杆。

指点迷津

脚扣使用口诀
脚扣登杆速度快，用前必须细查验。
上杆下杆每一步，可靠扣住电线杆，
手脚配合应协调，安保措施应全面。
天气恶劣体力差，杆有倾斜不登杆。

4.3 蹬 板

视频4.2 蹬板使用规范

蹬板又称升降板、登高板，是攀登作业的一种专用工具。

4.3.1 概述

蹬板主要由板、绳、铁钩三部分组成，如图4-13所示。板采用质地坚韧的木材制成，规格为长640mm×宽80mm×厚25mm；绳采用ϕ6mm的三股白棕绳，绳两端结在踏板两头的扎结槽内，顶端装上铁制挂钩；绳索系在电杆上后大约有人的一手臂长；铁钩采用优质铁制造。

要求蹬板应能承受300kg质量，每半年要进行一次载荷试验，以确保安全。

在使用蹬板前，要检查外观有无裂纹、腐蚀，并经人体冲击试验合格后才能使用。每年应对蹬板绳子做一次2205N持续5min的静拉力试验，合格后方能使用。

4.3.2 蹬板登杆

在登杆前，先要检查蹬板的质量，扎好安全腰带，备齐保险绳、腰绳、吊绳和吊袋等工具，做好登杆的准备工作，如图 4-14 所示。

图 4-13 蹬板的组成

图 4-14 做好登杆的准备工作

（1）向上登杆。

1）把一个踏板的绳子和铁钩从电杆上甩绕过来挂在电杆上，钩朝上以防止松脱，把另一个踏板背在肩上。挂钩方法如图 4-15 所示。

2）用右手紧握挂好的两根绳子上端，并用拇指顶住挂钩，防止松动，左手抓住踏板左侧的绳子，右脚跨上踏板，用力登到踏板上，使人体上升。重心移到右脚时，趁势松开左手，向上扶住电杆，人体上升到合适高度后，再趁势松开右手向上扶住电杆。

3）人体立直时，右脚尖内侧贴住电杆，左脚要绕过绳子踏在板上，用腿夹住绳子，然后向上挂另一个踏板，这时应用两个脚尖把电杆夹住，防止摇摆，如图 4-16 所示。

4）踏板挂好后，右手紧握上板挂钩下的两根绳子，左手再抓住上板左侧的绳子，左腿不再夹住绳子，左脚从下板左侧绳外退出，站到踏板中间，接着右脚登到上板右端，并使右脚贴住电杆。然后手脚同时用力，引身体向上，左脚离开下板后，立即踏在下板挂钩下的电杆上，同时左手下伸，握住下板绳子，从挂钩中抖出。

5）摘下板后，用力使人体向上，左脚从上板左侧绳子外面伸向踏板，把绳子夹住后，再向上挂板，这样步步登高，直到杆顶，如图 4-17 所示。

6）挂好保险绳、保险带，开始进行作业。为了保证在电杆上作业时的人体平稳，不使踏板摇晃，人体站立姿势为右脚尖内侧贴住电杆，左脚要绕过绳子踏在板上，用腿夹住绳子，用左脚尖内侧贴住电杆，如图 4-18 所示。

图 4-15 挂钩方法
（a）正确方法；（b）错误方法

图 4-16 左脚要绕过绳子踏在板上

图 4-17 用蹬板登杆的方法

图 4-18 在电杆作业时脚的站姿

(2)下杆。

1)人体站稳在一只踏板上(左脚绕过左边棕绳踏入木板内),把另一只踏板钩挂在下方电杆上。

2)右手紧握踏板挂钩处两根棕绳,并用大拇指抵住挂钩,左脚抵住电杆下端,随即用左手握住下踏板的挂钩处,人体也随着左脚的下降而下降,同时把下踏板下降到适当位置,将左脚插入下踏板两根棕绳间并抵住电杆,如图4-19(a)所示。

3)将左手握住上踏板的左端棕绳,同时左脚用力抵住电杆,以防踏板滑下和人体摇晃,如图4-19(b)所示。

4)双手紧握上踏板的两端棕绳,左脚抵住电杆不动,人体逐渐下降,双手也随人体下降而下移紧握棕绳的位置,直至贴近两端木板。此时人体向后仰开,同时右脚从上踏板退下,使人体不断下降,直至右脚踏到下踏板,如图4-19(c)(d)所示。

5)把左脚从下踏板两根棕绳内抽出,人体贴近电杆站稳,左脚下移并绕过左边棕绳踩到下踏板上,如图4-19(e)所示。

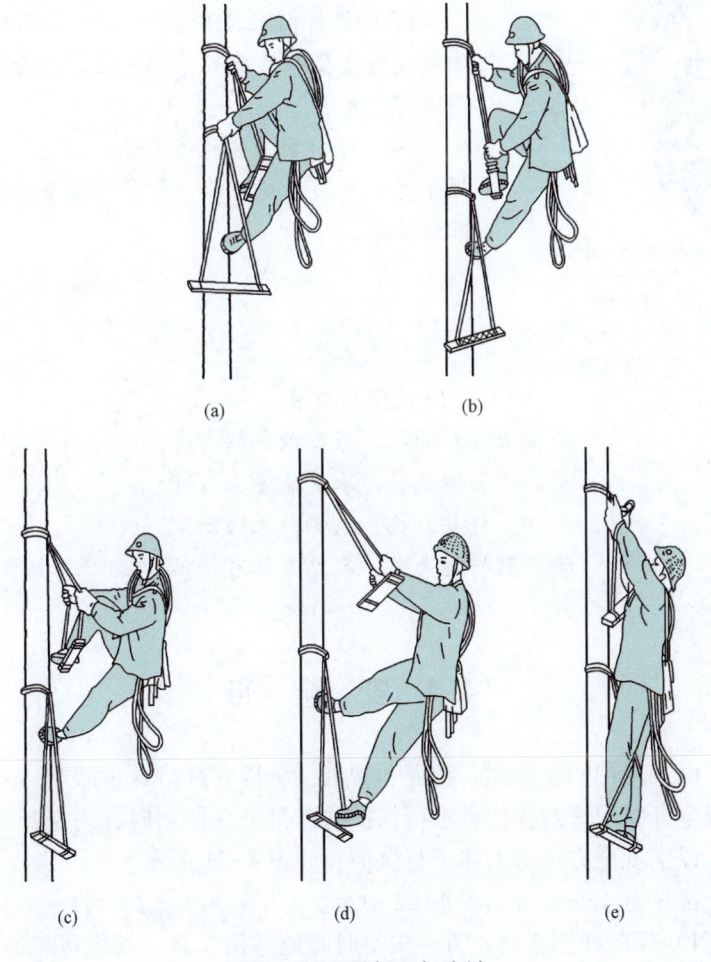

图4-19 蹬板下杆方法

以后步骤重复进行，直至操作者着地为止。

> **知识链接**

登杆的注意事项

（1）初学时必须在较低的练习电杆上训练，待熟练后，才可正式参加登杆和杆上工作。学员登杆训练时，电杆下面必须放海绵垫子等保护物，以免初学时发生意外。

（2）登杆前应先检查杆身是否倾斜或破损，拉线是否牢固，杆根及基础是否牢固，有无因地面受到冲刷、挖土而杆身不正，否则应先培土夯实或支好架杆并打好临时拉线，处理好后才能登杆。

（3）登杆前应先检查杆上有无障碍，杆型较复杂的要先考虑登杆的路径，同时应考虑登杆后的站位，如图 4-20 所示。

（4）登杆前应先检查登杆工具，如踏板、安全带、梯子是否牢固。安全带、腰带、安全绳等用具应符合标准的要求。

图 4-20　多人同时登杆后的站位

> **指点迷津**

蹬板使用口诀

蹬板又称升降板，板绳铁钩三部分。
用前冲击做试验，承受质量六百斤。
上杆下杆要站稳，铁钩朝上防松脱。
脚尖贴杆腿夹绳，人站平稳可干活。

4.4　安　全　带

电工专用的保险绳、腰绳和腰带，统称安全带或保险带。安全带是电工在攀登电杆时用来对操作者进行保护的工具，在使用时，一定要三个工具同时应用，以实现全方位对人体进行保护，如图 4-21 所示。

常见电工安全带如图 4-22 所示。

（1）保险绳用来防止万一失足时坠地摔伤。其一端应可靠地系结在腰带上，另一端用保险钩钩挂在牢固的横担或抱箍上。

视频 4.3　电工安全带使用演示

(2) 腰绳用来固定人体下部,以扩大上身活动幅度,使用时,应将其一端的系结在电杆的横担或抱箍下方,以防止腰绳窜出电杆顶端而造成工伤事故。腰绳的另一端应系结在臀部上端,而不是系在腰间,否则,操作时既不灵活又容易扭伤腰部。

(3) 腰带有两根带子,小的带子系在腰部偏下作束紧用,可用来系挂保险绳、腰绳和吊物绳的;使用时应束在臀部上方,不应束在腰间,否则作业时不灵活,容易扭伤腰部。大的带子系在电杆或其他牢固的构件上,起防止坠落的作用。安全腰带的宽度不应小于 60mm,绕电杆带的单根拉力不应低于 2250N。

腰带与保险绳系在一起,使用时腰带应系结在臀部上部,不应系在腰间,如图 4-23 所示。

图 4-21 使用安全带示例

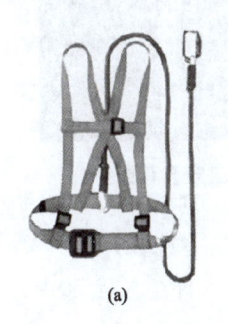

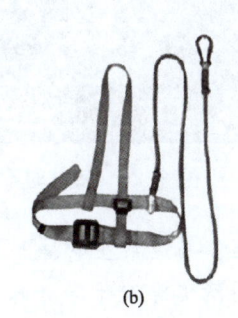

图 4-22 常见电工安全带
(a) 双背安全带;(b) 单背安全带;(c) 轻便电工围杆带;(d) 轻便绳式电工围杆带

图 4-23 腰带和保险绳系的使用方法

> 知识链接

电工安全带的使用要求

（1）使用前应检查安全钩、环是否齐全，保险装置是否可靠，腰带、腰绳和保险绳有无老化、脆裂、腐朽等现象。若发现有破损、变质等情况，严禁使用。

（2）腰带、腰绳的静拉力应符合规定要求。

（3）保险绳应高挂低用或平行拴挂，严禁低挂高用，如图4-24所示。

（4）使用安全带时，只有挂好安全钩环，上好保险装置，才可探身或后仰，转位时不应失去安全带的防护，如图4-25所示。

图4-24 保险绳高挂低用　　　　图4-25 转位时不应失去安全带防护

（5）安全带不应系在电杆尖和要撤换的部件上，而应系在电杆上合适、可靠的部位。

（6）安全带可放入低温水中用肥皂擦洗，再用清水漂洗干净并晾干，不许浸入热水中，以及阳光下曝晒或用火烤。

（7）安全带应存放在干燥、通风的地方，严禁与酸性、碱性物质存放在一起。

> 指点迷津

安全带使用口诀
安全带，保安全，电工登杆不可缺。
系腰带，部位准，不在腰部在胯部。
保险绳，应高挂，一端钩挂腰带间。
腰绳用来固下部，扩大上身动幅度。
安全带，可清洗，忌与酸碱放一起。

4.5 吊绳和吊袋

吊绳和吊袋是杆上作业时用来传递零件和工具的用品，如图 4-26 所示。吊绳的一端应挂在工作人员的腰带上，另一端垂向地面。吊袋用来盛放小件物品或工具，使用时结系在垂向地面的吊绳上，可吊物上杆，严禁上、下抛掷传送工具和物品。

图 4-26 吊绳

在杆上作业时，零星工具及材料须放在工具袋或笼筐内，用绳索吊上或吊下，不许随身携带或用手传递投掷。吊绳在使用前须经过周密检查。

指点迷津

> 吊绳、吊袋使用口诀
> 杆上作业传物件，采用吊绳和吊袋。
> 吊绳一端挂腰带，另端地面系吊袋。
> 零星物件袋内装，不能手传随身带。

4.6 工具夹

电工工具夹，又称电工工具套，俗称钳套，是电工盛装随身携带最常用电工工具的器具，形状如图 4-27 所示，一般用皮革或帆布制成，分为插装五件、三件和一件工具等多种形式。

使用时，将皮带系结在腰间，工具套置于电工背后右侧臀部位，以便于随手取用内插工具。如图 4-28 所示。

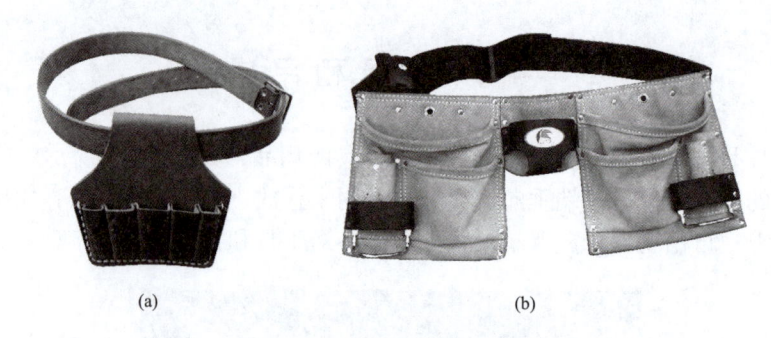

图 4-27 电工工具夹
(a) 皮革工具夹；(b) 帆布工具夹

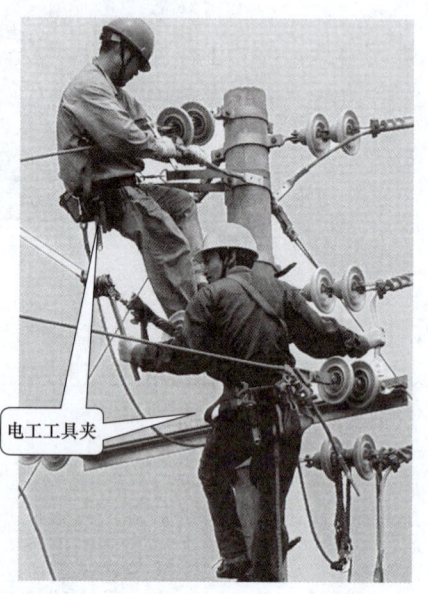

图 4-28 电工工具夹的使用

指点迷津

> **工具夹使用口诀**
> 常用工具夹中装，皮带系结在腰间。
> 置于右侧臀部位，工具取放更自如。

第 5 章

安全用具护平安

生命不分贵贱，安全人人需要；生存是人们的第一要求，安全则是生存的第一所需。电工作业，必须按照规定正确使用安全用具。所谓电工安全用具，是指为防止触电、灼伤、坠落、摔跌等事故，保障工作人员人身安全的各种专用工具和器具。安全用具的绝缘强度能长期承受工作电压，并且在该电压等级的系统内产生过电压时，安全用具能确保操作人员的人身安全。

5.1 电工安全用具概述

电工安全用具可分为绝缘安全和一般防护安全用具。

5.1.1 绝缘安全用具

绝缘安全用具包括基本绝缘安全用具和辅助绝缘安全用具。

（1）基本绝缘安全用具。基本绝缘安全用具可直接与带电导体接触，对于直接接触带电导体的操作，应使用基本绝缘安全用具。主要有高压基本绝缘安全用具（如绝缘棒、带绝缘棒的操作用具、高压验电器、绝缘夹钳）和低压基本绝缘安全用具（如带绝缘柄的工具、低压验电器）。上述基本绝缘安全用具的相关知识，请读者阅读本书前面几章的相应内容。

（2）辅助绝缘安全用具。辅助绝缘安全用具是指其绝缘强度不能长期承受电气设备或线路的工作电压，或不能抵御系统中产生过电压对操作人员人身安全侵害的绝缘用具。辅助绝缘安全用具只能强化基本绝缘安全用具的保护作用，用于防止接触电压、跨步电压以及电弧灼伤对操作人员的危害。辅助绝缘安全用具包括：

1）高压辅助绝缘安全用具。主要有高压绝缘手套、绝缘靴、绝缘鞋、绝缘垫、绝缘毯等。

2）低压辅助绝缘安全用具。主要有绝缘台、绝缘垫、绝缘靴（鞋）等。

辅助绝缘安全用具只能够有配合基本绝缘安全用具使用才具有实际意义。

5.1.2 一般防护安全用具

一般防护安全用具主要有携带型临时接地线、临时遮栏、帆布手套、标示牌、警告牌、防护眼镜和安全带等。

(1) 防护眼镜。适用于更换熔丝、操作室外设备、浇灌电缆绝缘胶和更换蓄电池液等工作。

(2) 帆布手套。适用于更换熔金属方面的工作，以及浇灌电缆绝缘胶等。

(3) 安全带。适用于高空作业，防止高空摔伤。

(4) 临时接地线。将已停电设备临时短路接地，防止因误送电而造成工作人员触电。

(5) 临时安全遮栏。防止工作人员误入带电间隔和误碰带电设备。

(6) 标示牌。防止工作人员误入带电设备和误将停电设备及线路送电的措施。

(7) 警告牌。用于警示行人及车辆主要安全。

5.1.3 正确保管安全用具

(1) 安全用具应存放在干燥、通风处所。

(2) 绝缘杆应悬挂在支架上，不应与墙面接触。

(3) 绝缘手套应存放在密闭的橱内，并与其他工具、仪表分别存放。

(4) 绝缘靴应存放橱内，不准代替雨鞋使用。

(5) 验电器应擦拭干净存放空气流通、环境干燥的专用地点，并放置于能防潮的盒内。

(6) 所有安全用具不准代替其他工具使用。

知识链接

关于安全工器具配置的规定

为规范电力安全工器具的管理，国家电网公司在有关国家标准、行业标准和有关规程的基础上，制定了国家电网安监〔2005〕516号《国家电网公司电力安全工器具管理规定（试行）》（简称《规定》），自2005年8月9日实施。该规定是我国电力行业第一部针对电力安全工器具购置、验收、试验、配置、使用、保管、报废等管理要求和技术要求、具有行业规程性质的管理文件。规范了国家电网公司系统内电力安全工器具的管理流程，进一步促进了安全生产。该《规定》对变电站和班组的安全工器具配置要求做出了具体的规定。

变电站安全工器具参考配置见表5-1，班组安全工器具参考配置见表5-2。

表5-1　　　　　　　　变电站安全工器具配置参考表

序号	工具名称	500kV 变电站			220kV 变电站			110kV 变电站			35kV 变电站	
		500kV	220kV	110kV	220kV	110kV	35kV	110kV	35kV	10kV	35kV	10kV
1	绝缘手套（双）	2		2		3		3			2	
2	绝缘靴（双）	2		2		3		3			2	
3	绝缘操作杆（套）	2	2	2	2	2	2	2	2	2	2	2
4	验电器（只）	2	2	2	2	2	2	2	2	2	2	2
5	接地线（组）	6	8	6	6	8	6	8	6	6	6	4
6	工具柜（个）	2（智能、普通各1）			2（智能、普通各1）			1（普通）			1（普通）	
7	安全带（副）	2			2			2			2	

续表

序号	工具名称	500kV 变电站			220kV 变电站			110kV 变电站			35kV 变电站	
		500kV	220kV	110kV	220kV	110kV	35kV	110kV	35kV	10kV	35kV	10kV
8	安全帽（顶）	10			10			10			10	
9	绝缘梯（架）	4（人字梯、平梯各2）			4（人字梯、平梯各2）			3（人字梯1、平梯2）			2（人字梯、平梯各1）	
10	防毒面具（套）	4			4			3			3	
11	登高板（副）	2			2			2			2	
12	防电弧服（件）	4			4			3			3	
13	SF_6 气体检漏仪（套）	1（GIS 站和室内有 SF_6 开关站）			1（GIS 站和室内有 SF_6 开关站）			1（GIS 站和室内有 SF_6 开关站）			—	
14	接地线架（套）	1（20 格）			1（20 格）			1（14 格）			1（10 格）	
15	标示牌"禁止合闸，有人工作"（块）	20			15			15			10	
16	标示牌"禁止分闸"（块）	20			15			15			10	
17	标示牌"禁止攀登，高压危险"（块）	20			15			15			10	
18	标示牌"止步，高压危险"（块）	15			10			10			10	
19	标示牌"在此工作"（块）	20			15			15			10	
20	标示牌"禁止合闸，线路有人工作"（块）	20			15			15			10	
21	红布幔（块）	10（2.4m×0.8m）			8（2.4m×0.8m）			6（2.4m×0.8m）			4（2.4m×0.8m）	

表 5-2　　　　　　　　　　班组安全工器具配置参考表

序号	工具名称	变电检修班	线路检修班	试验班	通信班
1	绝缘手套（双）	4	4	2	2
2	绝缘靴（双）	4	4	2	2
3	绝缘操作杆（套）	4	4	—	—
4	验电器（只）	220、110kV 各 2 只，10kV 每人 1 只	220、110kV 各 2 只，10kV 每人 1 只	10kV（220V）每人 1 只	10kV（220V）每人 1 只
5	接地线（组）	220、110kV 各 8 组，35kV 6 组	220、110kV 各 8 组，35kV 6 组	—	—
6	工具柜（个）	智能 1 个、普通 2 个（每人 1 门）	智能 1 个、普通 2 个（每人 1 门）	1（普通）	1（普通）

续表

序号	工具名称	变电检修班	线路检修班	试验班	通信班
7	安全带（副）	每人1副	每人1副		
8	安全帽（顶）	每人1顶	每人1顶	每人1顶	每人1顶
9	绝缘梯（架）	4（人字、平梯各2）	4（人字、平梯各2）	3（人字1、平梯2）	2（人字、平梯各1）
10	登高板（副）	每人1副	每人1副	—	—
11	防电弧服（件）	4	4		
12	个人保安线（根）	—	每人1根		
13	标示牌"禁止合闸，有人工作"（块）	10	10	5	5
14	标示牌"禁止分闸，高压危险"（块）	10	10	5	5
15	标示牌"在此工作"	10	10	5	5
16	红布幔（块）	—	6（2.4m×0.8m）	2（2.4m×0.8m）	2（2.4m×0.8m）

5.2 临时接地线

5.2.1 概述

1. 临时接地线的作用

临时接地线是检修配电线路或电气设备时必不可少的一种安全工具，是保护检修人员的一道安全屏障，可防止突然来电对人体的伤害。由于它便于携带，可在现场灵活使用，所以也叫便携式接地线。

视频5.1 临时接地线的使用

2. 种类

常用的临时接地线有线路/分相式、变电式（平夹）、线路/合相式、线路式（圆夹，挂钩）四种，如图5-1所示。

3. 组成

临时接地线主要由导线弯钩线夹（或母排平口线夹）、跨接短路线接地尾线、接线鼻、汇流管、接地端线夹（或五防闭锁夹头）、接地钢纤及接地操作棒等组成。线夹采用优质热铜（或熟铝）压铸表面抛光与线鼻紧固连接，导线是携带型短路接地线的重要组成部分。接地操作棒一般采用机械强度及绝缘性能俱佳的玻璃纤维环氧树脂管按型式需求进行配制。

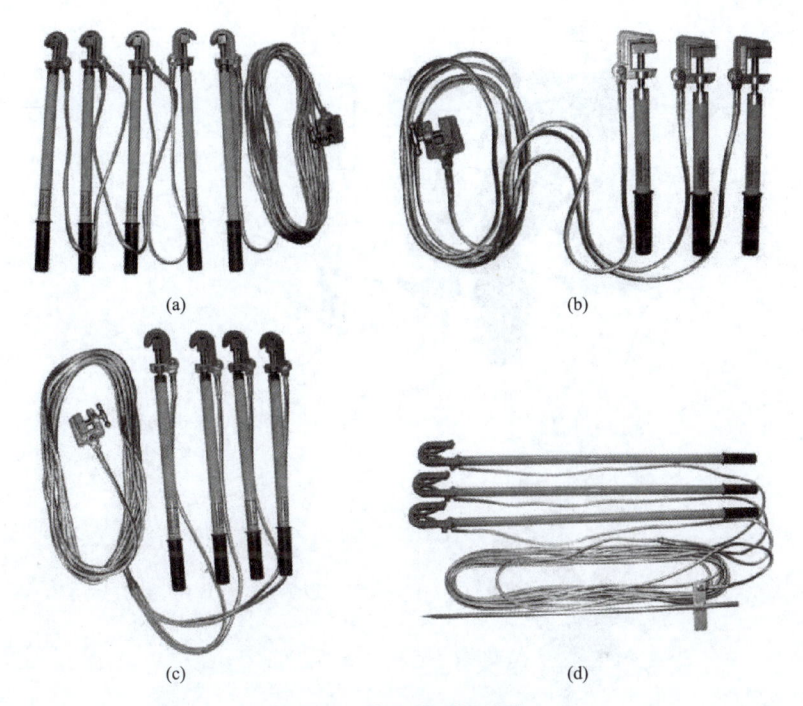

图 5-1 常用临时接地线
(a) 线路/分相式；(b) 变电式；(c) 线路/合相式；(d) 线路式

5.2.2 临时接地线的装设

1. 位置要求

（1）在停电设备与可能送电至停电设备的带电设备之间，或者在可能产生感应电动势的停电设备上，都要装设接地线，如图 5-2 所示。接地线与带电部分的距离应符合安全距离的要求，防止因摆动发生带电部分与接地线放电的事故。

（2）检修母线时，应根据母线的长短和有无感应电动势的实际情况确定接地线的数量。检修 10m 以下母线，可只装设一组接地线。在门型架构的线路侧检修，如果工作地点与所装设接地线的距离小于 10m，则虽然工作地点在接地线的外侧，也不再另外装设接地线。

（3）若检修设备为几个电气上不相连的部分（如分段母线以隔离开关或断路器分段），则各部分均应装接地线。

（4）接地线应挂在工作人员看得见的地方，但不得挂设在工作人员的跟前，以防突然来电时烧伤工作人员。

2. 装设和拆除方法

（1）必须根据当值调度员的命令，两人一起进行工作。使用携带型短路接地线前，应先验电确认已停电，在设备上确认无电压后进行，应立即将设备三相短路并接地。当工作设备有几个方面可能来电，就挂设几组接地线。

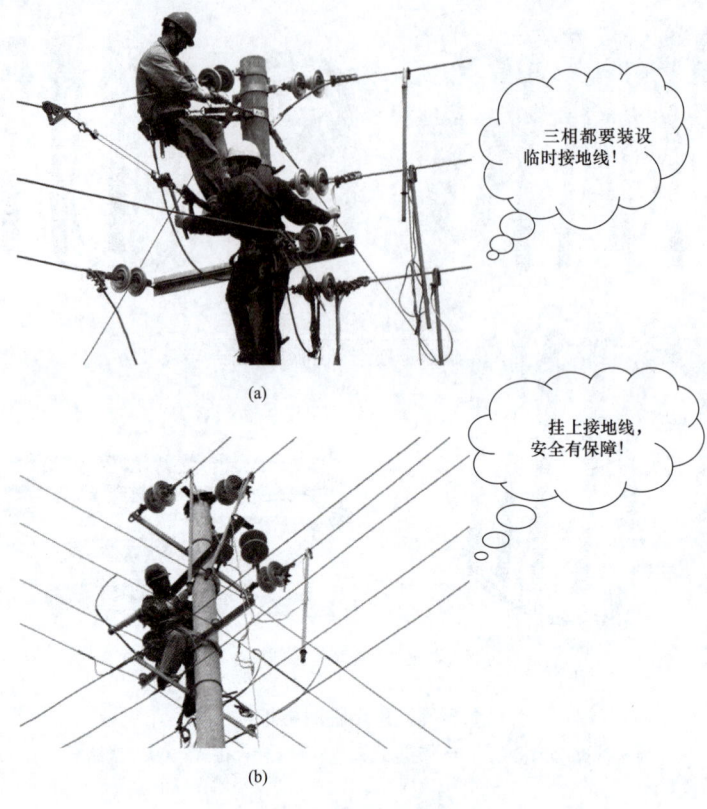

图 5-2　临时接地线装设示例
(a) 示例一；(b) 示例二

> **知识链接**

验电的重要性

　　验电是挂接地线前一个必不可少的步骤，因为线路停电的倒闸操作一般是由变电操作人员实施，对线路工作人员来说，验电才是真正的第一项技术操作内容，是对停电的现场确认手续，是能否进入下一个工序——挂接地线的依据，可有效地消除"停错电或要停电而未停电"的人为失误带来对人身安全的威胁，实现线路工作人员的自我保护。因考虑到线路工作多在野外，点多面广线长，即使是在工作地段两端挂接地线后，在分支线挂接地线和工作相挂辅助接地线之前，一般情况下也要先验电，以保安全。

　　(2) 必须戴绝缘手套、穿绝缘鞋（靴）和使用绝缘拉杆。

　　(3) 装设接地线应遵循的顺序：装设接地线必须先接接地端，后接导体端，且要接触牢固。即先将接地极棒插入地面以下 0.6m，后挂导体端。对同杆塔多层电力线路检修时，接地线的装设应先低压后高压，先下层后上层，先近端后远端。接地线的拆除与此相反。

　　(4) 单人值班站装拆接地线应在有人监护下进行。

5.2.3 使用接地线的注意事项

装设临时接地线是一项重要的电气安全技术措施，其操作过程应该严肃、认真，符合技术规范要求，千万不可马虎大意。挂接地线是在停电后所采用的安全预防措施，若不使用或不正确使用接地线，往往会加大事故发生的概率。因此，要正确使用接地线，规范装、拆接地线的行为，自觉培养严谨的安全工作作风，提高自身的安全素质，才能拒危险隐患于千里之外，才能避免由于接地线原因引起的电气事故。

在实际工作中，接地线的使用应注意以下事项：

（1）工作之前必须检查接地线。看看软铜线是否断头，螺钉连接处有无松动，线钩的弹力是否正常，不符合要求应及时调换或修好后再使用。

（2）挂接地线前必须先验电。验电的目的是确认现场是否已停电，能消除停错电、未停电等人为失误，防止带电挂接地线。

（3）在工作段两端，或有可能来电的支线（含感应电、可能倒送电的自备电）上挂接地线。在实际工作中，常忽略用户倒送电、感应电的可能，深受其害的例子不少。

（4）在打接地桩时，要选择黏结性强、有机质多、潮湿的实地表层，避开过于松散、坚硬风化、回填土及干燥的地表层，目的是降低接地回路的土壤电阻和接触电阻，能快速疏通事故大电流，保证接地质量。

（5）不得将接地线挂在线路的拉线或金属管上。因为其接地电阻不稳定，往往太大，不符合技术要求，还有可能使金属管带电，给他人造成危害。

（6）要爱护接地线。接地线在使用过程中不得扭花，不用时应将软铜线盘好。接地线在拆除后，不得从空中丢下或随地乱摔，要用绳索传递。注意接地线的清洁工作，预防泥沙、杂物进入接地装置的孔隙之中，从而影响正常使用的零件。

（7）按不同电压等级选用对应规格的接地线。这也是容易发生习惯性违章之处，地线的线径要与电气设备的电压等级相匹配，才能通过事故大电流。

（8）不准把接地线夹接在表面油漆过的金属构架或金属板上。这是在电气一次设备场所挂接地线时常见的违章现象。虽然金属与接地系统相连，但油漆表面是绝缘体，油漆厚度的耐压达 10kV/mm，可使接地回路不通，失去保护作用。

（9）严禁使用其他金属线代替接地线。其他金属线不具备通过事故大电流的能力，接触也不牢固，故障电流会迅速熔化金属线，断开接地回路，危及工作人员生命。

（10）现场工作不得少挂接地线，或者擅自变更挂接地线地点。接地线数量和挂接点都是经过工作前慎重考虑的，少挂或变换接地点，都会使现场保护作用降低，使人处于危险的工作状态。

（11）接地线具有双刃性，具有安全的作用，使用不当也会产生破坏效应，所以工作完毕要及时拆除接地线。带接地线合开关会损坏电气设备和破坏电网的稳定，会导致严重的恶性电气事故。

（12）接地线应存放在干燥的室内，专门定人定点保管、维护，并编号造册，定期检查记录。应注意检查接地线的质量，观察外表有无腐蚀、磨损、过度氧化、老化等现象，以免影响接地线的使用效果。

> **知识链接**

对携带型接地线的规定

（1）应使用多股带有透明塑料软管的软裸铜线，截面积应符合短路电流的要求，但不应小于 25mm²。

（2）必须使用专用的线夹，用以将接地线固定在停电设备上，严禁用缠绕的方法将停电设备接地或短路。每次使用接地线前应详细检查，禁止使用不合格的接地线。

（3）每组接地线均应编号并放在固定地点，存放位置也应编号，接地线号与存放位置必须一致。

> **指点迷津**

临时接地线使用口诀
何时始挂接地线，等待调度发指令，
停电之后挂地线，挂线之前先验电。
挂拆地线莫大意，手套胶靴安全帽，
地线连接无松动，线钩弹力应正常。
检修需挂双接地，以免用户倒送电。
挂线需要人配合，三相先挂中间相。
线路高坐升降器，不要采用升降梯。
使用过程不扭花，专用绳索来传递。
施工结束即拆除，拆除顺序正相反。

5.3 绝缘手套和电绝缘鞋

5.3.1 绝缘手套

视频 5.2 绝缘手套的使用

电工绝缘手套是一种辅助性安全用具，一般需要配合其他安全用具一起使用。电工带电作业时戴上绝缘手套，可防止手部直接触碰带电体，以免遭到电击。

（1）种类及性能要求。电工绝缘手套按所用材料分为橡胶绝缘手套和乳胶绝缘手套两类，如图5-3所示。按照在不同电压等级的电气设备上使用，手套分为A、B、C三种型号。A型适用于在3kV及以下电气设备上工作，B型适用于在6kV及以下电气设备上工作，C型适用于在10kV及以下电气设备上工作。绝缘手套应具有良好的电气性能，较高的机械性能，并具有柔软良好的性能。

第 5 章　安全用具护平安

图 5-3　绝缘手套
(a) 乳胶绝缘手套；(b) 橡胶绝缘手套

（2）使用绝缘手套注意事项。

1）按照规定，每隔 6 个月应对绝缘手套做一次耐压试验。每次使用之前应确认在上次试验的有效期内。

2）每次使用之前应进行充气检查，看看是否有破损、孔洞。具体方法：将手套从口部向上卷，稍用力将空气压至手掌及指头部分，检查上述部位有无漏气，如有则不能使用。

3）绝缘手套只允许在作业必要时使用，严禁作为他用。

4）作业时，应将衣袖口套入筒口内，以防发生意外，如图 5-4 所示。

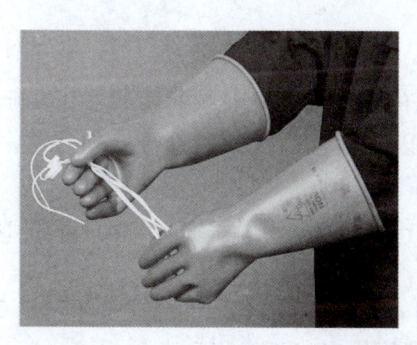

图 5-4　绝缘手套的穿戴方法

5）绝缘手套使用后，应撒上一些滑石粉，以保持干燥和避免黏结。存放时不得与其他工具、仪表混放。注意存放在干燥处，并不得接触油类及腐蚀性药品等。

指点迷津

绝缘手套使用口诀

绝缘手套有三型，不同电压供选用。
A 型三千 B 六千，C 型十千电气用。
用前充气查破损，用后应撒滑石粉。
平时陈放干燥处，每隔半年试耐压。

5.3.2 电绝缘鞋

绝缘鞋、绝缘靴统称为电绝缘鞋。电绝缘鞋是使用绝缘材料制作的一种安全鞋，是从事电气工作时防护人身安全的辅助用具。电绝缘鞋一般需要与配合其他电工工具一起使用，才能有效保证操作者的安全。常用电绝缘鞋的外形如图 5-5 所示。

图 5-5 电绝缘鞋

（a）耐压 20~30kV 绝缘靴；（b）绝缘皮鞋；（c）耐压 5~15kV 绝缘鞋

（1）电绝缘鞋的适用范围。耐实验电压在 15kV 以下的电绝缘皮鞋和布面电绝缘鞋，可应用在工频（50~60Hz）1000V 以下的作业环境中。耐实验电压在 15kV 以上的电绝缘胶鞋，适用于工频 1000V 以上作业环境中。

（2）电绝缘鞋的选用。

1）根据有关标准要求，电绝缘鞋外底的厚度（不含花纹）不得小于 4mm，花纹无法测量时，厚度不应小于 6mm。目前市场中，以生活鞋代替劳保绝缘鞋的现象常有出现。就是鞋底的最薄部分，有的也达不到 6mm。

2）外观检查。鞋面或鞋底有标准号，有绝缘标志、安监证和耐电压数值。同时还应了解制造厂家的资质情况。

3）电绝缘鞋宜用平跟，外底应有防滑花纹、鞋底（跟）磨损不超过 1/2。电绝缘鞋应无破损，鞋底防滑齿磨平、外底磨透露出绝缘层者为不合格。

4）电绝缘鞋应无破损，鞋底防滑齿磨平、外底磨透露出绝缘层者为不合格。

（3）预防性试验。电绝缘鞋在穿用 6 个月后，应做一次预防性试验，对于因锐器刺穿不合格品，不得再当绝缘鞋使用。预防性试验时，对于 6kV 皮绝缘鞋，应使用 5kV 电压检测。5kV 布面胶鞋使用 3.5kV 检测。

（4）使用注意事项。

1）企业用户购买电绝缘鞋后，必须注意按照表 5-3 中交接测试标准进行耐压试验。如有不合格者，即与生产厂家联系更换；电工在使用过程中，须定期送质量监测部门按照表 5-3 中的定期试验标准进行测试。

表 5-3　　　　　　　　　　　电绝缘鞋检验试验项目标准

试 验 项 目	试验电压（kV）	持续时间（min）	泄漏电流（mA）
出厂检验	5.0	2	≤2.50
用户交接试验	5.0	2	≤2.50
用户定期试验（6个月1次）	3.5	1	≤1.75

知识链接

电绝缘鞋检验试验方法

电绝缘鞋的预防性试验包括工频耐压试验和交流泄漏电流试验。电绝缘胶靴的试验周期为 6 个月；新购置的电绝缘皮鞋和电绝缘布面胶底鞋应进行预防性试验，穿用一年后报废。

试验时电压应从低值开始上升，并以大约 1000V/s 的速度逐渐升压至试验电压值的 75%。此后以每秒 2% 的升压速度至规定试验值或绝缘鞋发生闪络或击穿。试验时间从达到规定的试验电压值开始计时，电压持续时间为 1min。到达规定时间后测量并记录泄漏电流值，然后迅速降压至零值。如试验无闪络、无击穿、无明显发热，并符合表 5-3 的规定时，则试验通过。

2）穿用过程中，应避免与酸、碱、油类及热源接触，以防止胶料部件老化后产生泄漏电流，导致触电。

3）电绝缘鞋经洗净后，必须晒干后才可使用。脚汗较多者，更应经常晒干，以防因潮湿引起泄漏电流，带来危险。

4）特别值得注意的是 5kV 的电绝缘鞋只适合于电工在低电压（380V）条件下带电作业。如果要在高电压条件下作小，就必须选用 20kV 的电绝缘鞋，并配以绝缘手套才能确保安全操作。

指点迷津

绝缘鞋使用口诀
电工穿的绝缘鞋，宜用平跟底防滑。
专用标志可识别，严禁它鞋来顶替。
注意呵护绝缘鞋，老化漏电应防止。
清洗之后要晒干，如果潮湿有危险。

5.4 安全帽和安全网

5.4.1 安全帽

（1）安全帽的种类。对人体头部受外力伤害起防护作用的帽子为安全帽，它由帽壳、帽衬、下颌带、后箍等组成。安全帽分为六类：通用型安全帽、乘车型安全帽、特殊型安全帽、军用钢盔、军用保护帽和运动员用保护帽。其中通用型和特殊型安全帽属于劳动防护用品。

视频 5.4 安全帽的使用

1）通用型安全帽。通用型安全帽分只防顶部的和既防顶部又防侧向冲击两种。具有耐穿刺特点，用于建筑、运输和造船等行业。有火源场所使用的通用型安全帽耐燃。

2）特殊型安全帽。

a. 电业用安全帽。如图 5-6 所示，帽壳绝缘性能好，电气安装、高电压作业等行业使用的较多。

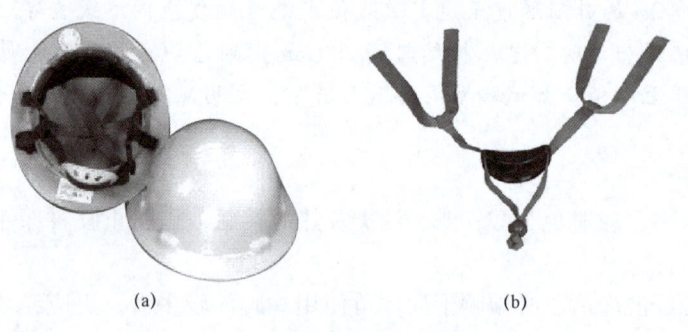

（a）　　　　　　　　　　　（b）

图 5-6　电工安全帽
（a）帽壳和帽衬；（b）帽带

b. 防静电安全帽。帽壳和帽衬材料中加有抗静电剂，用于有可燃气体或蒸汽及其他爆炸性物品的场所。

c. 防寒安全帽。低温特性较好，利用棉布、皮毛等保暖材料和面料，在温度不低于 -20℃ 的环境中使用。

d. 耐高温、辐射热安全帽。热稳定性和化学稳定性较好，在消防、冶炼等有辐射热源的场所使用。

e. 抗侧压安全帽。机械强度高，抗弯曲，用于林业、地下工程、井下采煤等行业。

f. 带有附件的安全帽。为了满足某项使用要求而带附件的安全帽。

（2）安全帽的防护作用。安全帽的选择和使用是安全管理工作的主要内容之一。电力建设施工现场上，人们佩戴的安全帽主要是保护头部受到意外伤害。安全帽的主要防护作用有以下几点：

1）防止突然飞来物体对头部的打击。

2）防止从 2~3m 以上高处坠落时头部受伤害。

3）防止头部遭电击。

4）防止化学和高温液体从头顶浇下时头部受伤。

5）防止头发被卷进机器里或暴露在粉尘中。

（3）安全帽的使用规定。

1）任何人进入生产现场，或在厂区内外从事生产和劳动时，必须戴安全帽。

2）戴安全帽时，必须系紧安全帽带，保证各种状态下不脱落；安全帽的帽檐，必须与目视方向一致，不得歪斜。

3）不能私自拆卸帽上部件和调整帽衬尺寸，以保持垂直间距和水平间距符合有关规定值，用来预防冲击后触顶造成的人身伤害。

4）严禁在帽衬上放任何物品。严禁随意改变安全帽的任何结构。严禁用安全帽充当器皿使用。严禁用安全帽充当坐垫使用。

5）应经常保持帽衬清洁，不干净时可用肥皂水清洗和清水冲洗。用完后不能放置在酸碱、高温、日晒、潮湿和有化学溶剂的场所。

6）使用中受过较大冲击的安全帽不能继续使用。

7）若帽壳、帽衬老化或损坏，降低了耐冲击和耐穿透性能，不得继续使用，要更换新帽。

8）防静电安全帽不能作为电业用安全帽使用，以免造成触电。

指点迷津

> **安全帽使用口诀**
> 电工要戴安全帽，不拿生命开玩笑。
> 保护头部受意外，现场戴牢安全保。
> 定期试验按周期，受过冲击帽不要。

5.4.2 安全网

外线电工在电器安装和维修等高空作业时，在按照规定需要设置安全网的电力施工地段必须架设安全网，用于隔离防护，以保障施工人员及现场工作人员的安全。

（1）外观检查内容。网体、边绳、系绳、筋绳无灼伤、断纱、破洞、变形及有碍使用的编制缺陷。所有节点固定。平网和立网的网目边长不大于8cm，系绳长度不小于0.8m。相邻两系绳间距不大于0.75m，平网相邻两筋绳间距不大于0.3m。密目式安全立网的网目密度不低于800目/100cm^2，相邻两系绳间距不大于0.45m。

（2）试验要求。安全网的预防性试验以外观检查为主，且在使用时进行。必要时抽样进行冲击性能试验或贯穿试验。所需的试验设备如下：

1）10m卷尺，分辨力1mm。

2）长100cm，底面积2800cm^2，质量为80kg±2kg的模拟人形沙包1个。

3）高度不低于16m的提升试验架1座。

4）长 6m、宽 3m、高度不小于 2.5m 的刚性试验框架 1 套，自重不少于 200kg。
5）5kN 释放器 1 个。

对于电力施工中常用平网或立网，其冲击试验方法为：将样网固定在试验框架上，提升人形沙包，使其位于样网中心点（冲击点）正上方 10m。释放人形沙包，使其自由落下，对样网进行冲击，安全网中各绳不断裂为合格。

> **指点迷津**
>
> **安全网使用口诀**
> 电力施工安全网，隔离防护要靠它。
> 平网立网据需要，定期试验要合格。

5.5 遮 栏

遮栏是为防止工作人员无意碰到带电设备部分而装的设备屏护。

5.5.1 遮栏的种类

遮栏（遮栏包括栅栏）按使用性质分为两种，即临时栅栏（移动栅栏）和永久性遮栏（固定式遮栏）。

临时栅栏是由木材、竹板和塑料制成。横向宽度可以伸缩。两个立框为木制，格子由竹板条或塑料板做成，如图 5-7 所示。

图 5-7 临时栅栏

永久性遮栏一般有金属线制成网状的和薄铁板做成的板式遮栏。在低压用遮栏上均应挂"止步，高压危险"的标示牌，如图 5-8 所示。

5.5.2 遮栏的作用

安装遮栏的作用是限制工作人员的活动范围，防止无关人员误入及防止工作人员在工作中造成对带电设备的危险接近。因此，当进行停电工作时，如果对带电部分的安全距离小于下列数值：0.4kV 为 0.1m，10kV 为 0.7m 时，应在工作地点和带电部分之间装设临时性遮栏。实际上，检修、试验、调整及校验等的工作范围大于 0.7m 以上时，一般现场也设置临时遮栏，这时所设的遮栏的作用是防止检修人员随便走动走错位置，或防止外人进入，接近带电设备。

图 5-8 永久性遮栏

5.5.3 室内外使用的临时遮栏

（1）室外用临时遮栏将停电检修设备围起（但应留出检修通道），在遮栏上挂标示牌，牌面向内，如图 5-9 所示。

图 5-9 室外临时遮栏应用示例

（2）室内外用临时遮栏。

1）用临时遮栏将带电运行设备围起，在遮栏上挂标示牌，牌面向外。配电盘（屏）后面的设备检修，应将检修的屏后网状遮栏门或铁板门打开，其余带电运行的盘应关好，加锁。

2）配电盘（屏）后面应有铁板门或网状遮栏门，无门时，应在左右两侧盘（屏）安装临时遮栏，如图 5-10 所示。

图 5-10 检查配电室运行情况

> 知识链接

人体与带电体的最小安全距离

在部分停电作业时,应使用遮栏将带电部分隔离起来,使工作人员与带电体之间保持一定的距离。人体与带电体的最小安全距离见表 5-4。

表 5-4　　　　　　　　　　人体与带电体的最小安全距离

电压等级（kV）	1kV 及以下	10	35	110	220
最小安全距离（m）	0.1	0.7	1.0	1.5	2.5

> 指点迷津

遮栏使用口诀
设备带电有危险,限制范围设遮栏。
遮栏一般分两类,移动式和固定式。
户内户外设遮栏,间距高度有规定。
遮栏上挂警示牌,提醒路人要远离。

5.6 标 示 牌

标示牌是用来警告人们不得接近设备和带电部分,指示为工作人员准备的工作地点,提醒采取安全措施,以及禁止给某设备或某段线路合闸通电的通告示牌。

标示牌根据作用分类可分为警告类、允许类、提醒类和禁止类等。

悬挂提醒类和允许类标示牌——对有关人员提起注意,向正确方面引导。

悬挂警告类标示牌——警告有关人员不发生错误或要及时纠正不正确的行为。

悬挂禁止类标示牌——禁止有关人员的不正确行为的发生。

5.6.1 允许类标示牌

允许类标示牌的样式如图 5-11 所示。

（1）"在此工作"标示牌,其尺寸为 250mm×250mm；绿底中有 ϕ210mm 白圈,圈中黑字分为两行；这种标示牌应悬挂在室内和室外允许工作地点或施工设备上。

（2）"从此上下"标示牌,其尺寸为 250mm×250mm；绿底中有 ϕ210mm 白圈,圈中黑字分为两行；这种标示牌应悬挂在允许工作人员上下的铁架、梯子上。

5.6.2 提醒类标示牌

提醒类标示牌的样式如图 5-12 所示。

图 5-11　允许类标示牌

"已接地"标示牌的尺寸为 240mm×130mm；绿底黑字；这种标示牌应悬挂在已接接地线的隔离开关操作手柄上。

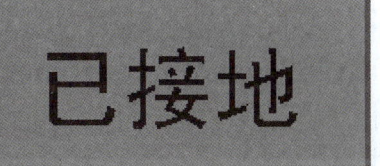

图 5-12　提醒类标示牌

5.6.3　禁止类标示牌

（1）常用禁止类标示牌。包括："止步　高压危险""禁止攀登　高压危险""禁止合闸有人工作""禁止合闸　线路有人工作"等禁止类标示牌，它们的样式如图 5-13 所示。

图 5-13　禁止类标示牌

1）"止步　高压危险"标示牌。

a. 外形。250mm×200mm，白底红边黑字，有红色危险标志。

b. 悬挂位置。在高压设备内工作，安全距离不够时，设置在临时遮栏上；在室内高压设备上工作，应在工作地点两旁间隔和对面间隔的遮栏上；室外应在工作地点的围栏上、室外电气设备的架构上、工作地点邻近带电设备的横梁上、禁止通行的过道上、高压试验地点。

c. 悬挂数量。根据实际需要而定。

2)"禁止攀登　高压危险"标示牌。

a. 外形。250mm×200mm，白底红边黑字，中间有红色危险标志。

b. 悬挂位置。供工作人员上下的铁梯、邻近的可能上下的其他铁梯上、运行中变压器的梯子上、输电线路的铁塔上、室外高压变压器台支柱杆上。

c. 悬挂数量。根据实际需要而定。

3)"禁止合闸有人工作"标示牌。

a. 外形。200mm×100mm 或 80mm×50mm，白底红字。

b. 悬挂位置。在一经合闸即可送电到工作地点的断路器设备和隔离开关的操作把手上，均匀悬挂标示牌（检修设备挂此牌）。标示牌的悬挂应按操作票或工作票中规定执行。

4)"禁止合闸　线路有人工作"标示牌。

a. 外形。200mm×100mm 或 80mm×50mm，红底白字。

b. 悬挂位置。一经合闸即可送电到施工线路的断路器设备和隔离开关的操作手柄上（检修线路挂此牌）。如果线路上有人工作，应在线路的断路器设备和隔离开关的操作把手上悬挂"禁止合闸　线路上有人工作"的标示牌，该标示牌的悬挂应按操作票或工作票中所规定执行。

(2) 使用禁止类标示牌应注意的问题。

1)"禁止合闸　有人工作"标示牌表示有人在设备上工作，不许送电；"禁止合闸"标示牌表示运行中设备不许合闸，两种不能混同使用。

2) 工作人员不得随意取掉已挂的各类标示牌、装设的遮栏、接地线等安全设施，若上述安全设施影响工作时，需取得工作负责人和值班人员同意后，方可更改。

3) 禁止类标示牌在使用中损坏和丢失的应及时补缺。

知识链接

怎样悬挂禁止类标示牌

在一经合闸即可送电到工作地点的断路器（开关）和隔离开关（刀闸）的操作把手上均应悬挂"禁止合闸　有人工作"的标示牌。

标示牌的悬挂和拆除均应按照调度员的命令执行。电气工作人员必须认真严肃地对待悬挂标示牌的工作。高压电气设备因型式和接线不同、控制方式不同，应按照实际进行具体的挂设工作。如检修设备为单母线就地控制方式，则只在靠电源的隔离开关操作把手上挂标示牌；对于电源联络线断路器，应在其两侧隔离开关的操作把手上挂标示牌；如有隔离开关既可就地控制（手动操作）也能远方控制（电动操作）时，则应在两地点断路器控制开关把手上和操作把手上分别挂标示牌；对检修设备与带电部分经过两个隔离开关的，只需在带电处隔离开关的操作把手上挂标示牌对双母线单断路器接线，应在两母线隔离开关、线路隔离开关操作把手上，断路器控制开关操作把手上分别挂标示牌。

> **指点迷津**
>
> 标示牌使用口诀
> 标示牌可分四类，醒目标示要注意。
> 提醒允许标示牌，温馨提示作引导。
> 警告、禁止标示牌，命令语气作纠正。
> 悬挂位置及数目，式样尺寸按规定。
> 违规使用标示牌，安全责任自承担。

5.7 护 目 镜

避免辐射光对眼睛造成伤害，最有效和最常用的方法是佩戴防护眼镜。所谓防护眼镜就是一种滤光镜，可以改变透过光强和光谱。这种眼镜分两大类：吸收式和反射式。其中，前者用得最多。不同颜色的防护镜片可以吸收不同颜色为主的光线，常用的护目镜分有色和无色两种，如图 5-14 所示。护目镜是防止物体飞溅从而伤害眼睛的保护用品，护目镜应能将眼睛全部防护，普通的平光眼镜不能作为防护用品。在有电弧耀眼可能时，应使用有色护目镜。

图 5-14 护目镜
（a）有色护目镜；（b）无色护目镜

5.7.1 吸收式滤光镜

（1）遮阳眼镜。又称太阳镜，可见光的透过率约为 20%，对紫外线和红外线的吸收较好，有淡绿、淡灰、淡茶等多种颜色，可作为遮阳和雪地工作防护眼镜。其中浅灰色镜片对颜色的辨认影响最小；浅茶色眼镜使蓝天看起来较暗，使绿光透过减少；浅绿色镜片使红色光透过减少。

（2）气焊用护目眼镜。这种镜片所用着色剂主要为氧化铁、氧化钴等，呈黄绿色，能全部吸收 500nm 以下波长的光波，可见光的透过率在 1% 以下，仅能有少量红外线通过。这种眼镜专供气焊操作焊接时使用。

（3）电焊用护目眼镜。电焊产生的紫外线对眼球短时间照射就会引起眼角膜和结膜组织的损伤（以 28nm 光最严重）。产生的强烈红外线很易引起眼晶体混浊。电焊用护目镜能很好阻截以上红外线和紫外线。这种镜片以光学玻璃为基础，采用氧化铁、氧化钴和氧化铬等着色剂，另外还加入一定量的氧化铈以增加对紫外线的吸收。外观呈绿色或黄绿色。能全部阻截紫外线，红外线透过率小于 5%，可见光透过率约为 0.1%。

（4）蓝色护目眼镜。这种眼镜有两种，一种为氧化铁和氧化钴着色，用它看灯丝为紫红色；另一种是以氧化铜、氧化锰着色，用它看灯丝为白色。它们都能全部吸收 500~600nm（人眼可见光敏感区）波段的耀眼眩光，在 400nm 处的光线透过率在 12% 以下，对紫外线也有一定吸收作用，适用于各种工业高温炉炉前操作人员戴用。

（5）深红色玻璃眼镜。这种眼镜镜片是一种采用硫化镉、硫硒化镉着色的深红色玻璃，它能吸收波长在 600nm 以下波段的全部光线。可用作医务或工业人员操作 X 光透视设备时的护目镜。

（6）激光防护眼镜。这种眼镜有两种形式，即反射式和吸收式，前者表面采用真空镀膜方法镀一层金属膜，对波长为 532、694nm 和 1060nm 等激光波段的反射率大于 99.5%；后者镜片对 1060nm 激光波段能全部吸收。镜片必须配以封闭式或半封闭式框架，防止激光绕过镜片射入眼内。可以作为激光操作人员的防护眼镜。

（7）微波防护眼镜。微波是一种波长为 1nm~1m 的电磁波，它也能对人造成伤害，特别是眼睛。若在强的微波作用下，可引起视疲劳、眼干涩和头晕，甚至可以导致晶体混浊、白内障和视网膜损伤等。它的防护是采用镜片表面喷涂四氯化锡及能提高电导率的金属化合物，在镜片表面形成多层导电膜，起到了屏蔽微波的作用。因微波能绕过镜片射入眼内，镜框也应采用屏蔽，方可防止微波对眼睛的损伤。

5.7.2 反射式滤光镜

吸收式滤光镜是采用镜片对某些波长光的吸收，以减少射入眼内的光强，但因镜片吸收了某些光线，变成热量放出，特别是红外线和其他一些波较长的光线，由于产生热量的积累，使眼睛感觉很不舒服。若采用反射滤光镜，则能很好地解决这一问题。在前边镀膜眼镜中曾介绍过，若在镜片表面镀上一层折射率比镜片本身折射率高的材料膜层，就会增大光线的反射，减少光线的透过光强，这样就可以保护眼睛不受到强光和有害射线的伤害。

实际工作生活中，很多情况是吸收式和反射式联合起来使用的，即在有色镜片上再镀一层高反射膜，使滤光作用更强，如电焊、氩弧焊、等离子切割等操作人员佩戴的眼镜，就可采用这一种方法解决。

指点迷津

护目镜使用口诀
全部防护护目镜，防物防光伤眼睛。
平光眼镜无防护，电弧耀眼有色镜。

第 6 章

维修电机专用工具熟能生巧

在电动机安装、维护或维修过程中，离不开一些专用电工工具的帮助。有的放矢地选用工具，不仅有助于提高劳动效率，而且也是维修电工必须具备的技能之一。

6.1 绕 线 模

绕线模是绕制电动机线圈的工具。当电动机的绕组损坏后需要重新绕制线圈时，可根据原来线圈的尺寸，用优质木材制作绕线模。制作时要注意模心与夹板之间的接缝应紧密，不留空隙，如图 6-1 所示，否则在绕线时，电磁线会进入缝隙中。

图 6-1 绕线模的结构

绕制的绕组是否符合要求，取决于绕线模的尺寸是否合适。在修理电动机需要重绕绕组时，可以将拆卸下来的较完整的旧绕组作为样板，制作新的功率绕线模；如无样板时，就需要进行重绕计算或参考电动机型号规定的技术数据。

知识点拨

绕线模尺寸必须合适

绕线模的尺寸做得是否合适，对电动机重嵌工作能否顺利进行起着决定性的作用。若绕线模的尺寸太小，则绕组端部长度不足，嵌线时发生困难，甚至嵌不下去；若绕线模尺寸太长，则绕组电阻和端部漏抗都将增大，会影响电动机的电气性能，且浪费铜线，绕组还易碰触端盖，故绕线模的尺寸要做得比较正确。

下面介绍几种绕线模尺寸的计算方法。

1. 双层叠绕组

双层叠绕组绕线模的模心如图 6-2 所示。

(1) 模心宽度尺寸的计算公式为

$$A = \frac{\pi(D+h)}{z}(y-x)$$

式中　A——模心宽度，mm；
　　　D——定子铁心内径，mm；
　　　h——定子槽高，mm；
　　　z——定子槽数；
　　　y——以槽数表示的定子绕组节距；
　　　x——模心宽度校正系数，可按照表 6-1 查取，功率较大的电动机取上限。

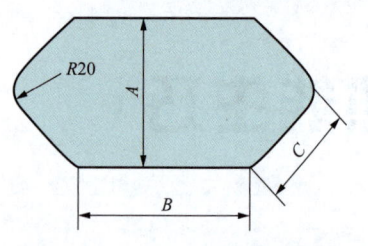

图 6-2　双层叠绕组绕线模的模心

表 6-1　　　　　　　　　　双层叠绕组模心校正系数

极数	2 极	4 极	6 极	8 极
x	1.5~2	0.5~0.75	0~0.25	0~0.2
t	1.49	1.53	1.58	1.53

(2) 模心直线部分长度的计算公式为

$$B = L + 2a$$

式中　B——模心直线部分长度，mm；
　　　L——定子铁心长度，mm；
　　　a——定子绕组直线部分伸出铁心长度，可取 10~20mm，功率较大的电动机取上限。

(3) 模心端部长度的计算公式为

$$C = \frac{A}{t}$$

式中　C——模心端部长度，mm；
　　　t——模心端部长度校正系数，可按照表 6-1 查取。

2. 单层绕组

(1) 单层同心式绕组。单层同心式绕组绕线模的模心如图 6-3 所示。

1) 模心宽度的计算公式为

$$A_1 = \frac{\pi(D+h)}{z_1}(y_{11}-x)$$

$$A_2 = \frac{\pi(D+h)}{z_1}(y_{12}-x)$$

图 6-3　单层同心式绕组绕线模的模心

式中　A_1、A_2——分别为大线圈、小线圈模心的宽度，mm；
　　　y_{11}、y_{12}——分别为大线圈、小线圈以槽数表示的节距；

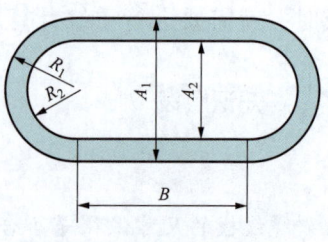

x——模心宽度校正系数,可按照表 6-2 查取。

表 6-2　　单层同心式绕组校正系数值

绕组型式		x			t
		2 极	4 极	6 极	
同心式	大线圈	2.1	1.1	—	2
	小线圈	1.6	0.6	—	2
交叉式	大线圈	2.1	1.1	—	1.8
	小线圈	1.85	0.85	—	1.9
链式		—	0.85	0.55	1.6

2) 模心直线部分长度计算公式为

$$B = L + 2a$$

3) 模心端部圆弧半径计算公式为

$$R_1 = \frac{A_1}{2}$$

$$R_2 = \frac{A_2}{2}$$

式中　R_1、R_2——分别为大线圈、小线圈端部的圆弧半径,mm。

(2) 单层交叉式绕组。单层交叉式绕组绕线模的模心如图 6-4 所示。

1) 模心宽度　A_1、A_2 的计算公式与单层同心式绕组相同,但应以交叉链式的 x 值代入。

2) 模心直线部分长度计算公式为

$$B = L + 2a$$

3) 模心端部圆弧半径计算公式为

$$R_1 = \frac{A_1}{t}$$

$$R_2 = \frac{A_2}{t}$$

式中　t——模心端部长度校正系数,可按照表 6-2 查取。

(3) 单层链式绕组。单层链式绕组绕线模的模心如图 6-5 所示。

1) 模心宽度计算公式为

$$A = \frac{\pi(D+h)}{z}(y-x)$$

式中　x——模心宽度校正系数,可按照表 6-2 查取。

2) 模心直线部分长度计算公式为

$$B = L + 2a$$

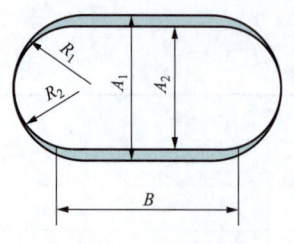

图 6-4　单层交叉式绕组绕线模的模心

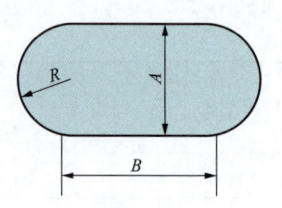

图 6-5　单层链式绕组绕线模的模心

3) 模心端部圆弧半径计算公式为

$$R=\frac{A}{t}$$

式中　t——模心端部长度校正系数,可按照表 6-2 查取。

3. 模心厚度和夹板尺寸

(1) 模心厚度 b,如图 6-6 所示。

$$b=1.1nd$$

式中　n——每层导线的根数,可自行确定,若为多根并绕,则为并绕根数,每层匝数;

　　　d——单根导线绝缘后的直径,mm。

一般功率较小的电动机 b 取 8~10mm,功率较大的电动机 b 取 10~15mm。

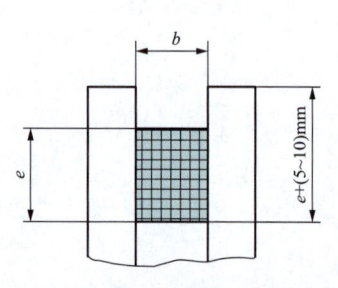

图 6-6　模心厚度和夹板尺寸

(2) 夹板尺寸。夹板的形状与模心相同,每边比模心高出的长度约为线圈厚度 $e+(5\sim10)$mm,如图 6-6 所示,夹板上应留有引出线槽及若干扎线槽。线圈厚度 e 的数值计算公式为

$$e=\frac{N_1 nd^2}{0.9\times b}$$

式中　N_1——定子绕组的匝数;

　　　n——定子绕组的并绕根数;

　　　b——模心厚度,mm;

　　　d——单根导线绝缘后的直径,mm。

绕线模由模心和夹板两部分组成。模心一般斜锯成两块,一块固定在上夹板上,另一块固定在下夹板上,这样绕成线圈后容易脱模。图 6-7 所示为叠绕组常用的绕线模结构。绕线模一般用干燥硬木制作,使其不易翘裂变形;大批修理或长期使用时,可用层压板或铝合金制作。

绕线模可按每极每相的线圈数制作,如每极每相有 3 只线圈,则可做成 3 块模心、4 块夹板,使 3 只线圈可以连绕,省去线圈间的焊接。大批修理时,还可以每相连绕,省去极相间的焊接,即每相只有两根引出线。对单台电动机的修理,可只做 1 块模心,绕完 1 个线圈,扎牢后卸下,扎在夹板侧继续绕完一组,再剪断线头。

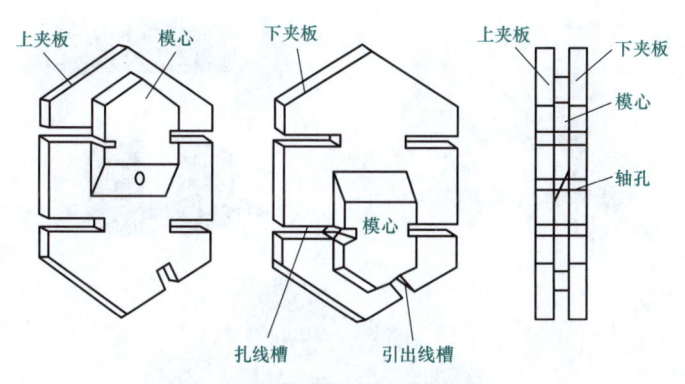

图 6-7 叠绕组的绕线模结构

为了达到一模多用，简易多用绕线模与活络绕线模也在不断推广使用。图 6-8（a）所示为一种简易多用绕线模，在板上钻几排孔，用 6 根金属棒插入孔中，每根金属棒上安放一个外径约 12mm、厚 10mm 的层压板垫圈［图 6-8（a）中大圈］，再安放一块同样的模板，装夹在绕线机上，即可绕制。若要连绕几个线圈，只要多做几块模板和层压板垫圈、金属棒放长些即可。活络绕线模使用更为方便，只要根据需要尺寸调节线模上的 6 只螺栓位置就能适应不同规格的要求。对于 0.35~40kW 的电动机绕组，可通过改变活络框架的位置，以适应不同规格的要求，每个极相组几个线圈连绕可根据需要拆装。活络绕线模的结构如图 6-8（b）所示。

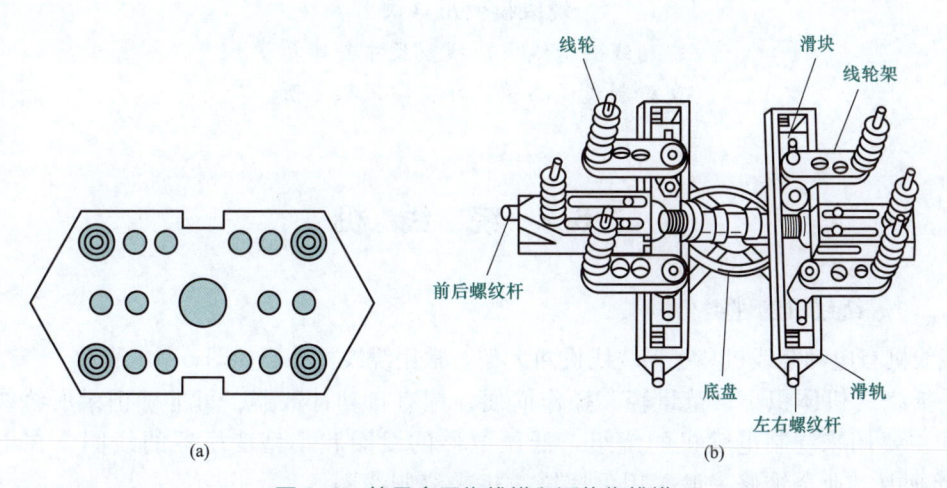

图 6-8 简易多用绕线模和活络绕线模
（a）简易多用绕线模；（b）活络绕线模

以上介绍绕线模的制作方法对于业余维修者是比较适用的。其实，专业维修电工一般都是使用塑料制成的成品绕线模，如图 6-9 所示为常用的几种成品绕线模，可即买即用，非常方便。

(a)

(b)

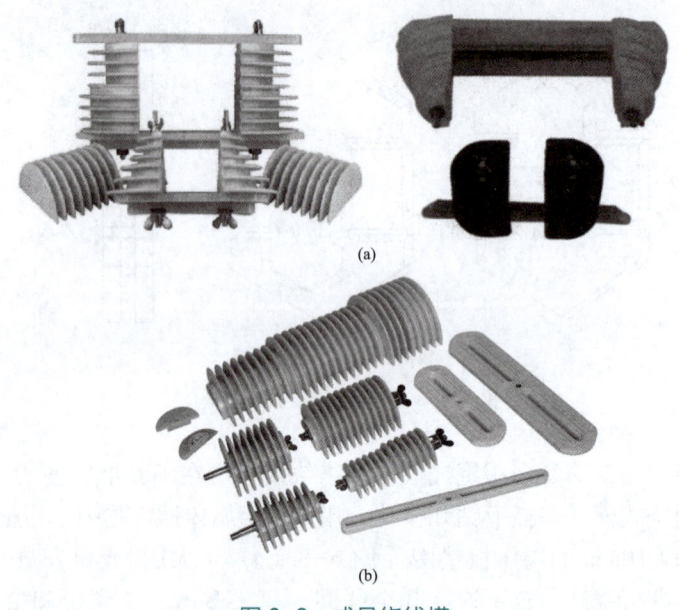

图 6-9　成品绕线模
（a）通用绕线模；（b）单、三相防滑绕线模

指点迷津

> **绕线模使用口诀**
> 绕制线圈绕线模，线模尺寸要计算。
> 塑料制成成品模，即买即用很方便。

6.2　绕　线　机

6.2.1　绕线机的种类

绕线机有电动绕线机和手摇绕线机两大类。常用绕线机外形如图 6-10 所示。

手摇绕线机体积小、重量轻、操作简便，配有自动计数器，可准确记录所绕线圈的匝数，主要用来绕制电动机的绕组、低压电器的线圈和小型变压器的线圈。在电动机修理行业中，业余维修一般采用手摇绕线机来绕制线圈。

（1）单速手摇绕线机。单速手摇绕线机由摇手柄传动，通过中间齿轮使中心螺钉转动，再带动蜗杆转动，蜗轮使蜗杆传动到另一蜗轮而指出所需图数，如图 6-11 所示。

（2）双速手摇绕线机。双速手摇绕线机采用手摇齿轮传动，指针或电子计数。可采用手工绕制各种小型线圈和缠绕各种线圈胶带。其传动速比有快速 1∶6、中速 1∶3 和慢速 1∶1 三挡，如图 6-12 所示。

图 6-10　常用手摇绕线机外形

图 6-11　单速手摇绕线机

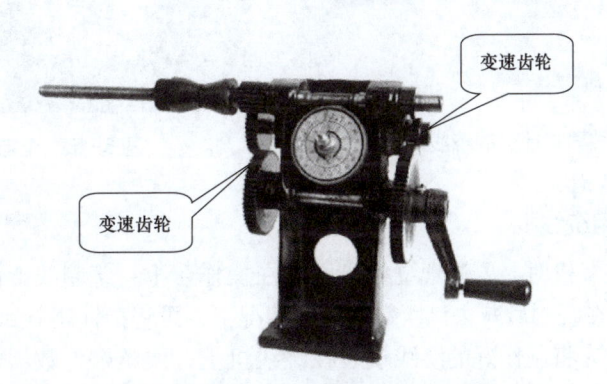

变速齿轮

变速齿轮

图 6-12　双速手摇绕线机

（3）手摇/电动两用绕线机。还有一种手摇绕线机既可手摇也可配 75W 以上微型电动机拖动机身主轴转速，通过不同齿轮搭配，得到不同转速，如图 6-13 所示。

皮带轮

图 6-13　手摇/电动两用绕线机

119

除了前面介绍的指针式计数绕线机之外，近年来又出现了电子数显式计数的绕线机，其基本原理是利用霍尔元件对主轴上安装的磁铁来计圈数，分辨率为1圈，如图6-14所示。

（4）全自动绕线机。为提高生产效率，在工厂一般使用全自动绕线机来绕制线圈，这种绕线机能自动监测生产过程中各种环境参数的改变，自动修正各种变化造成的影响，使线圈各项参数更加精确，产品质量更有保证，如图6-15所示。

视频6.1 全自动绕线机

图6-14 电子数显式计数的绕线机

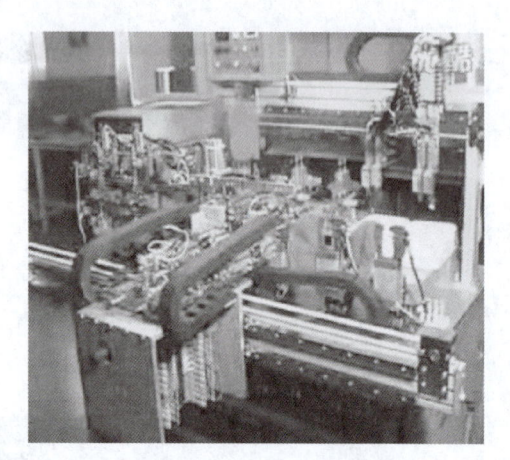

图6-15 全自动绕线机

6.2.2 正确使用绕线机

（1）使用手摇绕线机时，要先把绕线机固定在操作台上；绕制线圈前，要记录开始时指针所指示的匝数，并在绕制后减去该匝数（一般情况下，可将指针调节到"0"的位置）。

（2）绕线前，应先将制作好的绕线模装在绕线机上，调整好计数器的零位。在绕制线圈时，应尽可能充分运用绕线模将一个极相组或相绕组的线圈连续绕制好，尽量减少线圈之间的接头，以防接线错误或线头接触电阻不同造成三相线圈的直流电阻不同。

（3）使用手摇绕线机绕线时，操作者用手将漆包线拉紧、拉直，注意较细的漆包线不要用力过猛，以免把线拉断了，如图6-16所示。

图6-16 注意将漆包线拉紧、拉直

（4）使用电动绕线机前，应先检查各接插件是否完好，然后插上电源，打开电源开关，这时数码显示器点亮并显示出断电前残留数。按清零键，使数码显示器全部为零，调节好转速，踩下脚踏板就能工作；到圈数后，松开脚踏板即停机。按下清零键，计数值即复"0"，再踩下脚踏板即可进入下一轮工作。

> 知识链接

绕线机维护与保养

（1）需在机身油眼处经常加油，以保持润滑、运转灵活。
（2）长期不使用时，需将齿轮、主轴等表面揩拭干净，并涂上防锈油。然后放置干燥处。
（3）不得用铁锤等敲打齿轮和主轴等部位。

> 指点迷津

绕线机使用口诀
手摇电动两类型，工厂常用全自动。
线模装在线机上，复位清零好计数。
拉直拉紧漆包线，转速控制很重要。
保持润滑常加油，齿轮主轴要防锈。

6.3 短路侦察器

电动机若不能启动，或三相电流不平衡，或有异常噪声或振动大，或温升超过允许值，或冒烟，则说明电动机绕组出现了短路故障。绕组短路可分为匝间短路、绕组间短路、绕组极间短路和绕组相间短路等。

怀疑绕组有短路现象，可用短路侦察器检查。

短路侦察器是一只铁心为 H 形或 U 形硅钢片叠装而成的开口变压器，线圈绕在铁心的凹部。使用时将侦察器开口部分放在被检查的定子铁心槽口上，如图 6-17 所示，短路侦察器线圈相当于变压器的一次绕组，而被测槽内线圈（或鼠笼导体）相当于变压器的二次绕组。

在短路侦察器线圈两端接上单相交流电源后，若被检查槽内有短路故障存在，串联在短路侦察器绕组回路中的电流表读数就会突然发生变化。此时相当于变压器二次侧短路，反映到一次侧的电流表读数就增大。这时也可用一小块铁片（或旧钢锯片）放在被测线圈另一有效边所在的槽口，若被测绕组短路，则此钢片就会产生振动。

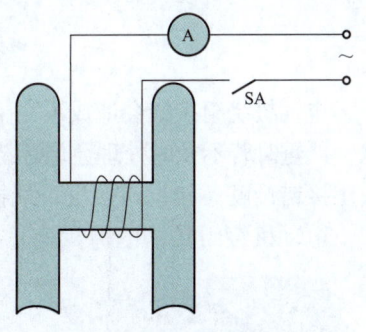

图 6-17 短路侦察器

若槽内线圈无短路现象，则电流表读数较小。

将侦察器沿定子铁心内圆逐槽移动检测，便可找到短路线圈。这种方法可以不使短路线圈受大电流的烧伤而避免扩大故障，是一种有效的检查方法，但在使用时应注意以下几点。

（1）电动机为三角形（△）接法时，要将三角形打开，拆成开口。
（2）电动机为多路并联时，要拆开并联支路。

(3) 电动机绕组为双层时，被测槽中有两个线圈，它们分别隔一个线圈节距，分布于左、右两边，这时应分别将铁片放在左、右相隔一个节距的槽口进行试验，以确定哪个线圈为短路线圈。

(4) 使用时，应先将短路侦察器放在铁心上，使磁路闭合后，再接通电源，以免烧毁短路侦察器线圈。

知识链接

绕组短路故障的处理

采用上述方法找到一相短路后，可以与接地故障一样，采用观察检查，分组淘汰法检查出确切的短路位置。最容易短路的地方是同极同相的两相邻线圈间，上、下层线圈间及线圈的槽外部分。如果能明显看出短路点，可用竹楔插入两线圈间，把这两个线圈的槽外部分分开，垫上绝缘层。若短路点发生在槽内，且短路较严重，则大多必须更换线圈。

指点迷津

> **短路侦察器检测绕组短路口诀**
> 电机绕组疑短路，短路侦察器可查。
> 定子铁心逐槽检，电流突然小变大。
> 此处线圈有短路，酌情修理定方法。

6.4 指 南 针

电动机绕组接错会造成不完整的旋转磁场，致使起动困难、三相电流不平衡、噪声大等症状，严重时若不及时处理会烧坏绕组。主要有下列几种情况：某极相中一只或几只线圈嵌反或头尾接错；极（相）组接反；某相绕组接反；多路并联绕组支路接错；△、丫形接法错误。

电动机绕组接错的原因有：误将△形接成丫形；维修保养时，三相绕组有一相首尾接反；减压起动时，抽头位置选择不合适或内部接线错误；新电动机在嵌线时，绕组连接错误；旧电动机出头判断不对。

绕组接错包括组内线圈接反、嵌反等情形，用指南针判断电机绕组是否接错，操作简便，易于掌握。其方法是：将3~6V 直流电源输入待测相绕组，然后用指南针沿着定子内圆周移动，若该相各极相组、各线圈的嵌线和接线正确，指南针经过每个极相组时，其指向呈南北交替变化，如图6-18 所示。若指南针经过两个相邻的极相

图 6-18 用指南针检查绕组接线错误

组时，指向不变，则指向应该变而不变的极相组内有线圈接反或嵌反。按此方法，可依次检测其余两相绕组。

检测时，若三相绕组为△形连接，应拆三个节点。如果为Y形连接，可不必拆开，只需要将低压直流电源从中性点和待测绕组首端输入，再配合指南针用上述方法检测。

> **指点迷津**
>
> 指南针检查绕组接线口诀
> 绕组接线有错误，借助指南针帮助。
> 通入三伏直流电，针沿定子内圆动。
> 每个极组南北易，说明磁场在交替。
> 指针指向不变化，线圈接反或嵌反。

6.5 拉 具

拉具又称为拉马，有两爪和三爪之分，是电工用于拆卸皮带轮、联轴器以及电动机轴承、电动机风叶的专用工具。

6.5.1 拉具的种类

（1）普通防滑拉具。普通拉具的外形如图 6-19 所示。业余维修者和部分专业电工一般都是使用这种拉具。

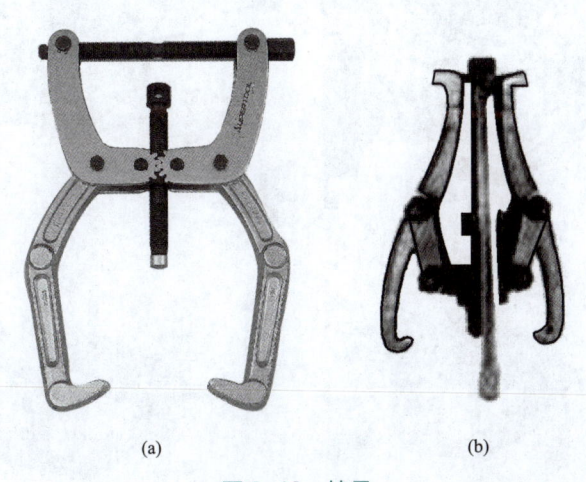

(a) (b)

图 6-19 拉具
（a）两爪拉具；（b）三爪拉具

（2）一体式液压拉具。一体式液压拉具是以油压起动杆直接前进移动，故推动杆本身不转动，钩爪座又可随螺纹直接作前进后退之调距，操作方便，只需要把手前后小幅度摆动。使用省力，不受场地、方向（0°～360°）、位置（2、3爪）限制，广泛应用于拆卸各种圆盘、法兰、齿轮、轴承、皮带轮等。是替代传统拉具的理想化工具，如图6-20所示。

（3）移动式液压拉具。移动式液压拉具是由一体式液压拉具、快速连接架、卧顶升降移动装置所组成，如图6-21所示。它具有调节方便，移动省略，操作安全等显著特点，广泛应用于拆卸各种圆盘、法兰、齿轮、轴承、皮带轮等。

图6-20 一体式液压拉具　　　　图6-21 移动式液压拉具

6.5.2 拉具的使用方法

下面以拆卸皮带轮为例，介绍拉具的使用方法和步骤，如图6-22所示。

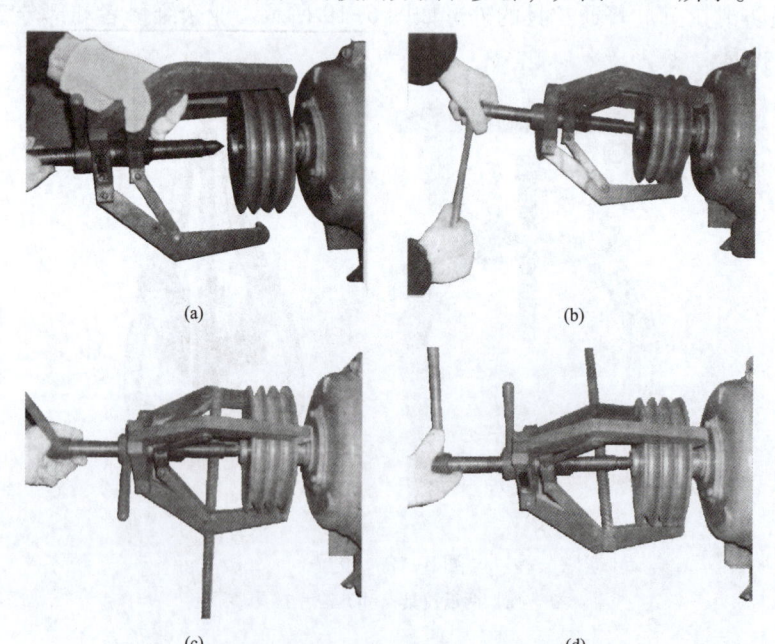

图6-22 用拉具拆卸皮带轮的方法和步骤（一）

（a）丝杆对准机轴中心；（b）让三个拉钩拉紧皮带；（c）将撬棍插进拉具；（d）顺时针方向转动拉具杆；

图6-22 用拉具拆卸皮带轮的方法和步骤（二）
(e) 在即将拉出皮带轮时放慢动作；(f) 拉出皮带轮

（1）根据皮带轮的大小，选择合适的拉具，将拉具放在皮带轮上，丝杆对准机轴中心位置，如图6-22（a）所示。
（2）转动拉具杆，让拉具的三个拉钩拉紧皮带轮，如图6-22（b）所示。
（3）将撬棍插进拉具，如图6-22（c）所示。
（4）顺时针方向转动拉具杆，将皮带轮缓慢拉出，如图6-22（d）所示。
（5）在即将拉出皮带轮时，适当放慢动作，防止皮带轮掉下伤人，如图6-22（e）所示。
（6）拉出皮带轮，如图6-22（f）所示。

> 知识链接

使用拉具注意事项

（1）使用拉具时，要将拉具摆正，丝杆对准机轴中心，然后用扳手上紧拉具的丝杠，用力要均匀，如图6-23所示。

图6-23 丝杆要对准机轴中心

（2）在使用拉具时，如果所拉的部件与电动机轴间锈死，可在轴的接缝处浸些汽油或螺栓松动剂，然后用铁锤敲击皮带轮外圆或丝杆顶端，再用力向外拉皮带轮。
（3）若所拆卸部件太紧，必要时可用喷灯将所拆卸部件的表面加热，再迅速拉下所拆卸部件。

指点迷津

> **拉具使用口诀**
> 拉具用于拆带轮，轴承风叶联轴器。
> 丝杆对准中心位，用力均匀紧丝杠。
> 即将拉出动作慢，防止伤人损物件。
> 所拆部件轴锈死，汽油浸润用力拉。
> 所拆部件确太紧，喷灯加热趁热拉。

6.6 嵌线工具

在嵌线过程中必须使用到划针、压线板和理线板等专用工具，才能保证嵌线质量。

6.6.1 划针

划针也称为通针或撑棒，其尖端部分略薄而尖，表面光滑，为便于操作，有的在尾部弯了一个圆圈，如图 6-24 所示。该工具比较简单，可用 8 号铁丝自己制作。

划针的作用是用来在线圈和导线嵌好后卷包绝缘纸，将槽绝缘折合、封口、将槽内漆包线压紧，便于插入槽楔。

6.6.2 理线板

理线板的形状如图 6-25 所示，一般长约 20cm、宽约 1~1.5cm、厚 0.3cm，一端略尖，呈刺刀状。理线板一般用毛竹或压层塑料板削制而成，也可用不锈钢在砂轮上磨制。

图 6-24 划针
(a) 大；(b) 中；(c) 小；(d) 弯勾

图 6-25 理线板

理线板的作用有两个：① 嵌线时将导线划入铁心线槽；② 用来整理槽内的导线，如图 6-26 所示。

6.6.3 压线板

压线板的外形如图 6-27 所示。压线板的压脚宽度一般比槽上部的宽度小 0.5mm 左右，而且表面光滑。

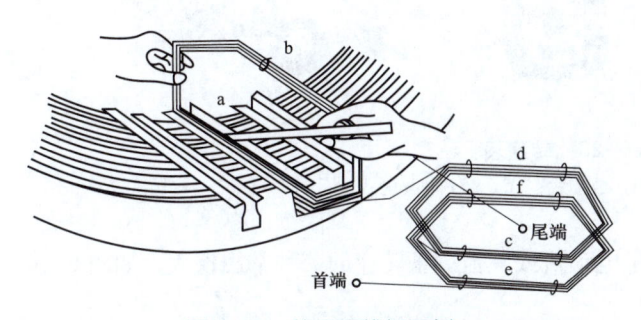

图 6-26　使用理线板示例　　　　图 6-27　压线板的外形

压线板用来压紧嵌入槽内的线圈边缘，把高于线圈槽口的绝缘材料平整地覆盖在线圈上部，以便穿入槽楔，如图 6-28 所示。

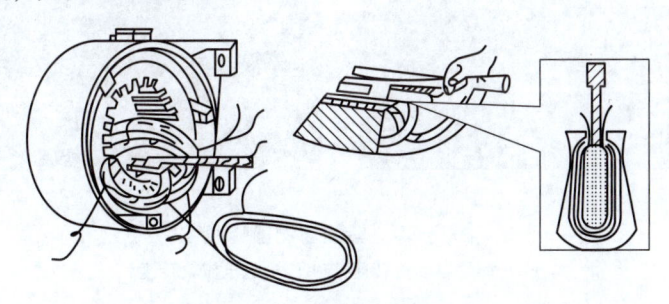

图 6-28　使用压线板示例

指点迷津

嵌线工具使用口诀
嵌线本是精细活，嵌线工具助操作。
常用工具听使唤，划针卷包绝缘纸。
理线板理槽内线，压线板压线圈缘。

6.7 转速表

转速表有离心式、数字式、激光非接触式等种类，如图 6-29 所示。

视频 6.2　转速表的使用

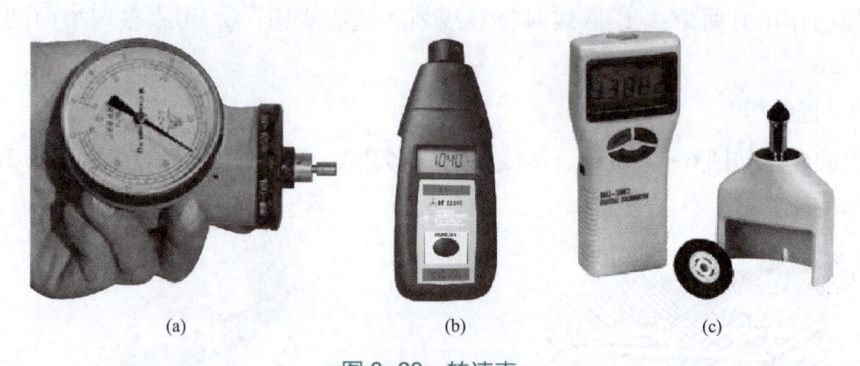

图 6-29　转速表
（a）离心式；（b）数字式；（c）激光非接触式

电工最常用的是离心式转速表，是测量电动机或其他设备转速的一种常用仪表，如图 6-30 所示。

图 6-30　转速表测量转速
（a）测定电动机转速；（b）测定机械轮转速

> 知识链接

用离心式转速表测量转速

（1）使用前应向注油孔加几滴润滑油，再检查转速表的好坏。同时，用眼观察电动机转速，以大致判断其速度范围。

（2）把转速表的调速盘转到所要测的转速范围内。在没有多大把握判断电动机转速时，可把速度盘调到高位测试观察，大致确定转速后，再调到合适的低挡，以使测试结果准确，如图 6-31 所示。

（3）如果需要换挡，必须等转速表停转后再换挡，以免损坏表的内部机构，如图 6-32 所示。

（4）测量转速时，应将转速表的测量轴与被测轴轻轻接触，并逐渐增加接触力，如图 6-33 所示。测试时，手持转速表要保持平衡，且转速表测试轴与电动机轴保持同心，直到测试指针稳定时再记录数据，如图 6-34 所示。

第 6 章 维修电机专用工具熟能生巧

图 6-31 大致确定转速

图 6-32 变换挡位

图 6-33 轻轻接触并逐渐增加接触力

图 6-34 指针稳定后再读取数据

指点迷津

> **转速表使用口诀**
> 转速仪表有三类，离心数字激光式。
> 转速表与轴接触，保持平衡与同心。
> 逐渐增加接触力，指针稳定读数据。
> 途中换挡应停表，安全防护应做好。

6.8 常用测量量具

维修电动机时，常用的测量量具有千分尺、游标卡尺和百分表。

6.8.1 千分尺

千分尺的精确度很高，一般可精确到 0.01mm，其结构如图 6-35 所示。电工一般用它来测量漆包线的外径。千分尺由测砧、测微螺杆、刻度盘、微分

视频 6.3 千分尺的使用

129

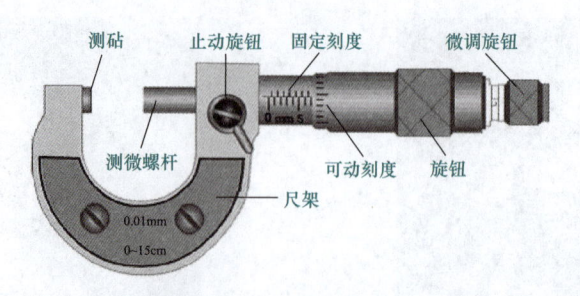

图 6-35 千分尺的结构

筒、固定套筒和微调旋钮等组成。

千分尺的固定套筒上有一轴向横刻线，它是微分筒上圆周刻度的读数准线。轴向横向的一侧是分度值为 1mm 的分度刻线，另一侧是 0.5mm 的分度刻线，组成固定标尺，微分筒的棱边是固定标尺的读数准线。

（1）使用方法。将被测的漆包线拉直后放在千分尺测砧和测微螺杆之间，然后调整测微螺杆，使之刚好夹住漆包线，此时，方可以进行读数。在读数时，应先看千分尺上的整数读数，再看千分尺上的小数读数，二者相加即为铜漆包线的直径尺寸。

（2）读数方法。先读固定标尺上的数值，以微分筒棱边为准线，读出整数毫米值，若已露出相邻的 0.5mm 刻线，应再加上 0.5mm。再读微分筒上数值，它的分度值为 0.01mm。以轴向横刻线为准线，读出微分筒上的数值（包括估计位）。最后将两数相加即得被测物体的尺寸。例如，图 6-36 所示的测量结果为 6.695mm。

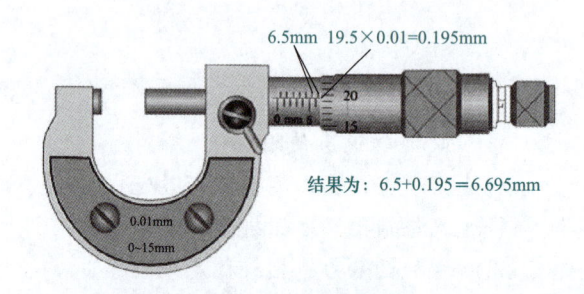

图 6-36 千分尺读数举例

知识链接

使用千分尺应注意的问题

（1）测量前，应进行零点校正，即测量后要从读数中减去零点读数。在零点读数时，顺刻度序列记为正值，反之为负值。

（2）先轻轻擦去漆皮，测量时，左手握住尺架上的绝热部分，右手转动微分筒（见图6-37），当测微螺杆的测量端面快要与工件表面相接触时，再轻旋测力装置至发出"咔咔"响声后，将锁紧装置推向左边，便可读数。

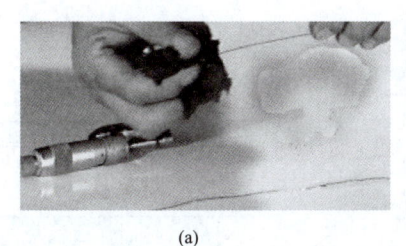

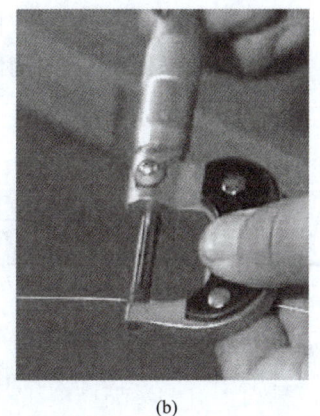

图 6-37　千分尺测量漆包线

(a) 擦去漆皮；(b) 测量

> **指点迷津**

> **千分尺使用口诀**
> 精度毫米千分位，由此得名千分尺。
> 测量之前校零点，以便读数可修正。
> 测砧靠近被测件，慢旋微调夹住件。
> 听到咔咔声响后，锁紧之后再读数。
> 固定刻度读整数，可动刻度读小数。
> 电机线圈漆包线，去皮测量线直径。

6.8.2　游标卡尺

游标卡尺用于测量器件的长、宽、高、深和圆环的内、外直径等。游标卡尺主要由一条尺身和一条可以沿尺身滑动的游标组成。尺身和游标分别构成内、外测量爪，内测量爪用于测量槽宽度和管的内径，外测量爪用于测量零件的厚度和管的外径，深度尺用于测量槽和筒的深度。

在测量前，要做"0"标志检查，即将测量爪合在一起（即零刻度）时，游标的零刻度线与尺身的零刻线重合。

在使用游标卡尺读数时，应特别注意防止产生视觉误差，要正视，不可旁视。在测量爪卡住被测物体时，松紧要适当；当需将被测物体取下读数时，要旋紧紧固螺母。

尽管各种游标卡尺的游标长度不同，分度格数不同，但基本原理和读数方法是一样的，如图 6-38 所示。

例如，十分度的游标卡尺，其尺身的最小分度是 1mm，游标上有 10 个小的等分刻度，游标尺上每一小分度线之间距离为 0.9mm，从"0"线开始，每向右一格，增加 0.1mm，即游标上每个刻度与主尺相应刻度均差 $\Delta x=0.1$mm。当测量某物体长度时，先将被测物体一端和主尺的零刻度线对齐。而另一端落在主尺的第 k 和 $k+1$ 个刻度之间（如图 6-39 所示，$k=6$，$k+1=7$），则物体长度 $L=k+\Delta L$ 为物体另一端距离第 k 个刻度的距离。

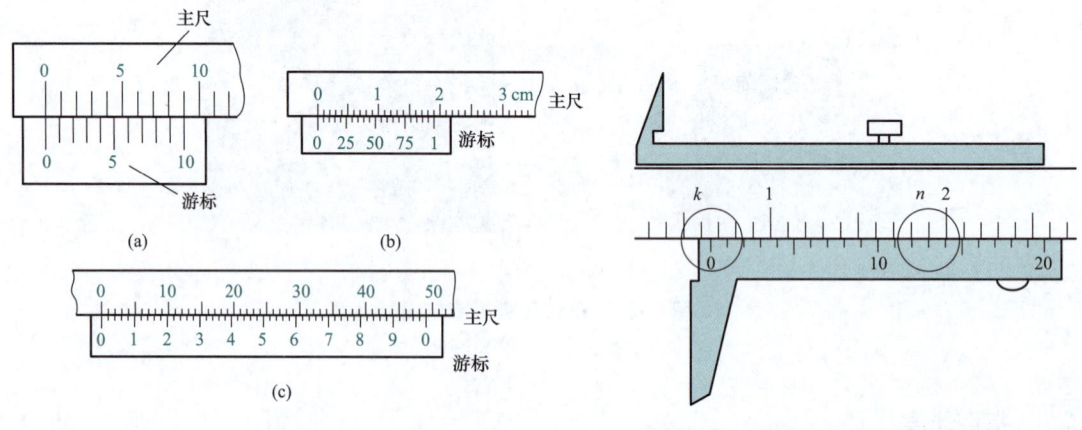

图 6-38　三种不同刻度的游标卡尺
（a）十分游标；（b）二十分游标；（c）五十分游标

图 6-39　游标卡尺的读数为 $L=k+n\times\Delta x$

由于游标与主尺的每个刻度的差值为 Δx，将两排刻度进行对比，必然可找到游标上某个刻度（设为第 n 个）与主尺上某刻度重合或最为接近的刻度，如图 3-39 中的 $n=4$ 处与主尺最为接近，则 $\Delta L=0.1\times4=0.4$，而 $L=k+\Delta L=6+0.4=6.4$mm。一般而言，当游标上第 n 个刻度与主尺某一刻度重合时，主尺第 k 个刻度与游标零刻线间距离为 $\Delta L=n\Delta x$。待测物体长度由两部分读数构成，游标零刻线指示部分，从主尺上读出第 k 个刻度，游标刻线与主尺刻线重合部分，$\Delta L=n\Delta x$，从游标上读出（目前使用的游标上的刻度均为 n 与 Δx 相乘后的结果），即 $L=k+\Delta L$。$\Delta x=0.05$mm，$k=6$，$n=13$，所以，测量结果为 $L=6+0.05\times13=6.65$mm。

为了方便测量，使用带表的游标卡尺或者数字显示的游标卡尺，读数时就很快捷，如图 6-40 所示。

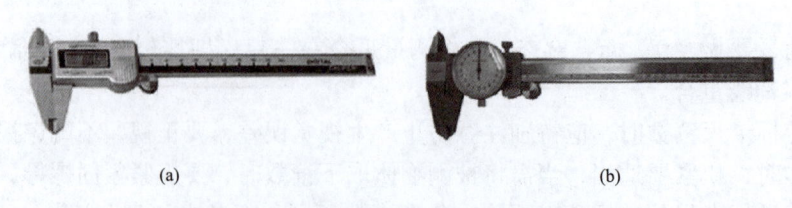

图 6-40　数字显示游标卡尺和带表游标卡尺
（a）数字显示游标卡尺；（b）带表游标卡尺

第 6 章 维修电机专用工具熟能生巧

> **指点迷津**
>
> **游标卡尺使用口诀**
> 游标卡尺用处大，内外直径都可量。
> 测量之前"0"标查，正视读数防误差。
> 先读主尺整数值，再加游标小数值。
> 十格读到十分位，二十分度百分停。

6.8.3 百分表

百分表的结构如图 6-41 所示。修理电动机时常用百分表测量转轴、集电环、换向器等外圆尺寸和形位误差。

使用时，将百分表安装在磁性表架上，然后转动表圈 4 和连在一起转动的表盘 5，使"0"位分度线与指针对齐，就可以使用了。

测量时，应轻轻提起测头，慢慢地放在被测工件的表面上，使测头与工件表面接触，表针便会示出数值。比如测量转轴外圆径向跳动量时，当表针示出最大值和最小值时，两数值之差便是转轴的径向跳动量。

6.8.4 钢直尺和卷尺

如图 6-42 所示，钢直尺和卷尺可用于维修电机时测量线圈长度及对某元件定位测量等。钢直尺也称为钢尺，它的上面刻有米制和英制刻度，其测量长度范围一般有 150、300、500、1000mm 四种。

视频 6.4 百分表的使用

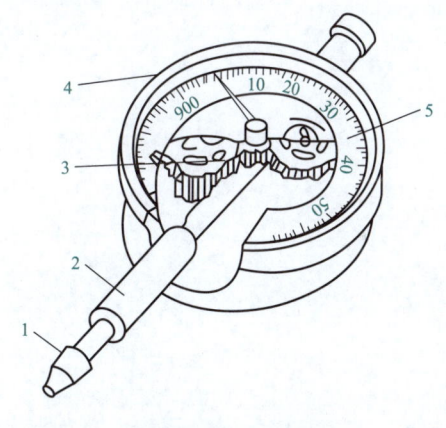

图 6-41 百分表
1—测头；2—齿条杆；3—指针齿轮；4—表圈；5—表盘

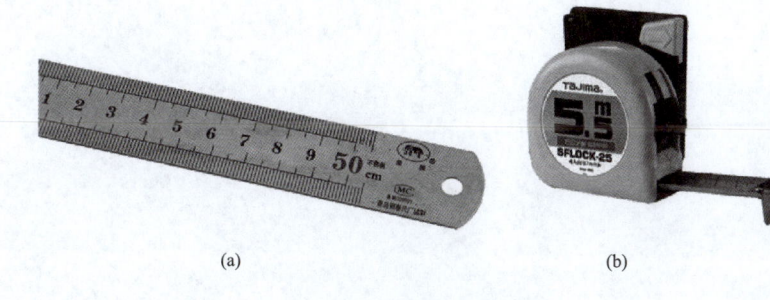

(a)　　(b)

图 6-42 钢直尺和卷尺
(a) 钢直尺；(b) 卷尺

在维修电动机时，可用钢直尺测量槽形的尺寸和测量定子长度，如图 6-43 所示。

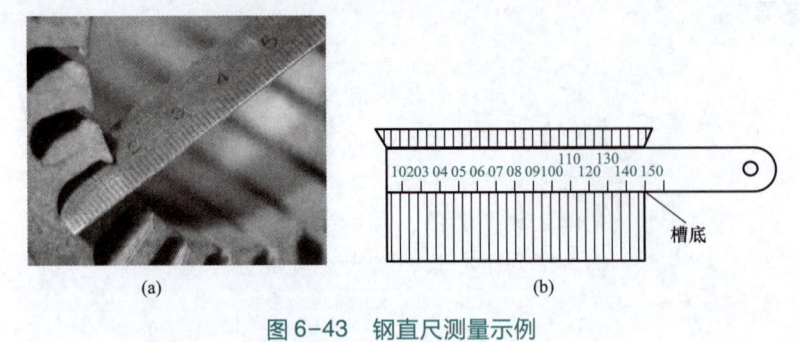

图 6-43 钢直尺测量示例
(a) 用钢直尺测量槽形尺寸；(b) 测量定子长度

在测量线圈周长时，用卷尺测量比较方便。

第 7 章

常用电动工具手疾眼快

电动工具是以电动机或电磁铁为动力,通过传动机构驱动工作头的一种机械化工具。电动工具品种繁多,被广泛地应用到各行各业。掌握常用电动工具的使用、维护与保养常识,能检修其常见故障,是电工必须具备的技能之一。本章主要介绍手持式电动工具。

7.1 电动工具的分类

电动工具的基本品种按用途分为金属切削电动工具,砂磨电动工具,装配电动工具,建筑、道路电动工具,矿山电动工具,铁道电动工具,农牧电动工具,林、木加工电动工具,其他电动工具共九类。

电动工具按电气安全保护的方式可分为Ⅰ、Ⅱ、Ⅲ类。

(1) Ⅰ类电动工具。即普通型电动工具,其额定电压超过50V,工具内装的电动机及电器开关元件只具备工作绝缘,即保证工具正常工作的必要的绝缘。如果绝缘损坏,操作者即有触电的危险。因此可触及的、在正常情况下不带电的金属零部件均需可靠接地或接零。

(2) Ⅱ类电动工具。除工作绝缘外,还加一层保护绝缘,统称双重绝缘,其额定电压超过50V。双重绝缘结构是由双重绝缘或加强绝缘或两者综合的绝缘形成。当工作绝缘损坏时,操作者仍与带电体隔离,不致触电。其规定符号为"回"。大多数电动工具都为Ⅱ类电动工具。

(3) Ⅲ类电动工具。即特低电压的电动工具,其额定电压不超过50V(工具进线端的任意两根导线之间的电压)。该类电动工具所需电源的电压必须由变压设备变换而得或由低压发电设备提供。

注意:Ⅱ类和Ⅲ类电动工具都能保护使用时的电气安全可靠性,不允许进行保护接地或保护接零。

知识链接

电动工具产品型号的表示法

电动工具的型号由产品的系列代号和规格代号组成,其含义如图7-1所示。

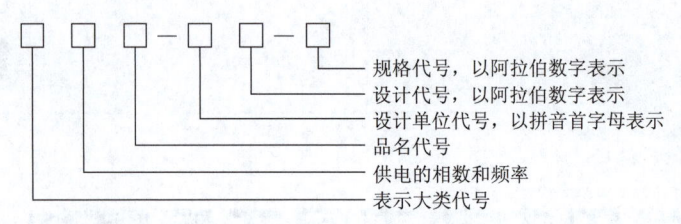

```
┌─┬─┬─┬─┐─┬─┐─┬─┐
│ │ │ │ │ │ │ │ │──── 规格代号，以阿拉伯数字表示
│ │ │ │ │ │ │ │────── 设计代号，以阿拉伯数字表示
│ │ │ │ │ │ │──────── 设计单位代号，以拼音首字母表示
│ │ │ │ │────────── 品名代号
│ │ │ │──────────── 供电的相数和频率
│ │ │────────────── 表示大类代号
```

图 7-1　电动工具产品型号表示法

指点迷津

电动工具分类口诀

按照用途分九类，保护方式分三类。
基本绝缘为Ⅰ类，金属部件需接地。
双重绝缘为Ⅱ类，"回"字符号来标示。
Ⅲ类工具特低压，使用安全高保障。

7.2 电　锤

7.2.1 概述

1. 用途

电锤是一种旋转带冲击的电动工具，是电工最常用的电动工具之一，它不仅可以在硬度较大的建筑材料上钻大直径的孔，而且还可换装上不同的工具头进行各种不同作业。

例如，电锤可用于砖、石、混凝土的破碎或打毛；在砖、石、混凝土表面开浅槽或清理表面；安装膨胀螺栓；安装空心钻头在墙上打60mm直径圆孔；可作为夯实工具对地面进行夯实和捣固。

2. 特点

（1）功率大，加工能力强，钻孔直径通常在12～50mm，可选择不同工具头进行多种作业，操作简便。

（2）电锤一般具有过载保护装置（离合器），它可在机具超负载或钻头被卡时自动打滑，而不致使电动机烧毁。

3. 分类

电锤通常有普通电锤、电转气电锤和充电式电锤，电工最常用的是普通电锤和充电式电锤，如图7-2所示。

图 7-2 电锤的外形
(a) 普通电锤；(b) 充电式电锤

电转气电锤用高压气垫带动钻头锤击，由于气垫本身的可压缩性强，它可避免其他锤钻经机械传动所产生的刚性碰撞，从而使振动减小，无需重压作业，省时、省力，把握平稳，操作灵活。

4. 选用

（1）选用电锤时要根据工作量大小和自身经济能力而定。进口设备性能较好，价格较高。近年来，国产电锤的性能有了很大改进，且价格相对比较便宜，只要使用得当，不会对施工质量造成影响。电锤的规格是根据输入功率划分的，功率大的钻孔能力、凿破能力都较强，但重量也相应增加。

（2）最好让机具加工能力比工作要求稍大些，一般应比实际加工能力大 10%~20%，以免损坏机具。

> **知识链接**

电锤钻头的选用

电锤钻头的选择要根据工作性质而定。经常使用的有碳化钨水泥钻头、碳化钨十字钻头、尖凿、平凿、沟凿，如图 7-3 所示。

（1）碳化钨水泥钻头。主要用于各种强度等级的混凝土钻孔，用得最普遍的规格为 $\phi 5 \sim \phi 38$。

（2）碳化钨十字钻头。主要用于各种砖材和稍低强度等级混凝土的钻孔，它的加工孔径较大，所以需要机具的功率也大，通常规格为 $\phi 30 \sim \phi 80$。

（3）尖凿。通常用于破碎。

（4）平凿。用于打毛。

（5）沟凿。用于开槽作业。

（6）空心钻头。可用来钻大孔，其规格有 $\phi 40 \sim \phi 125$，这种钻头用得较少。

图 7-3 常用电锤钻头

7.2.2 结构及工作原理

1. 结构

电锤由钻头、夹头、滚柱、调整套筒、传动系统（包括电转气装置、冲击活塞、锤体、机械式过载保护装置和变速齿轮）、电动机、壳体、控制开关和工作状态控制阀等组成，其结构如图7-4所示。

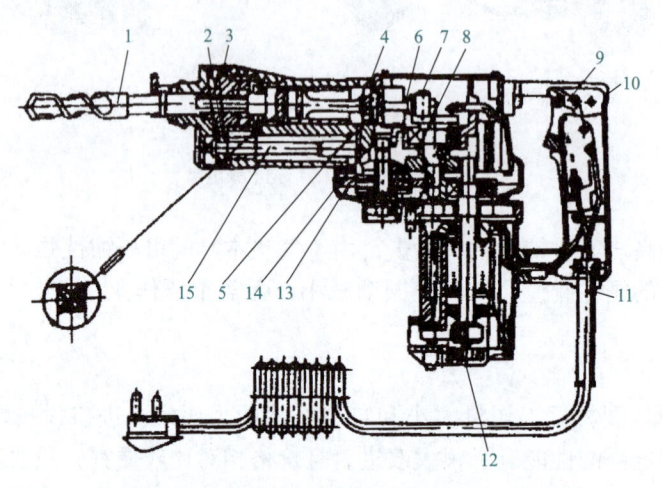

图7-4 电锤的结构

1—钻；2、3、8、14—齿轮；4—活塞；5—活塞销；6—连杆；7—曲轴；9—开关；10—把手；11—电缆线；12—转子；13—伞齿轮；15—伞齿轮轴

2. 工作原理

在电锤的变速箱中有两套传动装置：一套是冲击装置，它包括曲轴、连杆、压气活塞、钻头等部分；另一套是转动装置，它由伞齿轮、转子等部分组成。冲击装置通过曲轴、连杆带动压气活塞在气缸中作往复运动，从而使锤头以较高的冲击频率打击工具尾端，使工具向前冲击。

转动装置与冲击装置在电动机轴的带动下同时工作，从而实现旋转和冲击的复合运动。根据作业目的的不同，装上不同的工作头，就可以完成不同的作业任务。如果装上短尾钻头，则只能旋转而无冲击，可用于金属材料上钻孔；如果装上尾部为圆柱形的钎杆，则旋转套筒就不能带动钎杆旋转，此时，只有冲击而没有旋转，可用于开沟槽、清理、破碎、打毛及夯实等工作。

电锤主要性能参数见表7-1。

表7-1　　　　　　　　　电锤主要性能参数

型　号	ZIC-16	ZIC-22	ZIC-26	ZICl-16	ZICl-22	ZICl-27
最大钻孔直径（mm）	16	22	26	16	22	27
额定电压（V）	220	220	220	220	220	220
额定电流（A）	2.3	2.5	2.5	2.18	2.71	2.71

续表

型　号	ZIC-16	ZIC-22	ZIC-26	ZICl-16	ZICl-22	ZICl-27
额定输入功率（W）	480	520	520	450	570	570
电源频率（Hz）	50	50	50	50	50	50
工作头额定转速（r/min）	560	330	300	630	510	260
冲击次数（次/min）	2950	2830	2650	3200	2860	2700
总质量（kg）	4	—	6.5	3.2	5	7.5

7.2.3 使用维护与检修

1. 使用方法

（1）使用前应根据钻孔的直径来选择相应规格的电锤，以充分发挥电锤的性能和结构上的特点，防止电锤过载。电锤使用前应先空转 1min，以检查各部分是否灵活无障碍，等确认运转正常后，方可装上钻头开始工作。

（2）作业时必须戴防护眼镜，脸部朝上作业时要戴上防护面罩，严禁戴手套。同时，应注意周围的物品和行人安全，当使用 $\phi 25$ 以上电锤时，作业场地周围应设护栏。

（3）使用时应先将钻头顶在工作面上再按开关，要避免空打和顶死。电锤振动较大，操作时用双手握紧把手，使钻头与工作面垂直，并经常拔出钻头排屑，防止钻头扭断或崩头。当在混凝土中钻孔时，应注意避开钢筋位置，如钻头遇到钢筋应立即退出，再重新选位钻孔。在工作中，如果发生冲击停止的现象，可切断开关重新顶住起动。电锤为断续工作制，如果使用时间过长而机身发烫，应停机自然冷却。

（4）使用电锤时应确保作业安全。在墙上钻孔时，应先了解墙内有无电源线（见图 7-5），以防止钻破电源线造成触电事故；在地面上以操作时，应有稳固的平台。

（5）电锤为高速复合运动的电动机具，使用时电动机的通风道必须保持清洁畅通，经常清除尘埃和油污，严防杂物入内。使用电锤作业时，要有漏电保护装置。

（6）工作前应将开关置于断开位置，再接通电源，以免发生事故。工作完毕，要先关控制开关，再拔电源插头。另外，不要触摸刚作业完的钻头，以免烫伤。

（7）只允许单人使用，不能多人合力操作。

2. 维护常识

（1）定时加润滑脂。电锤是运用电锤的高速冲击与旋转的复合运动来实现凿孔的，活塞转套和活塞之间摩

图 7-5　用电锤在墙上打孔

擦面大，配合间隙小，如果没有供给足够的润滑油，则会产生高温和磨损，将严重影响电锤的使用寿命和性能。电锤累计工作时间约 50h 加脂 1 次，每次在气缸内加 50g（揭开注油盖，从注油注入），油脂选用 2 号航空润滑脂。

(2) 定期清洗。电锤使用一定时间后,由于灰尘等杂物卡住冲击活塞,造成不冲击或其他故障,因此需要将其机械部分拆开清洗。将所拆开的机械部分零件放入柴油或汽油中进行清洗,清洗后将零件用干抹布揩干,重新装配。重新装配时,活塞、转套等配合面都要加润滑油,齿轮等部分要加上新润滑脂;并需要注意不要冲击活塞撅压到压气活塞的底部,否则会造成排除气垫,电锤将不能工作。

(3) 钻头是机具的关键部位。钻头磨损严重会使电动机工作失常,降低效率,因此必须常保持钻头锋利。对于暂时不用的钻头,要涂脂防锈。

(4) 要经常检查安装螺钉是否紧固,如有松动应立即紧固,防止发生事故。

(5) 电动机是电动机具的心脏,应仔细检查有无损伤,是否被油液或水沾湿。长期在潮湿环境下作业,应定期对电机做干燥处理。

(6) 电动机上的电刷是一种消耗品,达到磨损限度(5~6mm)时,应更换新件。电刷应经常保持干净,使电刷与集电环接触良好;电刷弹簧弹力应适当,使炭刷在刷内能自由滑动。

3. 常见故障及排除方法

电锤常见故障及排除方法见表7-2。

表7-2 电锤常见故障及排除方法

故障现象	故 障 原 因	排 除 方 法
电源接通但电动机不转	插座接触不良	检修或更换插座
	开关断开,电缆折断,电路不通	寻找断开处,检查电源通、断情况
	定子绕组烧毁	检修定子
	绕组接地(短路)	排除短路故障
电动机起动后转速低	电动机匝间短路或断线	寻找短路及断线部位修好
	电源电压过低	通知电工检修调整
	炭刷压力过小	调整电刷压力
电动机过热	电源电压过低	通知电工检修调整
	定子、转子发生扫膛	拆检,看是否有污物或转轴弯曲
	风扇口受阻,气流不通	排除气流故障
	负载过大,工作时间过长	停机自然冷却
工作头只旋转不冲击	用力过大	减轻压力
	零件装配不当	重新装配
	活塞环磨损	更换活塞环
	钻杆太长或活塞缸有异物	检查修理,清除异物
工作头只冲击不旋转	刀夹座与六方刀杆磨损变圆	检修并更换
	刀杆受摩擦阻力过大	拆检修理
	混凝土内有钢筋	重新选位再钻
	离合器过松	调紧离合器

续表

故障现象	故 障 原 因	排 除 方 法
运转时出现环火或过大火花	整流子绝缘层有炭灰,片间短路	拆下转子,清除云母槽灰尘
	定子和转子有污物	拆开,去掉灰尘及污物
	炭刷接触不良	调整压力或更换炭刷
	转子绕组短路	更换转子
电锤前端刀夹座处过热	轴承缺油或油质不良	加油或换油
	工具头在钻孔时歪斜	注意操作方法
	活塞缸破裂	更换活塞缸
	活塞缸运动不灵活	拆开检查,清除污物,调整活塞缸
	轴承磨损过大	装配更换轴承

指点迷津

电锤使用口诀
电锤功率比较大,打孔穿墙就用它。
操作需戴护目镜,操作禁止戴手套。
确保作业的安全,了解墙内线走向。
只许单人来使用,不能多人合操作。
双手紧持用电锤,用力推压应适度。
钻头顶墙按开关,避免空打和顶死。
换用不同工具头,可以完成多作业。

7.3 电　　钻

电钻是利用电作为动力的钻孔机具,可分为冲击电钻和手电钻。

7.3.1 冲击电钻

冲击电钻是一种旋转带冲击的特殊电钻,一般制成可调式结构。当调节在旋转无冲击位置时,装上普通麻花钻头能在金属上钻孔;当调节在旋转带冲击位置时,装上镶有硬质合金的钻头,能在砖石、混凝土等脆性材料上钻孔。使用冲击电钻可大大提高工作效率,故冲击电钻在建筑、室内外装修及室内线路的敷设等工作中得到广泛的使用,如图7-6所示。

冲击电钻按加工砖石、轻质混凝土等材料时的最大钻孔直径来划分规格,现将国内生产的双重绝Z1J系列单相串激冲击电钻的技术性能数据列于表7-3中。

(a)　(b)

图 7-6　冲击电钻及应用示例

(a) 冲击电钻；(b) 用冲击电钻开线槽

表 7-3　冲击电钻的技术性能

型号	最大成孔直径 (mm) 钢	最大成孔直径 (mm) 砖石	安装金属膨胀螺栓最大尺寸 (mm)	额定电压 (V)	输入功率 (W)	额定冲击频率 (1/min)	额定转矩 (N·m)	质量 (kg)
Z1J-10	6	10	M6	~220	280	18 000	1.02	1.8
Z1J-12	8	12	M8	~220	350	12 000	2.3	2.5
Z1J-16	10	16	M10	~220	400	11 250	2.9	2.8
Z1J-20	13	20	M14	~220	570	8400	4.56	4.0

国内设计生产的冲击电钻有齿形冲击电钻和钢球冲击电钻两种。

1. 齿形冲击电钻

齿形冲击电钻的冲击运动是由齿形离合器产生的，如图 7-7 所示为齿形冲击结构原理示意图。当冲击电钻接通电源后，电动机转子轴 8 的轴齿经过减速齿轮 5、6、7 带动输出轴 4 旋转，则能进行一般钻孔作业。假若需要冲击钻孔时，可转动控制环 3（见图 7-7 中 A—A 剖面所示），将定位销 9 压入。当输出轴旋转时，套入输出轴上的活动冲击子 1 连同输出轴 4 一起旋转。活动冲击子通过端面的 V 形槽带动与输出轴有相对旋转运动的内端面开有 V 形槽的固定冲击子 2 转动。但由于定位销卡住固定冲击子不让其转动，迫使活动冲击子与固定冲击子沿 V 形槽滑移脱开，形成活动冲击子向前运动。这样，输出轴转动的同时又产生冲击运动，达到了旋转带冲击的目的。活动冲击子的复位是借助于操作时的后推力来获得的。

2. 钢球冲击电钻

钢球冲击电钻的冲击运动是由钻轴圆盘上的钢球在突出调节板端面的钢球上滚动而产生的。如图 7-8 所示为钢球冲击电钻结构原理图，当冲击电钻接入电源后，电动机轴 5 上的齿轮带动大齿轮 4，使连接轴 3 以每分钟数百转的速度旋转（其旋转速度不同的规格略有不同，一般为 500r/min 左右）。钻轴 2 圆盘上装有钢球 12 个，调节板 1 上 4 个孔内各装有钢球一个，固定板 6 与冲击头外壳用止头螺钉紧固。固定板左侧面有 4 个凹穴，当调节环 7 调节至旋转无冲击位置时，调节板上 4 个钢球落入固定板凹穴内，钢球低于调节板左侧面（或成一个平面）。钻轴上的 12 个钢球在调节板左侧面的平面上滚动，使钻轴只有旋转而无冲击；当调节环 7 调节到旋转冲击位置时，调节板上 4 个钢球离开固定板凹穴，而凸出的调节板左侧面。因此转轴转动时，由于操作者的推进压力，使钻轴圆盘上 12 个风球在调节板左侧面及 4 个钢球凸面上滚动而形成冲击运动，其冲击次数为连接轴转速的 12 倍。

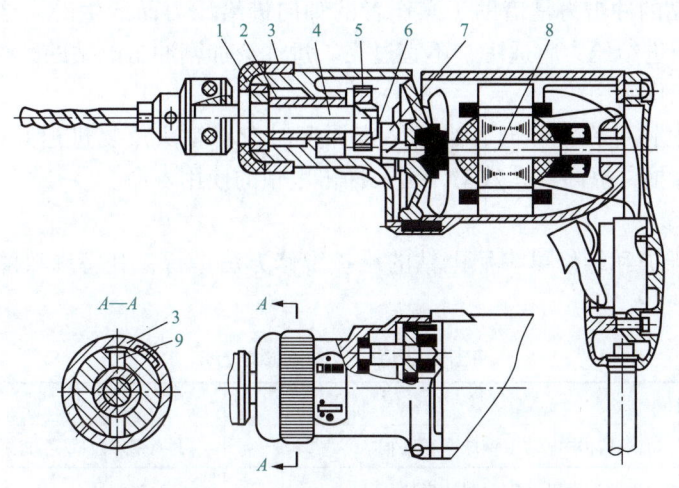

图 7-7 齿形冲击电钻结构原理

1—活动冲击子；2—固定冲击子；3—控制环；4—输出轴；5，6，7—减速齿轮；8—转子轴；9—定位销

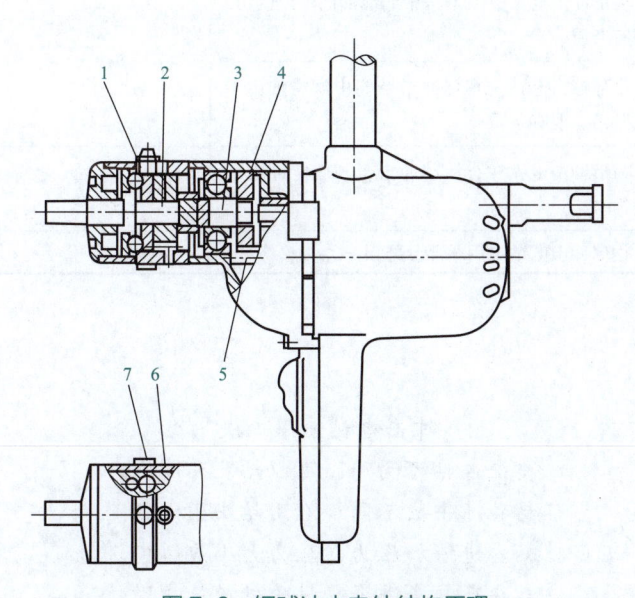

图 7-8 钢球冲击电钻结构原理

1—调节板；2—钻轴；3—连接轴；4—大齿轮；5—电动机轴；6—固定板；7—调节环

3. 冲击电钻的操作使用

冲击电钻的安全操作与使用方法、注意事项与一般电钻基本相同，可参阅其有关内容，但下述几点需要引起注意：

（1）作业前的试运行。冲击电钻在作业前应进行试运行 30~60s，空载运行时，运转声音应均匀无异常噪声。调整调节环转到冲击位置，将钻头顶在硬木上，应有明显而强烈的冲击感，调节环调到钻孔位置，应无冲击现象。

（2）冲击电钻的冲击力是借助于操作者的轴向进给压力而产生的，这一点与电锤的操作有所区别；轴向进给压力应适中，不宜过大。过大会加剧冲击电钻的磨损而影响其使用寿命，过小则影响工作效率。

（3）用冲击电钻冲钻深孔时，当钻一定深度时应将钻头反复进退几次，以排除钻屑，如此可减少钻头磨损，提高钻孔效率，延长冲击电钻的使用寿命。

4. 维护和维修

冲击电钻的维护和维修可参照电钻的维护维修方法进行，其特殊故障和修理方法列于表 7-4 中。

表 7-4　　　　　　　　　冲击电钻特殊故障的修理方法

故障现象	故 障 原 因	排 除 方 法
调到冲击位置，可旋转但无冲击作用	钢球冲击电钻中钢球严重磨损	更换钢球及固定方法
	齿形冲击电钻中控制环损坏	更换控制环
	齿形冲击电钻中定位销损坏	更换定位销
冲击力降低	齿形冲击电钻中 V 形槽中润滑油已干或脏污、混有杂质	拆下清洗
	钢球冲击电钻中钢球冲击结构中润滑油已干或脏污、混有杂质	
冲击时钻头发抖	齿形冲击电钻中，活动冲击子与固定冲击子磨损	更换冲击子
	钢球冲击电钻中钢球部分磨损	更换钢球

指点迷津

冲击电钻使用口诀

冲击电钻可两用，可以钻孔可冲击。
钻孔冲击头不同，滥用钻头出问题。
轴向进给加压力，压力大小应适中。
钻头反复多进退，排除钻屑效率增。

7.3.2 手电钻

手电钻是电工在安装维修施工中应用非常广泛的一种小型机具，属锤钻类电动机具，如图7-9所示。手电钻具有体积小、结构紧凑、输出功率大、转速快、噪声低、重量轻、效率高、维修方便等特点。手电钻主要用于金属、塑料、木材、砖等材料的钻孔、扩孔，如果配上专用工作头，可完成打磨、抛光、拆装螺钉等工作。

1. 分类

手电钻分类方法有很多，一般按构造、功能等划分。

图7-9 手电钻

（1）按构造可分为单向单速钻和多速正反转钻。

（2）按手柄形状可分为双侧手柄、枪柄、后托架、环柄等。

（3）按手电钻的使用范围分为标准型、重型和轻型。重型电钻输出功率和转矩都比较大，主要用于优质钢材及其他各种钢材的钻削，具有较大的钻削效率，可施加较大的轴向力；轻型电钻输出功率和转矩均较小，主要用于有色金属、铸铁、塑料等材料的钻孔，普通钢材也能使用，但不可施加较大的轴向力。标准型电钻性能和使用范围介于重型和轻型之间。

视频7.2 手电钻的使用

（4）按电源种类的不同，手电钻有单相串励电钻、直流电钻、三相交流电钻等。直流电钻电源一般使用充电电池，目前直流电钻已被广泛使用，如图7-10所示。

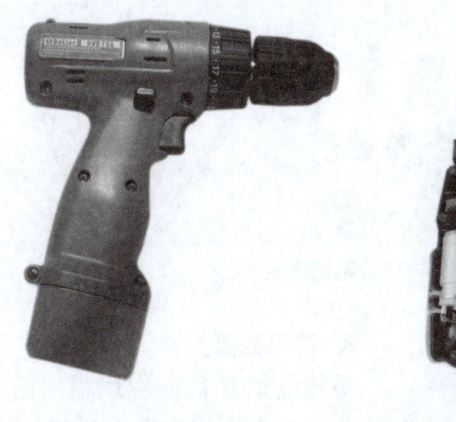

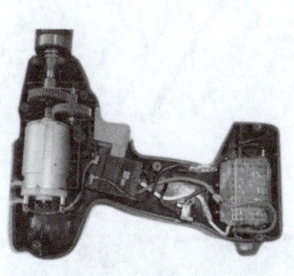

(a) （b）

图7-10 充电式手电钻
（a）外形图；（b）内部结构图

2. 选用

（1）按工作内容，选择功率适宜的手电钻，既不会使机具因超负载运行受损，也不会造成浪费。

（2）根据工作环境，选择使用交流手电钻或充电式直流手电钻。在现场无电源线或距离电源较远处施工，适合采用充电式直流手电钻。在操作空间狭小，其他电钻无法使用时可选择单向电钻。另外，单向单速手电钻结构简单，操作简便，适用于单一品种材料钻孔；若加工较厚钢板或复合材料时则应使用多速正反转电钻，以便克服材料质地不同引起的钻头被卡等问题。

（3）钻头的选择。手电钻钻头的形式多种多样，按钻头排屑方式的不同，分为外排屑式麻花钻头和内排屑式空心钻头、孔钻头。平时，外排屑式麻花钻头用得较多，空心钻头或孔钻头用得较少。麻花钻头又可分为两种：一种通体均为合金钢制成；另一种只在钻头刃部镶有硬质合金。按钻头顶角、前角的不同，分为通用钻头、毛丕钻头、青钢飞屑钻头、薄板钻头等。

常用的是通用钻头和薄板钻头。通用钻头顶部尖锐，排屑连续，钻孔位置准确，钻入力强，适用于加工较厚、较硬材料，如图 7-11 所示。薄板钻头削刃部为复合硬质合金，顶部有定位导向用中心尖，两个削刃部为复合硬质合金，顶部有定位导向用中心尖，两个削刃比中心尖稍低，工作中可预先观察到钻孔位置。这种钻头工作平稳，钻孔底部平整，边缘光滑，效率高，适用于较薄或要求不钻透的材料。按钻头紧固部位形状的不同，可分为六角形钻头和圆柱形钻头。

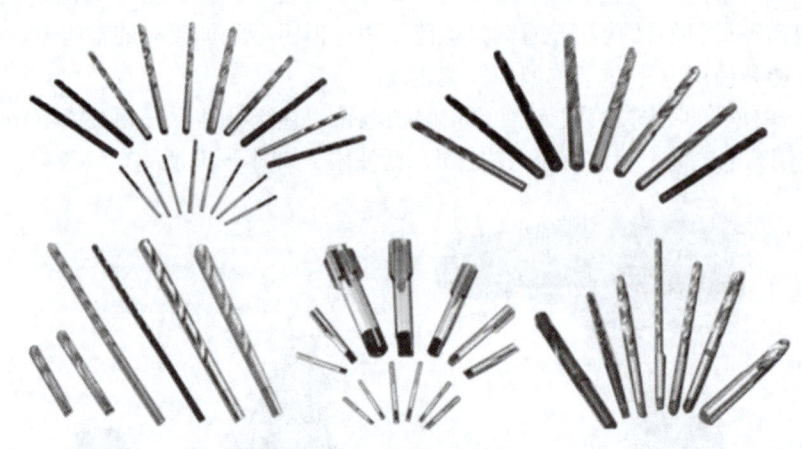

图 7-11 电钻钻头

图 7-12 电钻电源开关

3. 常见故障维修

单相电钻是目前应用很广的一种电动工具，它主要由交直流用串励电动机、减速箱、快速切断自动复位手掀式开关（见图 7-12）、钻头夹等部分组成。JIZ 型电钻的结构如图 7-13 所示。

单相电钻的常见故障有不能起动、转速慢、转向器与电刷间火花大、换向器发热等，其故障原因及排除方法见表 7-5。

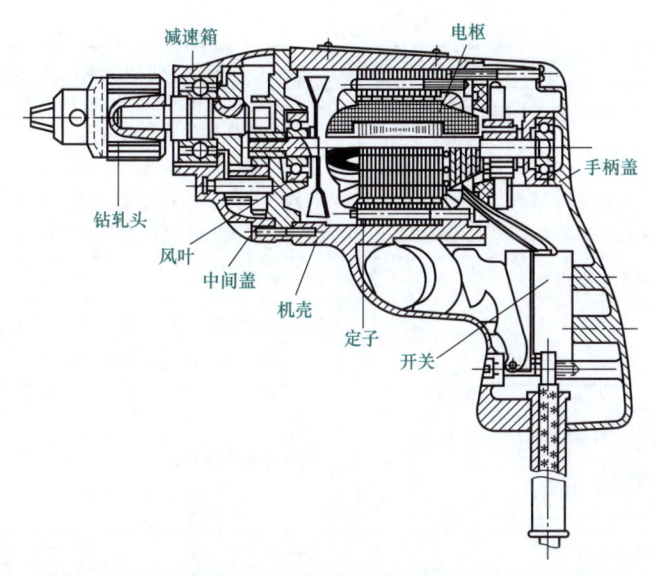

图 7-13　JIZ 型电钻的结构

表 7-5　　　　　　　　　　　　　　　单相电钻常见故障与排除

故障现象	故障原因	排 除 方 法
电源开关闭合后，电钻不能起动	电源线断路或短路，如图 7-14 所示	用万用表或检验灯检查，如短路或断路在线端附近，可剪去故障的那一段，如故障点在线路中间，应换一根新电源线
	开关损坏或接触不良	用万用表或检验灯检查，修理或调换开关
	电刷或换向器之间接触不良	调整弹簧压力，调换电刷或用干布、细砂布打磨换向器表面，以改善其接触不良情况
	定子绕组断路	若断路点在绕组的引线或距引线匝数极少部位，可重焊；若线圈烧毁或距引线匝数较多部位断线，需重绕
	转子绕组断路	若线头脱焊，需重焊，如图 7-15 和图 7-16 所示；若断在铁心槽内，需重绕
	转子主轴轮齿磨损或齿轮箱内齿轮损坏	重换轮齿
电钻转速慢	转子绕组短路或断路	当电钻转速慢，力矩也小，换向器与电刷间产生很大火花，火花呈红色。停车后：① 用短路侦察器检查，如绕组短路，重绕绕组；② 用万用表检查换向器与绕组连接（见图 7-17），如发现少量断路或脱焊，应连接重焊
	定子绕组接地或短路	可用绝缘电阻表检查绕组对地的绝缘电阻，如图 7-18 所示。严重短路时有焦臭味，并可看到绕组部分烧黑的现象。故障点在引线附近可修复，严重者应重绕
	轴承和齿轮损坏	应调换轴承或齿轮，如图 7-19 所示

147

续表

故障现象	故障原因	排除方法
换向器与电刷间火花较大	定子、转子绕组短路或断路，如图7-20所示	短路或断路严重者要重绕
	电刷与换向片接触不良（弹簧压力不合适，换向器表面不光滑等）	调整弹簧压力；若电刷太短，应更换电刷，如图7-21所示。换向器表面不光滑应打磨换向器表面
	电刷规格不符	调换电刷
	负载过大	若电刷本身轴承和弹簧太紧，应调整解决，若确实负载过大，应调换容量较大的电钻来代替
转子在某一位置上能起动，在另一位置上不能起动	换向器与转子绕组连接处有两处以上断头	重焊绕组的断头处
换向器发热	电刷压力过大	调整到适当压力
	电刷规格不符	更换电刷
电钻在运转时发热	定子、转子绕组短路	严重者要重绕
	主轴轮齿磨损或齿轮损坏	严重者要调换新齿轮
	弹簧压力过大或轴承过紧	内部调整
	负载过大	若确实负载过大，应调换容量较大的电钻来代替

图7-14 开关线脱落

图7-15 绕组断头

图7-16 焊接绕组断头

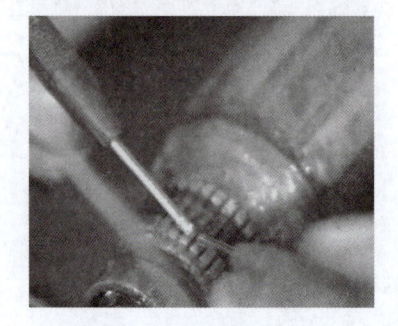

图7-17 测量换向器

第7章 常用电动工具手疾眼快

图 7-18 测量绕组绝缘电阻

图 7-19 检查减速箱齿轮

图 7-20 转子绕组短路

图 7-21 更换新电刷

> 知识链接

单相电钻技术数据

220V 电钻（单相串励电动机）技术数据见表 7-6。

表 7-6　　　　　220V 电钻（单相串励电动机）技术数据

钻头规格(mm)	功率(W)	电流(A)	转速(电动机/轧头)(r/min)	负载率(%)	定子外径(mm)	内径(mm)	长度(mm)	气隙(mm)	导线牌号直径(mm)	每极匝数
6	80.3	0.9	12 000/870	40	61.4 60.4	35.4	34	0.3	QZϕ0.38	244
	80.3	0.9	12 000/870	40	60.8	35.3	34	0.35	QZϕ0.31	256
		0.9	12 000/940	40	61.7 60.6	35.4	34	0.4	QZϕ0.31	262
10	130	1.2	10 800/540	40	73	41	40	0.35	QZϕ0.38	198
	140	1.4	11 500/570	40	75	42.7	37	0.35	QZϕ0.41	170
13	180	1.9	9750/390	40	84.5	46.3	45	0.4	QZϕ0.51	180
	185	1.8	10 000/400	40	85	46.3	45	0.35	QZϕ0.51	150
	185	1.8	10 000/400	40	85	46.3	45	0.35	QZϕ0.51	150
	185	1.95	10 000/400	40	84.7	16.3	45	0.425	QZϕ0.51/ϕ0.56	164

续表

钻头规格（mm）	功率（W）	电流（A）	转速（电动机/轧头）（r/min）	负载率（%）	定子 外径（mm）	内径（mm）	长度（mm）	气隙（mm）	导线牌号直径（mm）	每极匝数
19	330	3.0	9000/268	40	95	54	48	0.45	QZϕ0.72	120
	440	3.6	9000/330	60	102	58.7	46	0.5	QZϕ0.77/ϕ0.83	100
12	204	2.2	8500/442	60	95	50.9	41	0.3	QZϕ0.51	140
16	240	2.5	8500/333	60	95	50.9	46	0.3	QZϕ0.62	140

7.3.3 电钻的使用技巧

（1）旋转式钻尾更换方法。

1）用手旋松钻头的固定环，如图7-22（a）所示。

2）将钻尾放入固定孔后，用手将固定环旋紧即可，如图7-22（b）所示。

图7-22 电钻旋转式钻尾更换方法
（a）用手旋松固定环；（b）将固定环旋紧

（2）卡接式钻尾更换方法。

1）直接将卡接式钻尾装入固定孔中，如图7-23（a）所示。

2）用力往下压听得到固定声音即可，如图7-23（b）所示。

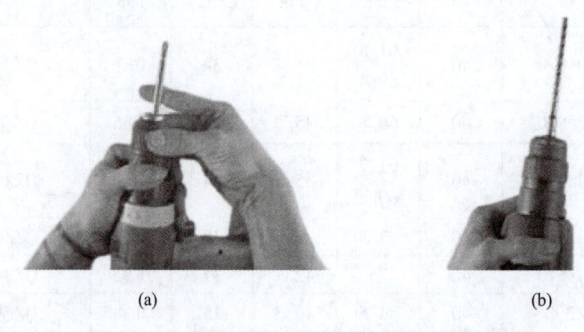

图7-23 卡接式钻尾更换方法
（a）将卡接式钻尾装入固定孔中；（b）用力往下压听得到固定声音即可

（3）锤钻辅助握把调整方法。直接用手旋转辅助握把，如图7-24所示。

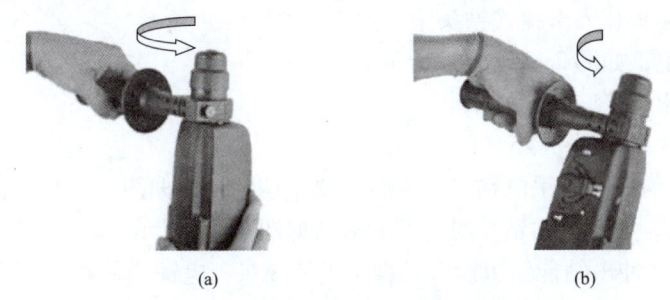

图7-24　辅助握把调整方法
(a) 握住把手；(b) 逆时针旋转

（4）钻尾转换头安装操作方法。

1）利用钻头咬合处与钻头转换头相接，如图7-25（a）所示。

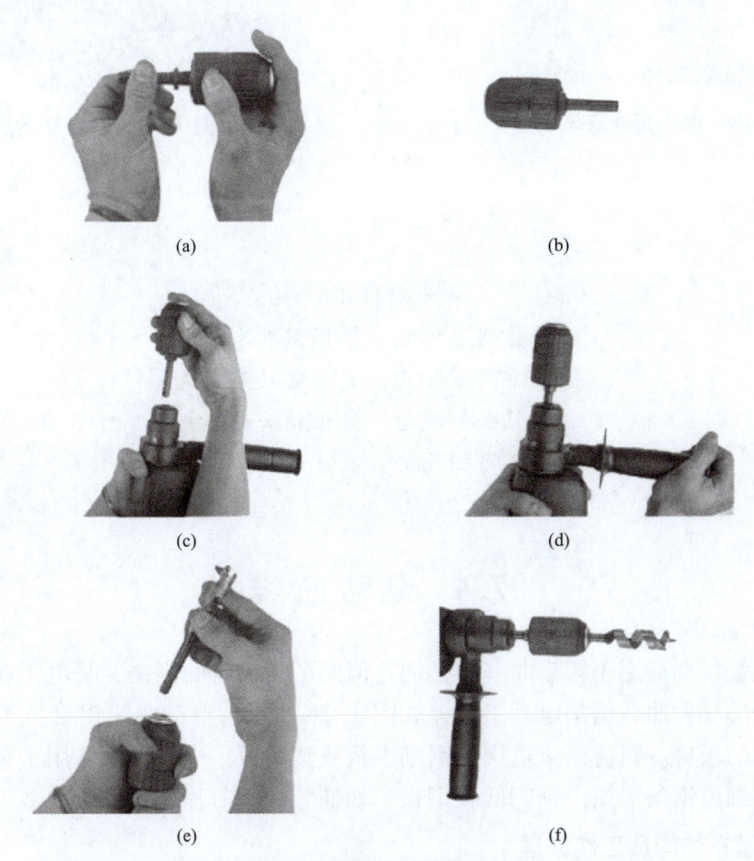

图7-25　钻尾转换头安装操作方法
(a) 咬合处与钻头转换头相接；(b) 固定螺钉；(c) 将转换头装入卡接式钻头中；
(d) 调整辅助握把；(e) 安装钻头；(f) 安装完毕

2）利用螺钉起固定即可，如图 7-25（b）所示。

3）将组合好的转换头装入卡接式钻头中，如图 7-25（c）所示。

4）调整好辅助握把，如图 7-25（d）所示。

5）安装钻头，如图 7-25（e）所示。

6）安装完成后的效果如图 7-25（f）所示。

（5）手电钻换钻头的方法。手电钻换钻头时需要用钥匙开，如图 7-26 所示。

（6）手电钻的握法。用手电钻钻孔时，手的握法如图 7-27 所示。

注意：电钻只能钻，冲击钻能钻也能有稍微锤击的效果；电锤能钻和有较高的锤击；电镐只能锤击不能钻。

图 7-26　手电钻换钻头的方法

图 7-27　手电钻的握法

指点迷津

手电钻使用口诀
钻孔使用手电钻，根据需求来挑选。
交流常用单相电，直流电钻充电式。
通用钻头钻硬材，薄板钻头钻薄料。
钻孔不可强用力，孔穿退回关电源。

7.4 电动曲线锯

电动曲线锯特别适用于较小曲率半径的几何图形的板料的割锯，是电工在室内外装饰装修时不可缺少的一种曲线锯割电动工具，如图 7-28 所示。电动曲线锯更换不同的锯条后可锯割不同材质的板材。粗齿锯条适用于锯割木板或塑料板；中齿锯条适用于锯割层压板或有色金属板材；细齿锯条适用于锯割低碳钢板。如换装锋利刀片，还可以剪裁纸板、橡皮等。

7.4.1 基本结构及工作原理

电动曲线锯由单相串激电动机、齿轮减速器、曲柄滑块机构、平衡机构、锯条装夹装置、电源开关等部分组成，装在一只拱形机壳内，其结构如图 7-29 所示。

第 7 章　常用电动工具手疾眼快

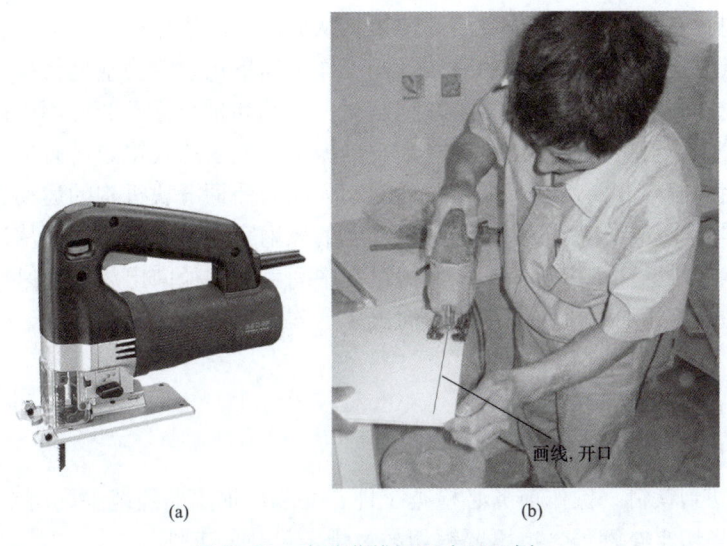

图 7-28　电动曲线锯及应用示例

（a）实物外形；（b）曲线锯割板材

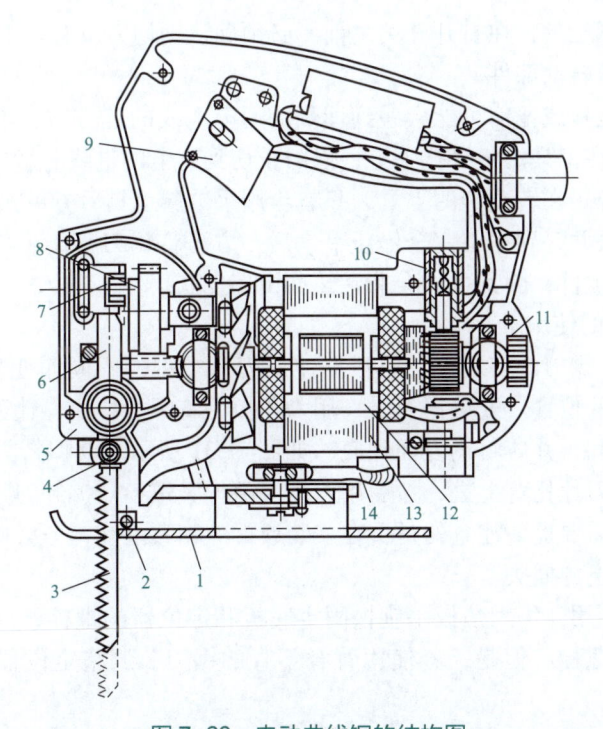

图 7-29　电动曲线锯的结构图

1—底板；2—导板；3—锯条；4—内六角螺钉；5—右半机壳；6—往复机构；7—钢球；
8—齿轮；9—开关；10—换向装置；11—含油轴承；12—电枢；13—定子；14—控制螺母

153

电动曲线锯的往复运动是由电动机轴的轴齿与齿轮 8 啮合，其减速齿轮上的偏心轴机构及滑槽往复机构 6 上与轴孔的钢球 7 活动连接，从而带动滑槽作往复运动。锯条装在往复杆的下端，以两点固定，锯条向上运动时作锯割工作，向下运动时为空返行程。设计这样的工作方式能使曲线锯底板紧贴工件，减小在锯割时的振动和延长锯条的使用寿命。

为了减小滑槽往复机构在往复运动时产生的振动，电动曲线锯内设有平衡块，平衡块由连接在大齿轮上的偏心曲柄带动。平衡块的运动方向与曲柄滑块机构的运动方向相反。

电动曲线锯的冷却工作由安装在电动机轴上的风扇完成。风扇一方面从后罩的进风口吸入空气经外壳风道对电动机进行冷却，经由设在中间盖上的径向出风口将风排出机外。另一方面风扇吹出的气流还通过机头底部的轴向出风道吹向锯条，使锯条冷却，并吹除锯割行程内的锯屑。

7.4.2 安全操作与使用

（1）操作过程中的注意事项。

1）为避免切到铁钉，操作前务必检查工件，并取出加工曲线范围内所有钉子。

2）不可用来切空心管子，也不要锯切超过规定尺寸的工件。

3）锯切之前必须检查工件下面是否留有适当的空隙，以防锯片碰到地板、工作台等物。

4）操作时须握紧工具，在打开开关之前，必须确认锯切刀没有与工件接触。

5）不可用手触摸转动部件。

6）当切隔墙、地板或任何可能会碰到埋藏的通电电线的地方时，不要碰到电动曲线锯的任何金属部件，抓在工具的绝缘把手上，以防止切到有电的电线时触电。

7）不可脱手丢开正在转动着的工具，只有当用手拿起工具后方可操作工具。

8）务必关上开关并等到锯刀完全停止下来后，方可将锯刀移离工件。操作完后不可立即用去触摸锯刀或加工件，因其可能会非常热而烫伤皮肤。

（2）电动曲线锯的使用。

1）锯刀的安装。锯刀的安装位置应根据使用刀片类型的不同而变化，按照图 7-30 所示将锯刀安装在正确的位置。安装锯刀时，用六角扳手将螺栓拧松，让刀齿朝前，将刀片插入刀片托与刀片夹之间，并应将锯刀插到底，如图 7-31 所示。要保持刀片柄与安装位置齐平，避免刀片柄骑到刀片托背上去，然后用六角扳手拧紧螺栓。拆卸刀片时，应按照安装的相反程序进行。特别需要提请注意的是：在安装或拆除锯刀之前，务必确认曲线锯的开关已经关上，并且已拔下电源插头。

2）滚子导轮的使用。用六角扳手旋松固定底板和定位器的螺栓，调整定位器使滚子与锯刀接触，然后旋紧螺栓。但是，若使用背脊不直的锯刀，调整定位器时滚子不会与锯片接触。

3）开关的操作。普通电动曲线锯采用手撳式快速切断自动复位开关，并具有自锁装置。而带无级调速的电动曲线锯，其转速的增加是依靠开关扳机压力的增加来实现的，并设置了速度控制螺钉来限制工具的最大转速，顺时针方向旋转速度控制螺钉可增加速度；反之，逆时针方向旋转速度控制螺钉可降低转速。

图 7-30 锯刀的安装位置

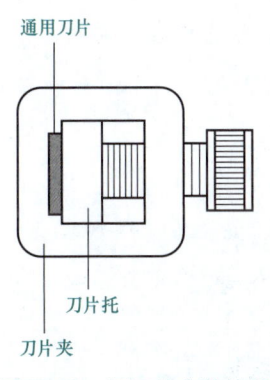

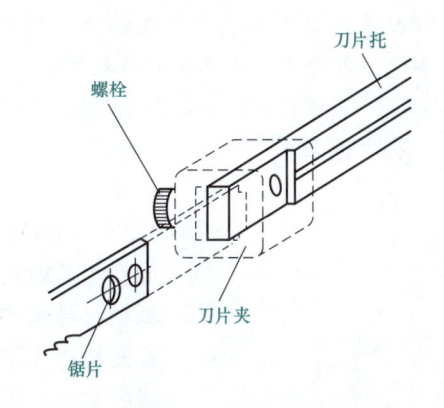

图 7-31 锯刀安装

4) 操作运行。

a. 起动过程。起动电动曲线锯并等到锯刀达到最大速度，然后将底部平板放在加工件上，并且沿着预先划好的切割线慢慢向前移动工具。当切割曲线时，应缓慢地推进工具。运行时要注意工具底板与工件平齐，否则可能导致锯刀折断。

b. 斜面锯切。如要锯切斜面时，应先拨动控制螺母 14，使底板转动。斜度数值可在 0°~45°之间调整，可从底板上直接读出。当将底板转动调整至所需斜度时，使控制螺母复位紧固底板。

c. 前部平面的锯切。用六角扳手旋松附在底座背面上的螺栓，然后把底座调向后面，确认锯片边缘和滚子的接触状态后再将螺栓予以固定。

d. 插入锯切。若开始锯切的地方不是工件的边缘或没有预先锯好起始孔，需要进行插入锯切。此时可凭借向下倾斜工具，使其底座的前边缘靠着工件向前缓缓移动来完成。切断工具，慢慢地降低工具底座的边缘，再慢慢地切割让锯片穿过工件，直到工具底座可平放到工件上为止。然后再按一般的操作使工具向前移动进行锯切。

e. 金属板锯切。当要锯切金属时，要换上适合的锯刀，并必须使用合适的切割油，否则将会导致锯刀很快磨损。也可在加工件下面涂一些润滑油来代替冷却剂，这样曲线锯的操作运行变得轻松一些，并可延长锯刀的使用寿命。

f. 薄板锯切。若在锯切薄板时出现工件反跳现象，则表明所选用的锯刀齿距太大，应换细齿锯刀。如若板料太薄使锯切发生困难时，可考虑将工件夹牢在废料板后面，在废料板上画好所需加工的图案曲线，将需要锯切的工件与废料板一同锯出。

知识链接

使用电动曲线锯注意事项

(1) 锯割前应根据加工件的材料种类，选取合适的锯条。若在锯割薄板时发现工件有反跳现象，表明锯齿太大，应调换细齿锯条。

(2) 锯割时，向前推力不能过猛，若卡住应立刻切断电源，退出锯条，再进行锯割。

（3）在锯割时不能将曲线锯任意提起，以防损坏锯条。使用过程中，当发现不正常声响、水花、外壳过热、不运转或运转过慢时，应立即停锯，检查修复后再用。

> **指点迷津**

> **电动曲线锯使用口诀**
> 电动工具曲线锯，曲线锯割木板材。
> 根据材料装锯条，锯齿大小应合适。
> 最大转速才下锯，向前推力不过猛。
> 割时不能提起锯，以免损坏曲线锯。

7.4.3 常见故障检修

电动曲线锯常见故障检修见表7-7。

表7-7　　　　　　　　　电动曲线锯常见故障检修

故障现象	故障原因	排除方法
锯条或工件振动	导轮未紧靠锯条背部	调整底板使导轮紧靠锯条背部
	底板未贴平工件表面产生剧烈振动	使底板可靠地贴平工作表面，使操作平稳
电动机含油轴衬部位有尖叫声	含油轴承缺油	加入适量润滑油
	装配时未调好，有夹紧现象	打开外壳，调整含油轴承位置，使转动灵活
	内孔磨损过大	更换新的含油轴承
曲线锯产生环火或火花很大	电枢短路	参阅电钻修理
	炭刷与换向器接触不良，弹簧松弛换向器变脏	调整弹簧压力，修理或更换新弹簧清理换向器，并将炭刷磨配
	换向器铜片磨损，片间云母片凸出	修理换向器，并修正云母片
	含油轴承内磨损过大，致使换向器剧烈跳动或含有轴承端部磨损过多造成很大的轴向窜动	更换新的含油轴承
电枢轴向有窜动响声	含油轴承端部磨损或调整垫圈掉落	用钢质垫片调整到轴向窜动量不大于0.15mm
电动机部位的外壳过度发热	推进力过大	减少推进力
	绕组受潮	进行干燥处理
	电源电压下降	调整电压或减慢推进速度
齿轮传动部位的外壳过度发热	缺乏润滑脂或润滑脂变脏	添加或更换润滑油
	传动部分有卡住现象	拆开仔细检查
通电后发出不正常叫声且不运转或动转慢	开关触点烧坏	修理或更换开关
	机械部位卡住	拆开仔细检查

续表

故障现象	故障原因	排除方法
通电后曲线锯不运转	电源断路	修复电源
	接头松脱	检查所有的接头
	开关接触不良或不动作	修理或更换开关
	电刷与换向器表面不接触	调整电刷弹簧压力
外壳带电	电枢或定子绝缘损伤	参阅电钻修理
可以运转但不能调整	调速开关内晶闸管击穿短路	调换调速开关
	速度控制螺钉不起作用	用无水酒精清洗或调换与速度控制螺钉相连的电位器

7.5 手提式切割机

手提式切割机（简称切割机）作为一种专门切割石材的电动机具，具有体积小，不受施工场地限制，重量轻，易于携带，操作简单，维修方便等优点，它是电工在装修装饰工程施工中切割线槽的常用工具之一，如图 7-32 所示。

视频 7.3 手提式切割机的使用

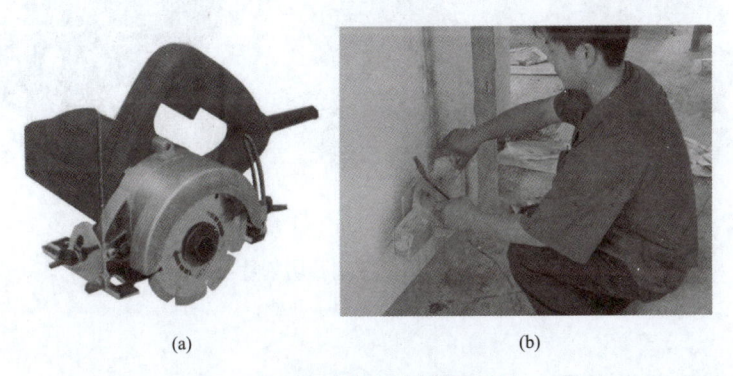

图 7-32 切割机及其应用示例
（a）切割机；（b）用切割机开线槽

7.5.1 切割机的选用

切割机主要用于切割石料、石板、混凝土、瓷砖等材料。换上合适的切割片，切割机也可以加工钢铁和其他较硬金属材料。

切割机目前多为进口产品，较为常用的是切片直径为 110mm 和 180mm 两种。选择手提式切割机时主要依据加工工件的厚度来确定。表 7-8 中列举了几种常用切割机的规格与技术性能，供选用时参考。

表 7-8　　　　　　　　　　常用切割机的规格与技术性能

切片直径 (mm)	最大锯深 (mm)	转速 (r/min)	额定输入功率 (W)	长度 (mm)	整机质量 (kg)
105~110	34	11 000	860	218	2.7
125	40	7500	1050	230	3.2
180	60	5000	1400	345	6.8

选择切割片主要依据工件材质和加工工件厚度确定。切割片按制造的材料分，有磨料切割片和金刚石切割片两类。其中磨料切割片有两种，表面无网络的供钢材、铸铁和其他金属材料切割用；表面带网络的供石料、混凝土、石板等切割用。它们的共同特点是，为减少切割片破碎，都用一片或两片玻璃纤维黏结加筋，且均属于湿式片，即加工工件时必须带水冷作业。

金刚石切割片适用于石料及瓷砖等工件的切割作业。金刚石切割片有 A、B 两种类型，如图 7-33 所示。A 型片属于干式片，加工工件时可不带水冷作业，B 型片属于湿式片，加工工件时必须带水冷作业。

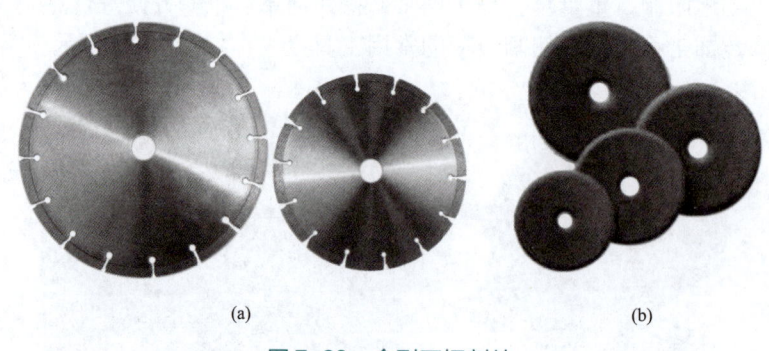

图 7-33　金刚石切割片
(a) A 型；(b) B 型

7.5.2　构造及工作原理

切割机主要由电动机、调节平台板、安全罩、把手开关、把手、锁钮、旋塞（水阀）、切割片等部分组成，如图 7-34 所示。

电动机为切割机提供动力，通过罩壳内的齿轮变速使切割片高速旋转切割加工，扳机锁钮和调节平台板用来确定切割深度，如图 7-35 所示。旋塞（水阀）用来调节水量，以冷却高速旋转的切割片。

7.5.3　正确使用及注意事项

（1）正确操作方法。

1）操作前，首先检查电源电压和手提式切割机额定电压是否相符，开关是否灵敏有效，切割片是否完好，确认无误后方可开机。

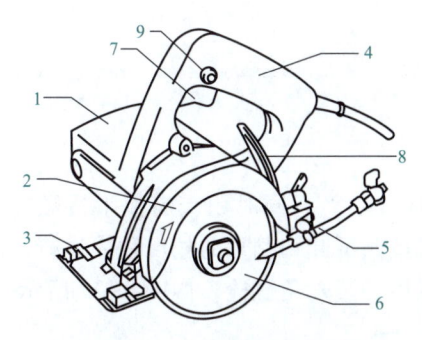

图 7-34 切割机结构

1—电动机；2—安全罩；3—调节平台板；
4—把手；5—旋塞（水阀）；6—切割片；
7—把手开关；8—深度尺；9—扳机锁钮

图 7-35 切割机切割板材

2）调节切割深度。旋松深度尺上的蝶形螺母，并上下移动平台板，在预定的深度拧紧蝶形螺母以固定平台板。

3）安装冷水管。旋松固定管夹的蝶形螺母，将尼龙管接在水管上，拧紧蝶形螺母将水管用管夹夹紧。然后将尼龙管的一端接在旋塞上，另一端用连接器接到水龙头上。打开水龙头，调节旋塞即可调节水量（见图 7-36）。当调节切割深度时，也要调节水管位置，否则金刚石切割片会损坏水管或得不到适当水流。

4）起动。起动切割机，只要压下把手开关即可。放开把手开关工具即停止转动。要使切割机连续转动，压下把手开关后再压下锁钮即可。

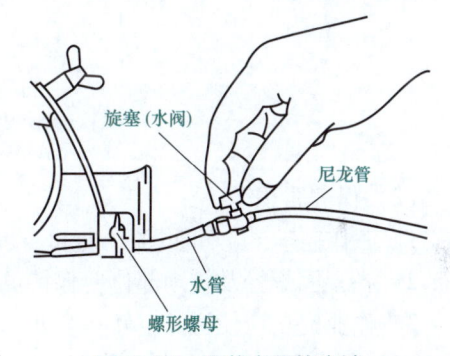

图 7-36 调节水量的方法

5）调准平台板，应将切割机平台板前部边缘与加工件上的切割线对齐。

6）调节好水的流量，握紧机具把手，将工具底板放在要切割的工件上面而不使切割片与工件接触，然后起动机具。待机具达到额定转速，方可缓慢地沿着工件表面向前移动。机具推进应保持基本水平，割口顺直光滑，前进速度均匀。停止操作，要等切割片完全停止转动后，再将机具移出，以免损坏锯片。石材切割机只能用于水平直线切割，不能垂直或曲线切割。

（2）使用注意事项。

1）在多数情况下，手提式石材切割机要带水作业，作为防触电的保护措施，操作过程中应戴橡胶手套，穿橡胶靴子。

2）操作前应仔细检查切割片是否有裂纹或损伤，如有裂纹或损伤，应立即更换。应使用与工具配套的配件，如法兰等。

3）不要损伤旋转轴、法兰（特别是安装表面）和螺栓，这些部件的损伤会导致切割片的损坏。

4）工作时应紧握机具把手，严禁触摸旋转部位。同时要防止冷却水进入电动机，水进入电动机会导致触电事故。

5）严禁带负载起动机具。起动前应确认切割片没有与工件接触。

6）禁止将机具开关长期固定在 ON 位置。

7.5.4 维护与保养

（1）拆装切割片。拆卸切割片时，用扳手固定住外法兰，同时用套筒扳手按顺时针方向卸下六角螺栓，然后卸下外法兰和切割片。安装时按照拆卸切割片的相反程序进行，并确认切割片的旋转方向与安全罩上的箭头方向一致，然后拧紧六角螺栓，如图 7-37 所示。

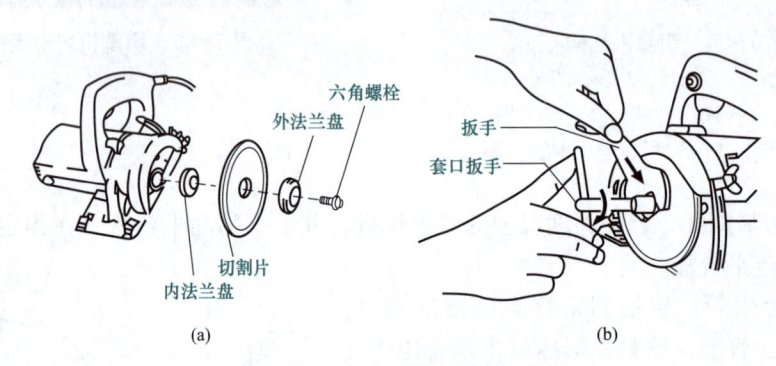

图 7-37 拆装切割片
（a）切割片安装位置；（b）拆卸六角螺栓

（2）保养常识。

1）工作完毕，应切断电源，把机身表面水迹和污物擦干净，工作面涂油保护。

2）各紧固螺栓及转动部位要保持灵活，定期上油，防止锈蚀。

3）作业完毕应使机具空转一会儿，以便除去机具内部的灰尘。机具内部灰尘积累将会影响正常作业和机具的寿命。

4）定期检查并更换炭刷。保持炭刷清洁，使其能在夹内自由滑动。

5）定期对机具做绝缘检查，如发现漏电应立即排除，在潮湿环境下作业或长期不用时应定期做干燥处理。

6）机具要在固定机架上存放，防止挤压、磕碰。

指点迷津

手提式切割机使用口诀
装修使用切割机，切割线槽最便利。
切割深度先调节，同时调节水流量。
启动之后再切割，完毕空转除灰尘。
机具绝缘常检查，转动部位常加油。

7.6 电动自攻螺钉钻

7.6.1 概述

1. 用途及性能

电动自攻螺钉钻是装卸自攻螺钉的专用机具，它改变了传统的用手动螺钉旋具紧固螺钉的操作工艺，配上相应的螺丝刀头，即可对各种工作件上的自攻螺钉进行紧固操作。同时，它具有正、反转功能，可以快速拆装螺钉。

电动自攻螺钉钻可以直接安装自攻螺钉，在安装木质、塑料面板时不需要预先钻孔，而是利用自身高速旋转直接将螺钉固定在基板上。

自攻螺钉钻作为新型紧固螺钉的电动机具，具有体积小、重量轻，可单手操作，使用灵活，便于维修、携带，可大大提高工效，施工质量好，速度快等特点。其外形如图7-38所示。

自攻螺钉钻有多种型号规格，表7-9中列举了几种常用自攻螺钉钻的技术性能参数，供读者选择时参考。

图7-38 电动自攻螺钉钻

表7-9 常用电动自攻螺钉钻的技术性能参数

型号	工作能力	钻柄尺寸（六角）(mm)	回转数（次/min）	额定输入功率（W）	长度（mm）	净质量（kg）
6701B	大螺钉8mm、小螺钉5.5mm、螺母6mm	6.4	500	230	270	1.8
6801N	自攻螺钉6mm、六角螺栓6mm	6.4	2500	500	285	1.9
6800BD	干面板螺钉第6号、自攻螺钉5mm	6.4	2500	540	280	1.3
6800DBV	干面板螺钉第6号、自攻螺钉5mm	6.4	2500	540	280	1.3
6801DB	干面板螺钉第6号、自攻螺钉5mm	6.4	4000	540	280	1.5
6801DBV	干机板螺钉第6号、自攻螺钉5mm	6.4	4000	540	280	1.5
6802BV	自攻螺钉6mm	6.4	2500	510	265	1.7
6806BV	小螺钉6.2mm、小螺钉8mm、螺母8mm、自攻螺钉6mm	6.4	2500	510	267	1.9
6820V	干面板螺钉第5号、自攻螺钉6mm	6.4	4000	570	268	1.3

2. 结构及工作原理

自攻螺钉钻主要由电动机、机壳、离合器、减速器、工作头等部分构成，如图7-39所示。电动机通过传动装置驱动工作头转动，从而达到紧固、拆卸螺钉的目的。工作头由定位器、固定套筒、花键等组成。

7.6.2 使用方法

1. 操作方法

（1）在接通电源前，应先检查电源电压与机具额定电压是否相符，机具开关是否灵敏有效。使用前，先在相似材质或不影响加工精度的工作面上试转，检查钻入深度是否恰当，加以调节。

（2）深度调节。将固定套筒向前拉，使其离开齿轮箱上的花键部分，然后转动固定套筒，直到定位器到达选定位置。固定套筒每转 1/6 圈相当于 0.25mm 的深度变化。当定位器达到需要位置后，轻轻将固定套筒退回到齿轮箱的位置。要慢慢地转动，以便吻合花键，然后用力推紧，以将其固定在原来位置。

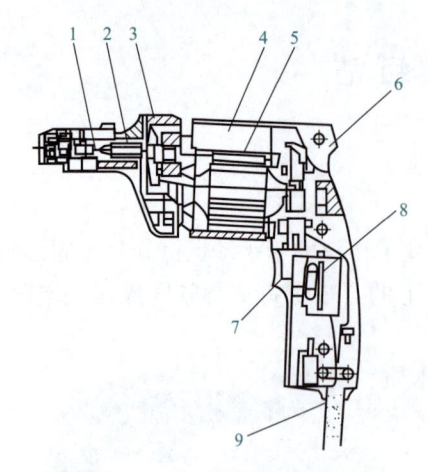

图 7-39 自攻螺钉钻的结构
1—工作头；2—离合器；3—减速器；4—定子；
5—转子；6—机身；7—扳机开关；
8—反转开关；9—电缆接头

（3）装卸螺丝刀。从齿轮箱上拉下固定套筒并拧下定位器，然后用钳子捏紧螺丝刀头，用另一只手紧握螺丝刀头夹，将螺丝刀头拉出螺丝刀头夹。安装新螺丝刀头顺序与卸下螺丝刀头相反。

（4）扳机式开关的操作。起动自攻螺钉钻只需扣紧扳机式开关，放松扳机式开关机具即停止转动。要使其连续工作，扣紧扳机式开关后压下锁钮即可。再扣扳机式开关，再放松锁钮即可消除连续转动。通常离合器处于分离状态，即使按下起动开关，螺丝刀头也不会转动。只有在螺丝刀头上施加一定压力时，离合器才会啮合，螺丝刀头随之转动。

（5）反转。反转开关位于把手的根部。反转开关置于 F 向右转，置于 R 向左传。

2. 注意事项

（1）工作前检查所有安全装置，务必完好有效。电源电压应与机具的额定电压相符。

（2）保持工作场地清洁，避免机具受潮。工作场地周围不得存放易燃易爆液体、气体。

（3）螺丝刀头的选用必须与螺钉相匹配。变更转向，要等自攻螺钉钻完全停下来之后再操作，否则很容易损伤螺丝刀头。

（4）工作时身体不能接触到接地金属体，避免触电。

（5）工具不用时，要拔下插头。禁止拖着导线移动机具，或拉导线拔出插头。要避免不要让导线接触高温、尖锐物或湿油脂。

> **知识链接**

自攻螺钉钻的维护与保养

（1）在维护保养之前，一定要关掉开关并拔下插头。

（2）及时更换易损件。

（3）各紧固螺栓、螺母压紧要适中，转动轴要经常保持灵活。

（4）机具应保持清洁，工作后拭去机具表面的灰尘。定期上油，以防锈蚀。定期做绝缘检查，发现有漏电现象，应立即排除。

> **指点迷津**
>
> **电动自攻螺钉钻使用口诀**
> 电动自攻螺钉钻，装卸螺钉真方便。
> 刀头螺钉相匹配，垂直对准螺钉槽。
> 正转反转看需要，停机才能换转向。

7.7 电动工具用单相串励电动机的检修

单相串励电动机可交、直流两用，所以又叫通用电动机，它在交流电源下使用具有体积小、转速高、过载能力强、起动转矩大、调速方便等优点，是其他异步电动机无法相比的，因而大量应用于电钻、电锤、电剪刀、电动切割机、电锯、电刨、吸尘器、电动缝纫机、电吹风等电动工具和电器中。

小功率串励电机都采用二极凸极式铁心，励磁绕组用高强度漆包线绕成，外包绝缘纱带，套在铁心凸极上。

视频 7.4　单相串励电动机的结构与原理

7.7.1　单相串励电动机的组成

单相串励电动机主要由定子、电枢、电刷装置、机座、端盖等部分组成。

1. 定子

定子由定子铁心和绕组构成，为减小涡流损耗，单相串励电动机的定子铁心由 0.5mm 厚的硅钢片叠装而成，再用空心铆钉铆接而成定子铁心。一种容量很小的单相串励电动机的定子为凸极式，采用集中式定子励磁绕组，定子励磁绕组用卡子安装在磁极上，如图 7-40 所示。功率大于几百瓦的电动机还另装有补偿绕组和换向绕组。

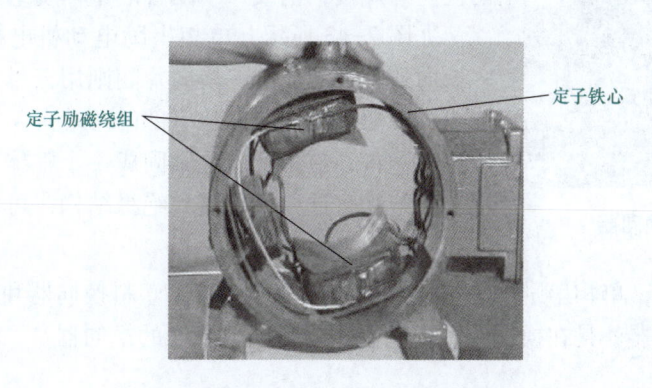

图 7-40　定子铁心和定子励磁绕组

定子励磁绕组由两个线圈组成，它们极性相反，即一个为 N 极，另一个为 S 极，两个线圈通过换向器电刷和电枢内部的电枢绕组相连，如图 7-41 所示。

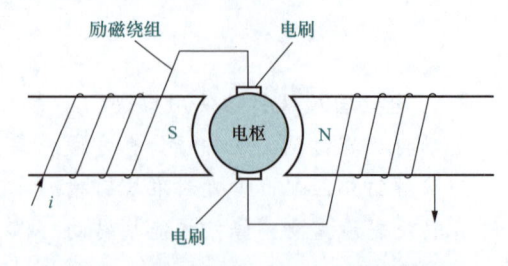

图 7-41 定子励磁绕组与电枢绕组的连接

2. 电枢

电枢也称转子，由电枢铁心、电枢绕组、转轴、换向器等组成，如图 7-42 所示。

图 7-42 电枢的组成

电枢铁心用 0.5mm 厚的硅钢片沿轴向叠装后，将转轴压入其中。电枢铁心冲片的槽形一般均为半闭口槽，在槽内嵌有电枢绕组。电枢绕组各线圈元件的首、尾线端与换向器的换向片焊接，构成一个闭合的整体绕组。

如图 7-43 所示，单相串励电动机电枢上的换向器由许多换向片围抱而成的，换向片间则用云母片绝缘。换向铜片加工成楔形，各换向铜片下部的两端有 V 形槽，在两端的槽里压制塑料，使各换向片紧固成一个整体，并使转轴与换向器相互绝缘。这样的机械和绝缘结构，可以承受高速旋转时所产生的离心力而不变形。

图 7-43 换向器

在电动工具中，单相串励电动机采用的换向器一般有半塑料换向器和全塑料换向器两种结构。全塑料换向器就是在换向铜片之间采用耐弧塑料绝缘的换向器。

3. 电刷装置

电刷装置由刷握、弹簧、电刷和电刷架组成。单相串励电动机的电刷装置可分为管式和盒式两大类，如图 7-44 所示。目前，国内单相串励电动机大部分采用盒式结构。盒式电刷装置的刷握具有结构简单、加工容易和调节方便的优点，特别适合于需要移动电刷位置以改善换向的场合。盒式电刷装置的缺点是刚性差、变形大，不适于转速高、振动大的电动机。管式结构电刷装置具有可靠耐用等优点，恰好能弥补盒式结构的不足之处，但加工工艺要求较高，而且外形不规则，较难安置。

(a)

(b)

图 7-44　电刷装置的结构

(a) 管式电刷装置；(b) 盒式电刷装置

电刷是电刷装置的一个重要部分，它不但担负电枢与外电路的连通，而且还与换向器配合共同完成电动机的换向工作。因此，电刷与换向器组成了单相串励电动机薄弱而又重要的环节。电刷与换向器之间不但有较大的机械磨损和机械振动，而且在配合不当时还将产生严重火花，故电刷是串励电机良好运行的保证。

电刷的选择主要是根据电刷的温升和换向器的圆周速度而定。电刷的温升与电刷的电流密度、电刷与换向器的接触电压降、机械损耗以及电刷的导热性有关。而换向器圆周速度过高，则容易引起电刷和换向器发热，使火花增大，如图 7-45 所示。此外，在选择电刷时，还要考虑电刷的硬度和磨损性能等因素的影响。电动工具中的单相串励电动机采用的电刷多为 DS 型电化石墨电刷，如图 7-46 所示。

4. 机座和端盖

机座一般由钢板、铝板或铸铁制成，定子铁心用双头螺栓固定在机座上。用于电动工具上的电动机则一般无固定的机座形式，机座常常直接制为机器的一部分。

与其他电动机类似，端盖用螺栓紧固于机座的两端，轴承装于端盖内孔。小型串励电动机常将一只端盖与机座铸成一个整体，只有一只端盖可拆卸。端盖内孔中的轴承用于支撑电枢并将电枢精确定位。同时，在一只端盖上开有两个相对的圆孔或方孔，用来装设电刷。

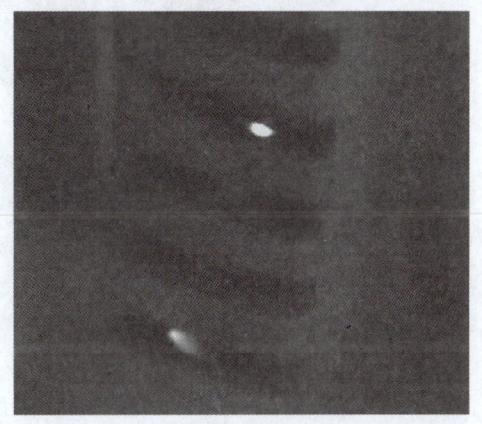

图 7-45　电刷在换向器上发出的火花

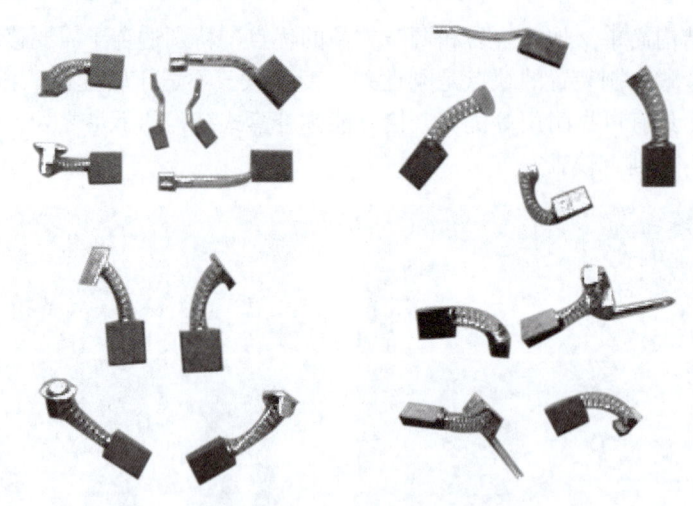

图 7-46　电动工具用电刷

7.7.2　定子励磁绕组的重绕

定子励磁绕组的故障有断路、短路、通地和接反。因单相串励电动机定子绕组表面涂有瓷漆，非常坚硬，难以拆修，所以一旦发现绕组有故障，一般只能重新绕制更换新绕组。

下面以重新绕制电钻定子励磁绕组为例来介绍其修理方法和技巧。

1. 绕制绕组

将定子绕组取出后，用两块木板夹住，然后用台虎钳压平，拆去纱带等绝缘物，量出绕组模的尺寸，以便制作绕线模；同时要数清线圈的匝数，量出导线线径，其过程如图 7-47 所示。

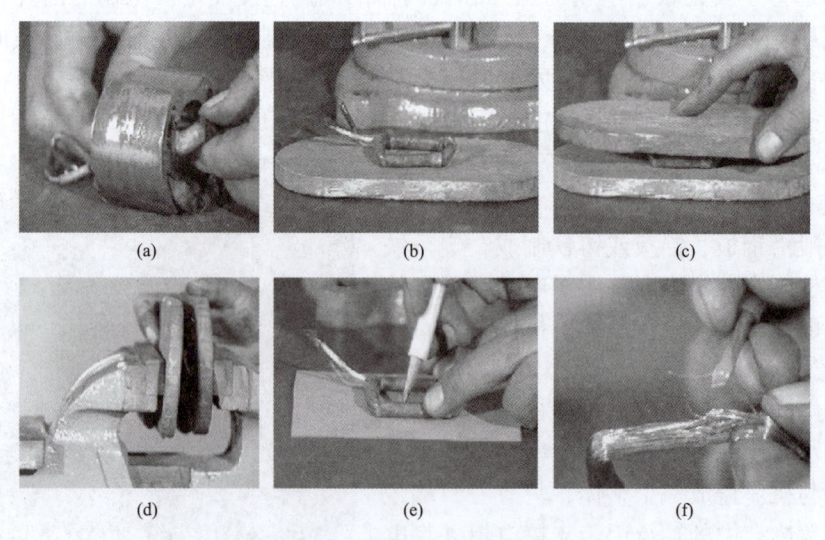

图 7-47　获取绕组原始数据的方法

（a）拆下绕组；（b）放在木板上；（c）用两块木板夹住；（d）用台虎钳压平；（e）确定绕组模尺寸；（f）数匝数

在获取绕组原始数据后，根据其尺寸制作好绕线模，再重绕新绕组。对绕制好的新绕组，要进行绝缘处理（包括整形），如图 7-48 所示。最后将新绕组固定在定子上，如图 7-49 所示。

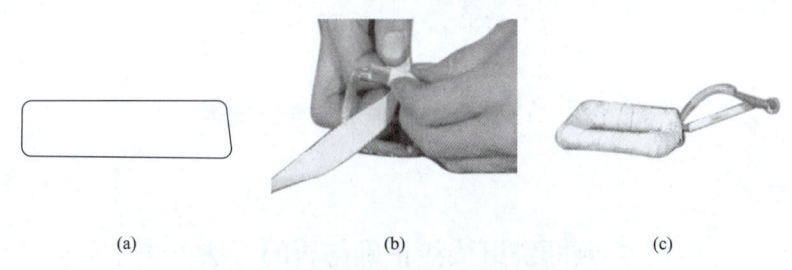

图 7-48 绕制绕组并进行绝缘处理

(a) 绕线模尺寸；(b) 新绕组绝缘处理；(c) 已处理好绝缘的新绕组

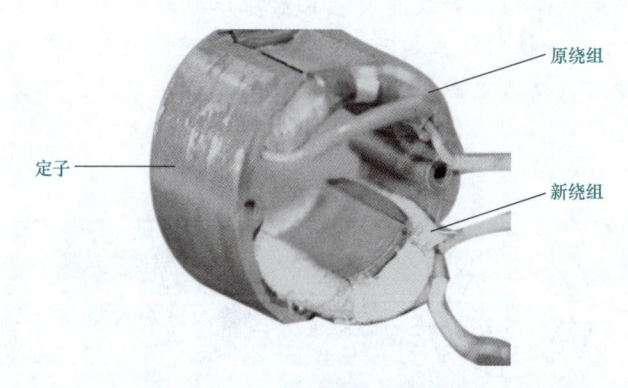

图 7-49 将新绕组固定在定子上

2. 接线

单相串励电动机是采用集中式励磁绕组，磁极线圈之间是按照"头接头，尾接尾"的接法进行连接。如图 7-50 (a) 所示，定子励磁绕组的正确接法应为两磁极线圈内流过电流后产生的磁极应相反，即一个 N 极，一个 S 极。如果将图 7-50 (a) 中下面磁极线圈的两个线端对换一下，就得到图 7-50 (b)，这时，由于下面一个磁极线圈接反，使两个磁极都成了 S 极，电动机将不能正常工作。

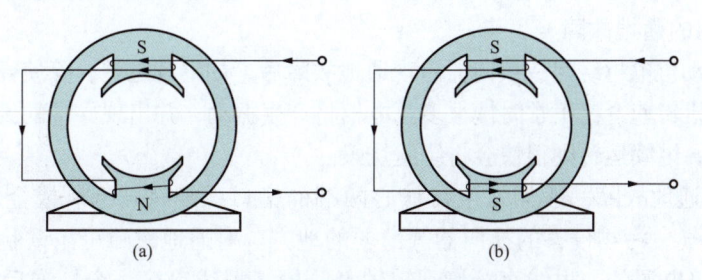

图 7-50 单相串励电动机励磁绕组的接法

(a) 正确接线；(b) 错误接线

接线时，应注意两极绕组的极性相反，一般采用"头接头、尾接尾"的方法，如图7-51所示。

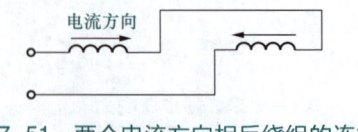

图7-51 两个电流方向相反绕组的连接

> 技能提高

判断绕组接线正确与否的方法

判断绕组连接是否正确，可假定线圈中通有直流电，根据右手螺旋法则判断，两极极性应相反，否则说明接线错误。如线圈因包扎后难以判断头尾，可采用铁钉检验法进行判断，如图7-52所示，如铁钉能立起来，说明磁极正确。也可以先不管两极的极性，先把励磁绕组都串联起来，接通电源之后，如果电动机不能起动，可将两个励磁绕组的引线互相调换。

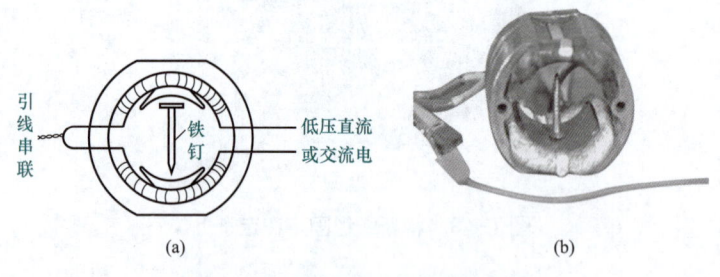

图7-52 用铁钉检查接线是否正确
(a) 原理图；(b) 实物图

7.7.3 电枢绕组的维修

电枢绕组常见的故障有通地、短路、断路、接错等四类。同时，由于电枢绕组是通过换向器将单个线圈元件连接成一个整体绕组的，换向器本身发生的通地、短路故障就必然会反映到绕组上来。下面简要说明电枢绕组的常见故障。

1. 电枢绕组的通地故障

单相串励电动机电枢绕组或换向器出现通地故障后，如继续运转，除使壳体带电危及操作者安全外，电动机转速会比正常时慢很多。电枢将产生振动，并出现异常的大火花，短时内绕组就会产生高热，继续运转则很快会将绕组烧毁。

电枢绕组的通地故障一般均发生在铁心两端的槽口、绝缘被毛刺或金属杂物损伤的槽中，以及易受潮气、污物侵害的换向器等薄弱的地方。对通地故障可用试验灯进行检查，如图7-53所示，将电源的一根线直接接到转轴上，另一根线串接一个灯泡后接触换向片。若灯泡不亮，说明绕组或换向器与转轴之间未形成通路，无通地故障；若灯泡发亮，则说明绕组或换向器与转轴已接通，存在通地故障。

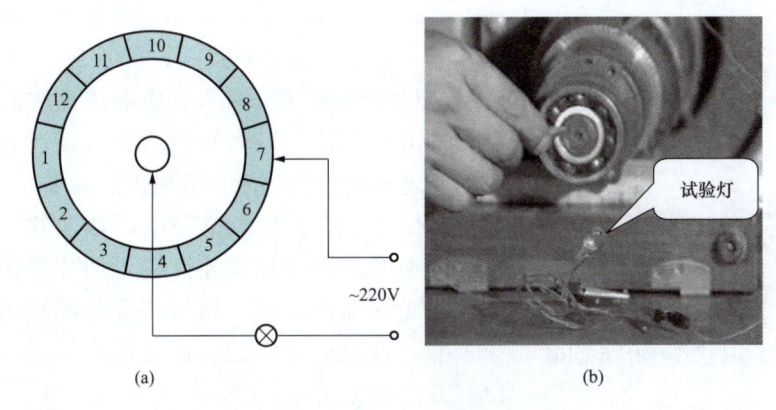

图 7-53　用试验灯检查通地故障
(a) 原理图；(b) 实物接线图

通地故障的维修要视具体情况而定，若通地故障是在槽口、端部等绕组的外部位置，一般都是可以修好的。维修时，可用理线板将线圈与铁心相碰处小心撬开，在绝缘破损处插入新的绝缘材料即可。若通地故障发生在槽内，并且绝缘击穿通地的线圈元件只有一个，可以采取图 7-54 所示的废弃法进行维修。先将通地线圈的线端从换向片上焊下来，线端要分开并用绝缘带包好，使线端之间及与换向片间不再接触，线圈完全脱离电路；焊下线端的两片换向片，再用连接线焊好。这样，就把通地线圈废弃不用了。

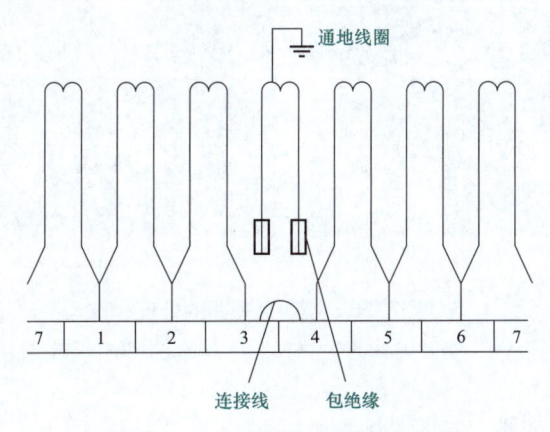

图 7-54　一个线圈通地故障的处理

2. 电枢绕组的短路故障

电枢绕组根据其短路位置的不同，可分为以下三种情况。
（1）一个线圈内自身的线匝短路，称为线圈短路。
（2）同一线圈组内的线圈与线圈短路，称线圈相互短路。
（3）一个线圈组的线圈与另一线圈组的线圈短路，称线圈组相互短路。

电枢绕组或换向器的短路故障，可用万用表进行检查。用万用表的电阻挡检查每个线圈元件本身是否短路时，可依次测量相邻换向片间的电阻。检查每槽有 3 个线圈元件的绕组时，必须每三对相邻换向片（即 3 个线圈）的电阻完全相等，才证明没有短路，如图 7-55 所示。

电枢绕组若仅因端部碰伤造成几匝短路，或在铁心槽外由烧伤造成轻微短路，而短路点凭肉眼就能看到时，这样的短路故障一般均可以修复。

维修时，可先将电枢绕组烘热变软，用光滑的竹片将因绝缘漆层损坏而相互碰触的导线拨开，再用薄软的绝缘绸加以隔垫，然后刷上绝缘漆烘干即可。如果查明不是换向片短路，而是绕组短路，那么最好的维修方法就是换新绕组。

图 7-55 万用表检查换向片电阻值

电枢绕组或换向器短路后，将使电动机转速降低，力矩减小，电流增大，电刷下产生强烈的火花，将换向器烧黑。运转时，短时间内便发热冒烟，甚至换向器上形成环火，若继续运转，能很快使电枢绕组烧毁。

若换向片短路发生在表面，可用拉槽工具刮去片间的短路金属末，再用云母粉加上胶水填补空洞，使其硬化干燥，如图 7-56 所示。

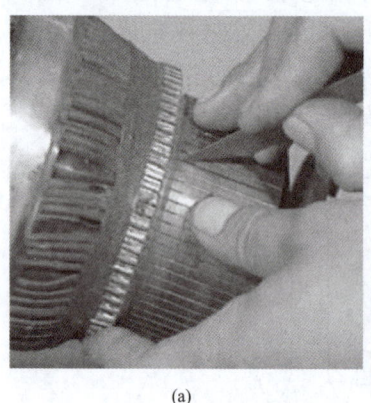

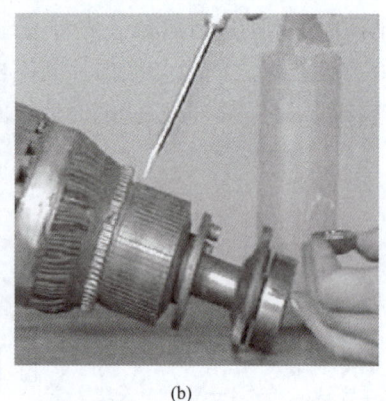

(a) (b)

图 7-56 换向片短路的处理
(a) 刮去短路金属沫；(b) 云母粉加胶水填补空洞

3. 电枢绕组的断路故障

断路是电枢绕组最常见的故障，线圈线端至换向片的焊接处是较容易发生断路的地方。原因是焊接不良或线端在除去绝缘漆膜时受损伤，以及焊接时线端绷得过紧，缠上绑扎带浸漆后线端受力过大而损伤，当电动机运转时，上述这些情况就可能造成线端在焊接处烧断。此外，由于过载或其他原因，使换向器与电刷之间产生大火花，换向器过热将焊锡熔化，也会造成线端脱焊形成断路，或因发生短路、通地故障而将导线烧断，形成绕组内部断路。

电枢绕组断路故障可用万用表进行检查。将万用表置于欧姆挡，可从任意换向片开始，测量相邻两换向片间的电阻。如果测完所有相邻换向片间的电阻都基本相等，则说明绕组没有断路；若测得某相邻两换向片间的电阻，比其他相邻换向片间电阻大若干倍时，则证明这两个换向片上的线圈断路了，同时表明绕组的其他部分再没有断路。不过仍应继续检测，因为有时焊接线端虽然已与换向片断开，但两根线端却仍然接在一起，产生绕组本身没有断路的现象。

找到断路位置后，将绕组外面绑扎的蜡线部分拆除，再仔细找出断路的确切位置。如果是脱焊，只需重新焊接即可，如图 7-57 所示；若线端断处在电枢端部，则须再拆除一部分捆扎蜡线，在断头处焊接一根导线，并套上绝缘套管，然后重新捆扎蜡线；如果断路处在电枢铁心槽内，可在断路的那只线圈所连接的两个换向片上跨接一根短路铜线，或将换向片直接短路。经这样处理后，电动机性能不会大变，仍可继续使用。当电枢绕组中出现 2~3 个线圈断路时，就必须换新的电枢绕组。

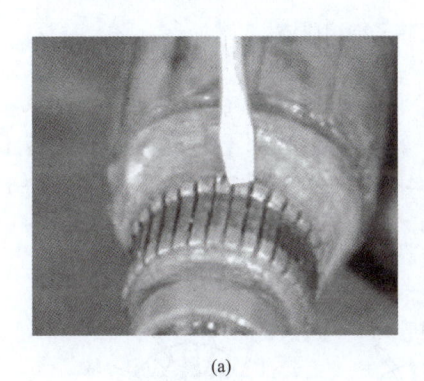

(a)   (b)

图 7-57 焊接断路线头

(a) 断路线头位置；(b) 焊接线头

4. 电枢绕组的重绕

经绝缘处理后的电枢绕组非常坚硬，拆除时比较困难，所以应先加热再拆除，绕组全部拆除后要清除槽内杂物，如图 7-58 所示。然后整理好漆包线，再进行绕线，如图 7-59 所示。下面仍然以重新绕制电钻电枢绕组为例来予以说明。

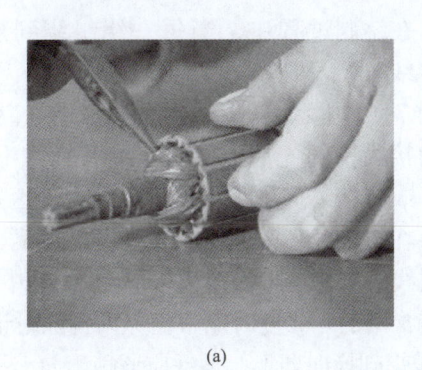

(a)   (b)

图 7-58 拆除绕组和清除槽内杂物

(a) 拆除绕组；(b) 清除槽内杂物

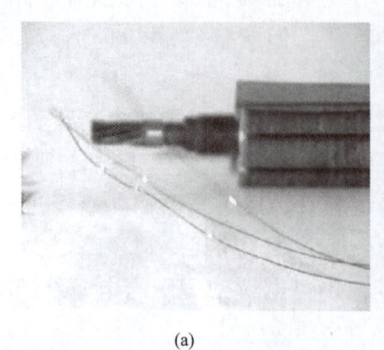

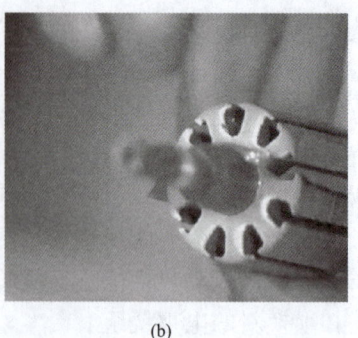

图 7-59 转子绕组重绕
(a) 整理好漆包线；(b) 绕制

绕线顺序如图 7-60 所示。但这种绕法，转子绕组端部不对称，易造成转子不平衡。另一种绕线顺序是，槽号按 1-5、5-9、9-4、4-8、8-3、3-7、7-2、2-6、6-1 绕制，此时端部平整，平衡性好。但工艺较复杂，接地也不方便。

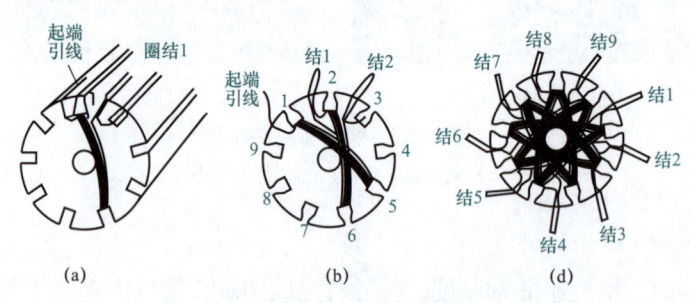

图 7-60 9 个槽的电枢绕组绕制步骤
(a) 1-5 绕制；(b) 2-6 绕制；(c) 绕制完成

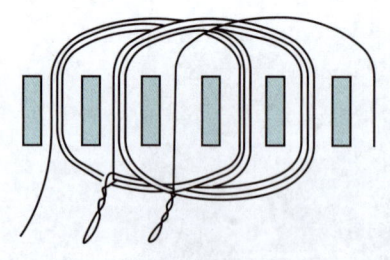

图 7-61 抽出接线头扭成"麻花"形

在绕制过程中，当每一绕组绕到规定匝数时，把导线抽出槽外，将两根线扭成一个"麻花"形，如图 7-61 所示，即完成了抽头工作。为了区别同一槽内接线头的先后，可把接线头套入不同颜色的套管，或将接线头做成不同长度，以便区别。

在焊接过程中，应注意绕组出线及焊接位置，一般引线头有三种，如图 7-62 所示，其中图 7-62（c）是较常用的。修复时应根据原来拆除时记录的数据进行焊接。焊接线头时用松香焊剂较好，把引线焊到换向器上，烙铁应该稍稍向上提起一点。全部焊完后，用刀将冒出槽外的线头切掉，再将换向器片间的焊锡刮干净。最后在引出线上部进行扎线，如图 7-63 所示。

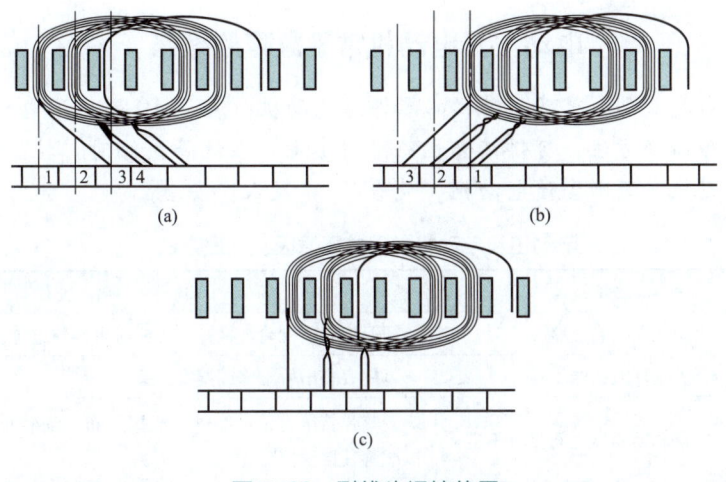

图 7-62 引线头焊接位置
(a) ~ (c) 焊接位置

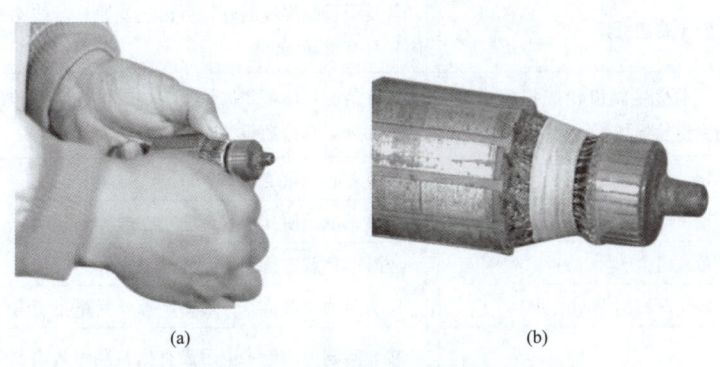

图 7-63 在引出线上部进行扎线
(a) 扎线方法；(b) 扎线完毕

转子重绕及焊接工作全部完成后，要进行匝间短路试验和换向器片间电阻测定，接着再进行浸漆处理。烘干温度不宜过高，也不宜变化过大，以防绕组与换向器连接线断线。最后在带电试验时，如发现旋转方向相反，可将电刷架上的两个定子绕组线头位置对换一下即可，如图 7-64 所示。

电钻修复后，应测量绕组对地的绝缘，总的绝缘电阻不应低于 1.0MΩ。

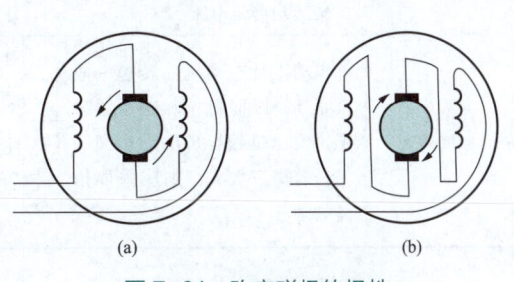

图 7-64 改变磁极的极性
(a) 反转方向；(b) 正转方向

> 技能提高

电动工具电动机常见故障的维修

电动工具的种类及型号很多,其核心器件是电动机,表 7-10 列出了电动工具电动机常见故障原因及处理维修方法,可供读者在维修时参考。在故障检修时,特别值得注意的是,不能空载起动电动机,否则会使电动机"飞车",危及人身安全。

表 7-10　　　　　　　　　电动工具电动机常见故障原因及处理方法

故障现象	故障原因	排 除 方 法
通电后电动机不转	电源线断或短路	用万用表或检验灯检查,必要时更换新电源线
	开关损坏或接触不良	万用表查出后维修或调换开关
	电刷和换向器之间接触不良	调整弹簧压力,更新电刷或用干布、细砂布打磨换向器表面,以改善其接触情况
	定子励磁绕组断路	如果断路点在绕组的引线部位,应重新焊接;若断线不好查找,则需重新绕制
	转子绕组开路	若是引线脱焊或断开,可焊接复原;若线圈的线匝断在铁心槽内,只有重新绕制
	电动机主轴齿轮磨损或齿轮箱内齿轮损坏	这种情况只能更新齿轮。检查时应先脱开传动齿轮,试转动电动机部分看其传动是否正常
电动机在运转时发热	定、转子绕组短路	严重者必须重绕
	轴承过紧	调整轴承,使其松紧合适
	负载过大	应减小负载进行操作
转速明显减慢	转子绕组短路和断路	用短路侦探器检查,短路严重或断路在槽内时都应重绕
转速明显减慢	定子磁极绕组接地或短路	接地问题可用绝缘电阻表查出,绕组短路严重时有焦臭味,绕组表面颜色明显变深或烧黑。故障点若在引线附近可修复,严重者必须重绕
	轴承和齿轮损坏	及时更换轴承或电动工具传动齿轮
机械噪声大	电动工具电动机的转速一般都很高,因而机械噪声、通风噪声要比单相异步电动机高一些,若噪声太大,则应采取措施处理	对电动机转子进行平衡试验,提高转子平衡精度
		选用高精度的轴承,如进口 SKF 轴承
		注意让电刷与换向器紧密接触。通常在换向器表面有一层深褐色的氧化铜薄膜,可以减小电刷振动,降低噪声
		及时修整变形的风叶,使风扇转动平衡

174

第 8 章

电工测量仪表一丝不苟

在电气设备的安装、调试、维修和使用过程中，电气操作人员必须借助电工仪表对各种电量进行测量。电工测量仪表是实现电磁测量过程中所需技术工具的总称，最常用的电工测量仪表有万用表、钳形电流表、直流电桥、绝缘电阻表、接地电阻测定仪等。本套丛书之《万用表使用快速入门》已经对万用表的相关知识进行了比较详尽的介绍，本书主要介绍钳形电流表、绝缘电阻表、直流电桥、接地电阻测定仪、绝缘子测试仪。

8.1 钳形电流表

钳形电流表是根据单匝电流互感器的原理制成的，因为其形状像钳子，故称为钳形电流表。钳形电流表是电工测量中比较简单，而且普遍采用的仪表之一，虽然它的精确度不高，但就用途来说，它有特殊的作用。例如，当测量某通电导体的电流时，若采用其他电流表测量，不但要接线，而且要停电，接好线后才可测量，这显然很不方便。如果要钳形电流表进行测量，那就方便多了。只要用手握住手柄，将表的活动铁心部分分开，把被测量导线放入钳口中心，然后放松活动部分，使铁心磁铁闭合，于是钳形电流表的指针或显示屏就能够指示被测电流值。

视频 8.1 钳形电流表的使用

使用钳形电流表最大的好处就是可以测量大电流而不需关闭被测电路，用于对电气设备检修、检测非常方便，能够及时了解设备的工作情况。其缺点就是测量精度比较低。

8.1.1 钳形电流表的种类

从功能分，钳形电流表包括普通交流钳形电流表、交直流两用钳形电流表和漏电流钳形电流表，为了扩大钳形电流表的应用范围，还有一种多用钳形电流表，它由钳形电流互感器和万用表组合而成。当两个部分组合在一起时，便构成钳形电流表，而将钳形电流互感器取出时，又是万用表。从读数显示方式分，钳形电流表包括指针式和数字式两大类。从测量电压分，有低压钳形电流表和高压钳形电流表。

钳形电流表的外形差异较大，常见的钳形电流表如图 8-1 所示。

普通钳形电流表只能用来测量交流电流，不能测量其他电参数。带万用表功能的钳形电流表是在钳形电流表的基础上增加了万用表的功能，它的使用方法与万用表相同。

数字式钳形电流表的工作原理与指针式钳形电流表基本一致，不同的是采用液晶显示屏显示数字结果。其最大的特点是没有读数误差，能够记忆测量结果，可先测量后读数。

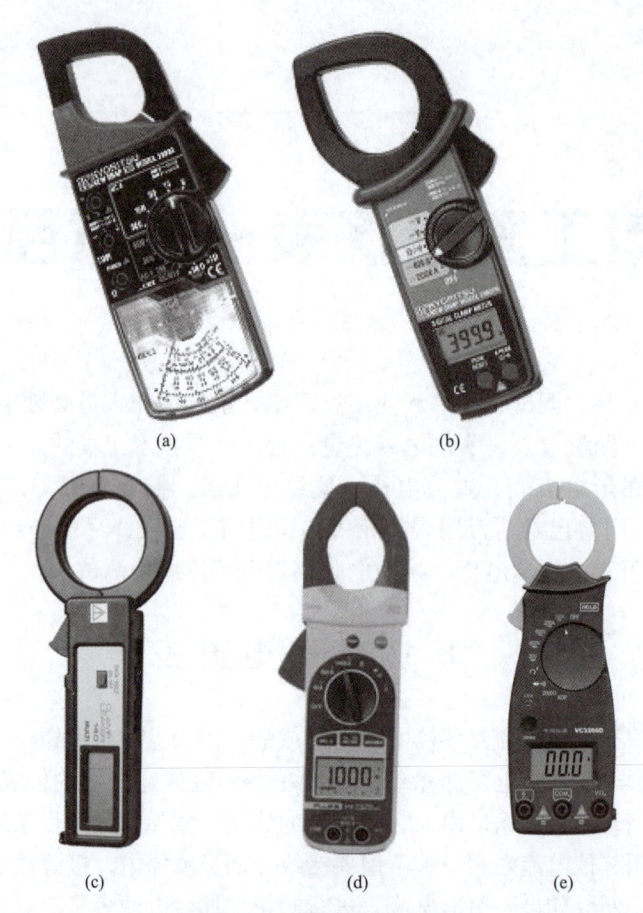

图 8-1 常用钳形电流表
(a) 指针式钳形电流表；(b) 数字式钳形电流表；(c) 漏电流钳形电流表；
(d) 交直流两用钳形电流表；(e) 多用钳形电流表

钳形电流表的型号很多，现在普遍使用的是数字式钳形电流表。常用钳形电流表的型号及测量范围见表 8-1。

表 8-1　　　　　　　　　　常用钳形电流表型号及测量范围

型号及名称	量 程 范 围	准确度
MG4-AV 交流钳形电流表	电流（A）：0~10~30~100~300~1000 电压（V）：0~150~300~600	2.5
MG-20 交直流钳形电流表	电流（A）：0~100~200~300~400~500~600	不超测量上限的±5%
MG25 袖珍三用钳形电流表	交流电压（V）：0~300~600 交流电流（A）：0~5~25~50~100~250 电阻（kΩ）：0~5	2.5

续表

型号及名称	量 程 范 围	准确度
MG28 交直流多用钳形电流表	交流电流（A）：0~5~25~50~100~250~500 交流电压（V）：0~50~250~500 直流电压（V）：0~50~250~500 直流电流（mA）：0~0.5~10~100 电阻（kΩ）：0~1~10~100	不超测量上限的±5%
DT-9800 数字式钳形电流表	交流电流：量程 400 时，分辨率为 100mA；量程 600 时，分辨率为 1A 交流电压：400mV~4V~40V~400V~600V 直流电压（V）：4~40~400~600 直流电流：量程 400 时，分辨率为 100mA；量程 600 时，分辨率为 1A 电阻：400V~4kV~40kV~400kV~4MV~40MΩ	
DT-9800 数字式钳形电流表	电容：40nF~400nF~4μF~40μF~100μF 温度：-20~760℃，-4~1400 ℉	

8.1.2　钳形电流表的结构

1. 指针式钳形电流表

指针式钳形电流表由电流互感器和电流表组成，如图 8-2 所示。

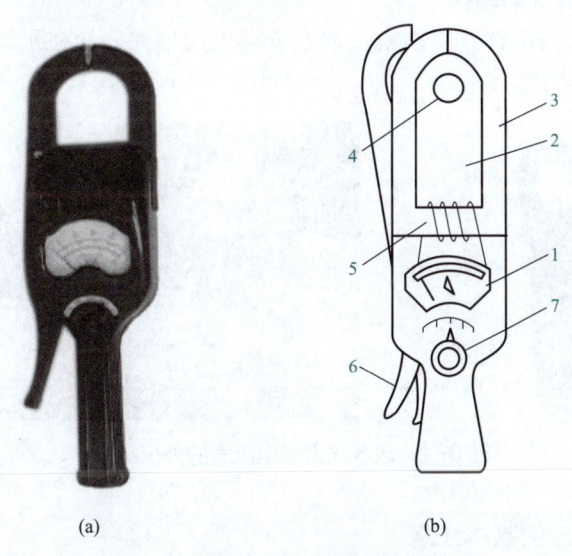

(a)　　　　　　　　(b)

图 8-2　指针式钳形电流表的结构

（a）实物图；（b）结构示意图

1—电流表；2—电流互感器；3—铁心；4—被测导线；

5—二次绕组；6—手柄；7—量程选择开关

互感器的铁心制成活动开口，且成钳形，活动部分与手柄6相连。当紧握手柄时，电流互感器的铁心张开，可将被测载流导线4置于钳口中，该载流导线成为电流互感器的一次线圈。关闭钳口，在电流互感器的铁心中就有交变磁通通过，互感器的二次线圈5中产生感应电流。电流表接于二次侧线圈两端，它的指针所指示的电流与钳入的载流导线的工作电流成正比，可以直接从刻度盘上读出被测电流值。

指针式钳形电流表的刻度盘与指针式万用表的刻度盘基本相似，如图8-3所示为某钳形电流表的刻度盘。

图8-3 指针式钳形电流表的刻度盘

2. 数字式钳形电流表的结构

数字式钳形电流表与指针式钳形电流表在外形上的最大差异在于，其显示部分采用了液晶显示屏，如图8-4所示。

图8-4 数字式钳形电流表的外形结构

8.1.3 钳形电流表的基本线路

常见的交流钳形电流表的几种基本线路，如图8-5所示。

图8-5（a）中的二次电流的分流电阻R1~R6，是随着量程的转换而改变的。例如60A量程，分流电阻为R3、R4、R5和R6；15A量程的分流电阻为R1~R6；而1000A量程的分流电阻只是R6，其余均被转换开关短路。这种线路在调节某一量程误差时，必须考虑到该

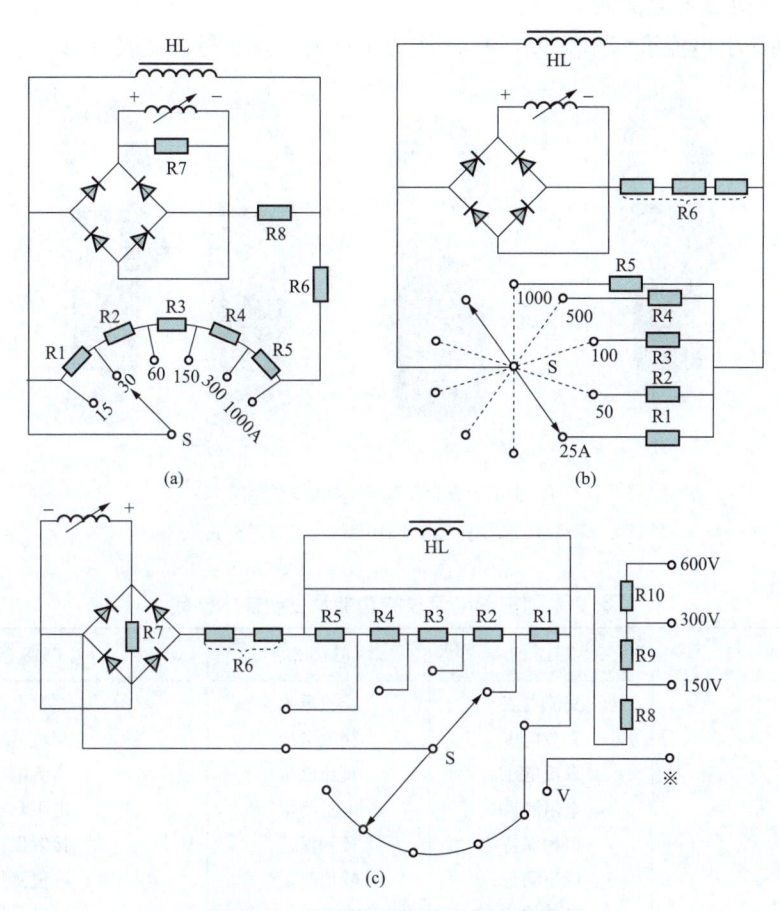

图 8-5　几种常用的钳形电流表线路

量程用几个分流电阻,以及哪几个分流电阻是共用的,调第几个电阻对其他影响最小。

图 8-5(b)中互感器二次被测电流经过分流、整流后再进入测量机构指示出读数。特点是各量程的误差一样,R6 为共用电阻,调节它可以消除仪表的误差。如果各量程误差不等,则分别调节各量程的专用分流电阻即可,各量程互无影响。

图 8-5(c)中的测量线路基本与图 8-5(a)相同,只是在测量线路中,增加了几个附加电阻,供测量交流电压用。在测量交流电压时,不用互感器,另外接线测量。电压量程的误差调整,只要增加或减少附加电阻,便可消除误差。

8.1.4　常用钳形电流表的功能及参数

早期的普通钳形电流表只具有电流测量的单一功能,现在使用得比较多的是多功能钳形电流表,一般具有测量交流电流、交流电压和电阻的功能,有的还具有测量直流电流的功能。

下面介绍几款比较常用的钳形电流表的功能及主要技术参数,可供大家在选用时参考。

1. F310 系列钳形电流表

F310 系列钳形电流表如图 8-6 所示，其功能及主要技术参数见表 8-2。

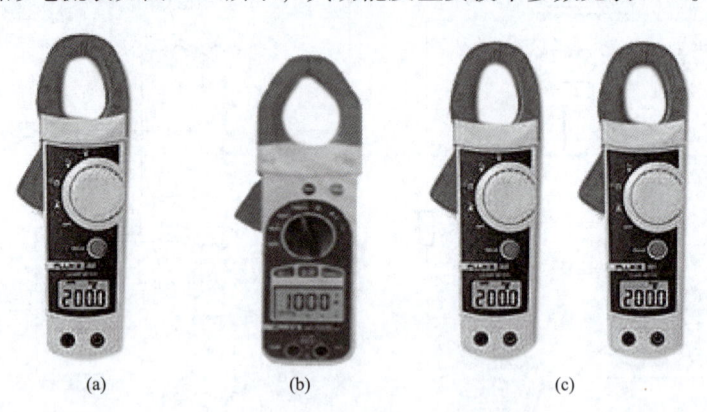

图 8-6　F310 系列钳形电流表
(a) F312 型；(b) F316 型；(c) F318 型

表 8-2　　　　　F310 系列钳形电流表的功能及主要技术参数

测量项目		F312 型	F316 型	F318 型
功　能		交流电流 交流电压 直流电压 电阻测量 接触保持 峰值测量 自动关机 通断测试 二极管测试 模拟指针	交流电流 交流电压 直流电压 电阻测量 接触保持 峰值测量 自动关机 通断测试 二极管测试 模拟指针 直流电流 最大、最小值 相对模式	交流电流 交流电压 直流电压 电阻测量 接触保持 峰值测量 自动关机 通断测试 二极管测试 模拟指针 直流电流 最大、最小值 相对模式 真有效值
交流电流	量程（A）	40，400，1000	40，400，1000	40，400，1000
	分辨率（A）	0.001，0.01，1	0.001，0.01，1	0.001，0.01，1
	准确度（字）	1.9%±5	1.9%±5	1.9%±5
直流电流	量程	—	40，400，1000	40，400，1000
	分辨率（A）	—	0.001，0.01，1	0.001，0.01，1
	准确度（字）	—	2.5%±10	2.5%±10

续表

测量项目		F312 型	F316 型	F318 型
交流电压	量程	400，750	400，750	400，750
	分辨率（V）	0.1，1	0.1，1	0.1，1
	准确度（字）	1.2%±2	1.5%±5	1.5%±5
交流电压	量程	400，750	400，750	400，750
	分辨率（V）	0.1，1	0.1，1	0.1，1
	准确度（字）	1.2%±2	1.5%±5	1.5%±5
直流电压	量程	400，1000	400，1000	400，1000
	分辨率（V）	0.1，1	0.1，1	0.1，1
	准确度（字）	0.75%±2	1%±2	1%±2
电阻	量程	400，4000	400，4000	400，4000
	分辨率（Ω）	0.1，1	0.1，1	0.1，1
	准确度（字）	1%±3	1%±3	1%±3

2. UT222 型数字钳形电流表

UT222 型数字钳形电流表如图 8-7 所示，其功能及主要技术参数见表 8-3。

表 8-3　　UT222 数字钳形电流表的功能及主要技术参数

基本功能	量程	基本精度（字）
直流电压	400mV～600V	±（0.7%+2）
交流电压	400mV～600V	±（1.5%+5）
直流电流	400A，600V	±（1.5%+2）
交流电流	400A，600V	±（1.9%+2）
电阻	400Ω～40MΩ	±（0.9%+3）
交流真有效值	√	—
音响通断	√	—
数字保持	√	—
峰值保持	√	—
自动调零	直流电流	—
自动关机	√	—
600V 过载保护	√	—

注　"√"表示有此功能。

图 8-7　UT222 型数字电流钳形表

3. DT-330 型交流自动量程钳形电流表

DT-330 型交流自动量程钳形电流表如图 8-8 所示，它的分辨率为 1mA，具有测量交流电流（2~400A）、直流电压、交流电压、电阻、二极管、短路蜂鸣、带背光显示等功能。其功能及主要技术参数见表 8-4。

表 8-4　DT-330 型交流自动量程钳形电流表的功能及主要技术参数

功　能	量　程	基本精确度（字）
交流电流	2.000A	±（2%+10）
交流电流	20.00A	±（2%+4）
交流电流	200.0A	±（2%+5）
交流电流	400A	±（3%+5）
直流电压	200mV，2V，20V，200V，600V	±（0.5%+1）
交流电压	200mV，2V，20V，200V，600V	±（1.5%+2）
电阻	200Ω，2kΩ，20kΩ，200kΩ，2MΩ，20MΩ	±（0.5%+1）
短路测试	导通电路在 30Ω 时蜂鸣会发出声音	
二极管	测试电流 0.4mA，开路电压 1.5V	

图 8-8　DT-330 型钳形电流表

8.1.5　钳形电流表的使用

1. 指针式钳形电流表

（1）机械调零。测量前，应检查表针在静止时是否指在机械零位，若不指刻度线左边的"0"位上，应进行机械调零。指针式钳形电流表机械调零的方法与指针式万用表相同，如图 8-9 所示。

（2）检查钳口。

1）检查钳口的开合情况，要求钳口开合自如（见图 8-10），钳口两个结合面应保证接触良好。

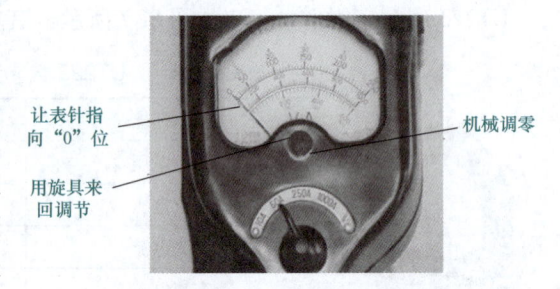

图 8-9　指针式钳形电流表机械调零

图 8-10　检查钳口的开合情况

2）检查钳口上是否有油污和杂物，若有，应用汽油擦干净；如果有锈迹，应轻轻擦去，如图8-11所示。

（3）量程选择。

1）测量前，应根据负载电流的大小先估计被测电流的数值，选择合适的量程。

2）先选用较大量程进行测量，然后再根据被测电流的大小减小量程，让示数超过刻度的1/2，以获得较准确的读数，如图8-12所示。

以上两种方法均可采用，对于初学者，建议采用第二种方法选择量程。值得注意的是，转换量程时，必须将钳口打开，在钳形电流表不带电的情况下，才能转换量程开关。

图8-11 检查钳口上有无油污和杂物

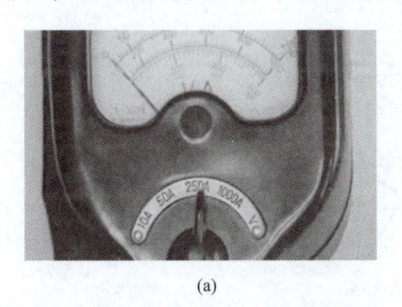

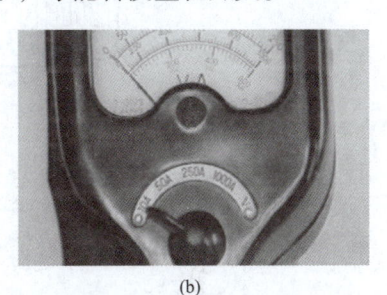

图8-12 按照从大到小顺序选择量程
（a）250A量程；（b）10A量程

（4）钳入导线并进行测量。

1）在进行测量时，用手捏紧扳手，使钳口张开，被测载流导线的位置应放在钳口中心位置，以减少测量误差，如图8-13所示。然后，松开扳手，使钳口（铁心）闭合，表头即有指示。注意，钳口要紧密接触，如遇有杂音，可检查钳口是否清洁，或者重新开口一次，再闭合。测量时，每次只能钳入一根导线（相线、中性线均可）。对于双绞线，要将它分开一段，然后钳入其中的一根导线进行测量，如图8-14所示。测量低压母线电流时，测量前应将相邻各相导线用绝缘板隔离，如图8-15所示，以防钳口张开时可能引起的相间短路。

2）测量5A以下的电流时，如果钳形电流表的量程较大，在条件许可时，可把导线在钳口上多绕几圈（见图8-16），然后测量并读数。此时，线路中的实际电流值为所读数值除以穿过钳口内侧的导线匝数。测量低压母线电流时，测量前应将相邻各相导线用绝缘板隔离，以防钳口张开时可能引起的相间短路。

3）判别三相电流是否平衡时，在条件许可的情况下，可将被测三相电路的三根相线同方向同时钳入钳口中（见图8-17），若钳形电流表的读数为零，则表明三相负载平衡；若钳形电流表的读数不为零，说明三相负载不平衡。

2. 数字式钳形电流表的使用

数字式钳形电流表具有自动量程转换（小数点自动移位）、自动显示极性、数据保持、过量程指示等功能，有的还具有测量电阻、电压、二极管及温度等功能。

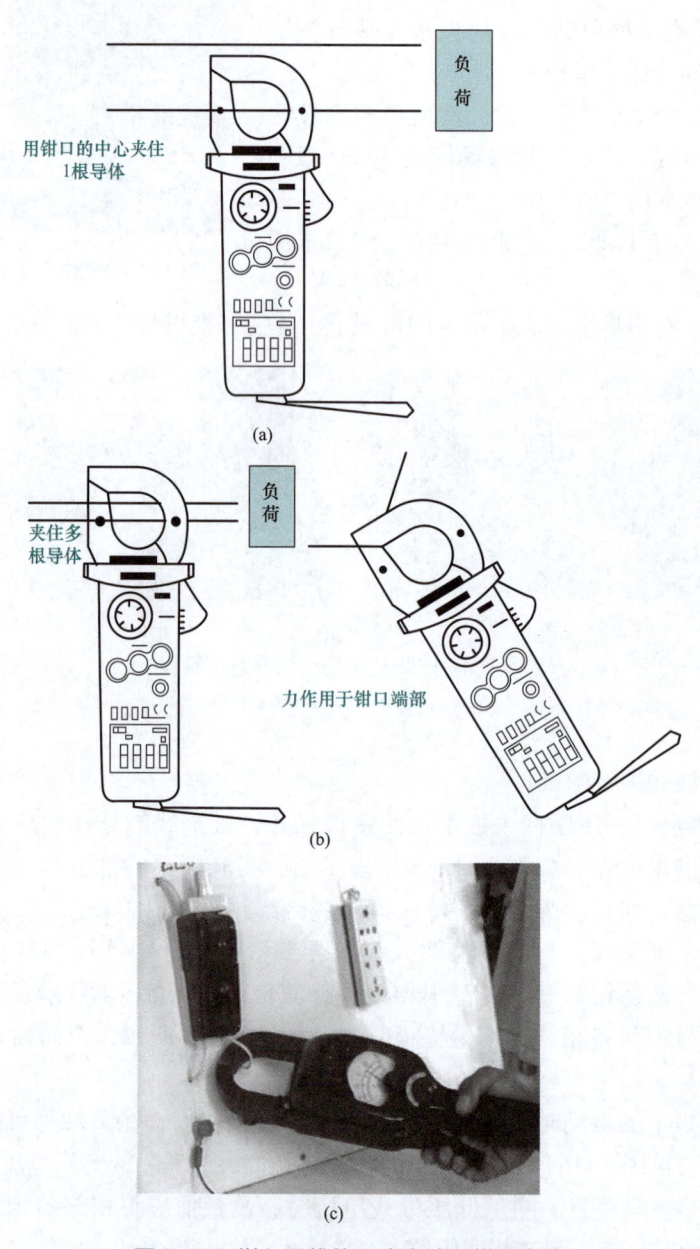

图 8-13 钳入导线的正确方法和错误方法
(a) 正确检测方法；(b) 错误检测方法；(c) 实图

第 8 章　电工测量仪表一丝不苟

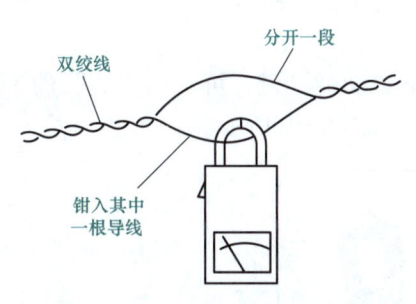

图 8-14　测量双绞线电流的方法

图 8-15　测量低压母线电流

图 8-16　测量 5A 以下电流的方法

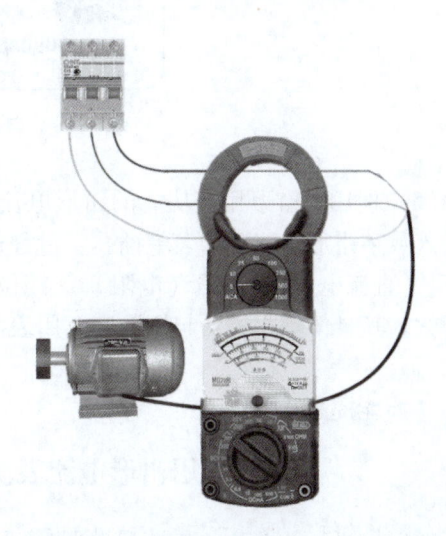

图 8-17　钳形电流表测量三相电流示意

使用数字式钳形电流表，读数更直观、使用更方便，其使用方法及注意事项与指针式钳形电流表基本相同，下面仅介绍在使用过程可能遇到的几个常见问题：

（1）在测量时，如果显示的数字太小，如图 8-18（a）所示，说明量程过大，可转换到较低量程后重新测量。

（2）如果显示过载符号，如图 8-18（b）所示，说明量程过小，应转换到较高量程后重新测量。

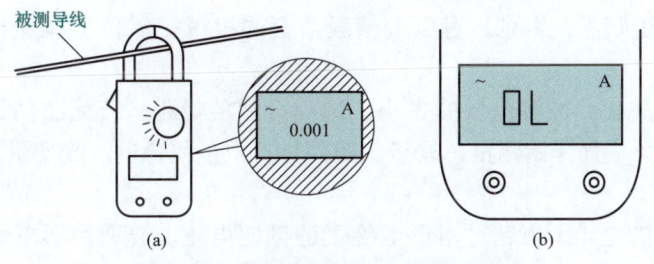

图 8-18　量程选择不恰当的两种情况
（a）量程太大；（b）量程过小

185

(3) 不可在测量过程中转换量程，应将被测导线退出铁心钳口，或者按住"功能"键3s关闭数字钳形电流表电源，然后再转换量程。

(4) 如果需要保存数据，可在测量过程中按一下"功能"键，可听到"嘀"的一声提示声，此时的测量数据就会自动保存在LCD显示屏上，如图8-19所示。

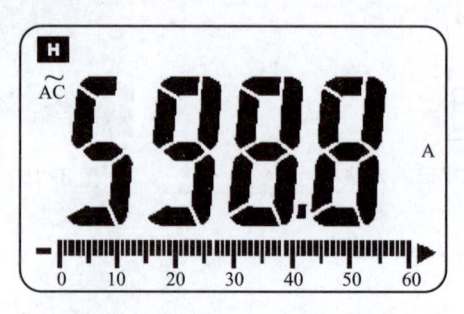

图8-19 自动保存数据在显示屏上

(5) 使用具有万用表功能的钳形电流表测量电路的电阻、交流电压、直流电压，将表笔插入数字钳形电流表的表笔插孔，量程选择开关根据需要分别置于"V~"（交流电压）、"V-"（直流电压）、"Ω"（电阻）等挡位，用两支表笔去接触被测对象，LCD显示屏即显示读数。其具体操作方法与用数字万用表测量电阻、交流电压、直流电压一样。

技能提高

用钳形电流表测量电动机的起动电流

如果用钳形电流表测量电动机的起动电流，则应先把它的电流挡调大一些（为电动机额定电流值的10倍左右），然后把钳形电流表钳口套入电线，在起动电动机的一瞬间，指针所指的读数就是该电动机的起动电流值。

8.1.6 使用钳形电流表的注意事项

钳形电流表携带方便，无需断开电源和线路即可直接测量运行中电气设备的电流，以便及时了解设备的工作状况。使用钳形电流表应注意以下问题：

(1) 测量前首先必须熟悉钳形电流表面板上各种符号、数字所代表的含义，然后检查钳形电流表表针是否归零，否则，可以调整表盖上的机械"零位"调整器，让表针恢复到"零位"。

(2) 测量前应先估计被测电流的大小，选择合适的量程。若无法估计，为防止损坏钳形电流表，应从最大量程开始测量，逐步变换挡位直至量程合适。改变量程时应将钳形电流表退出。

(3) 被测电路的电压不可超过钳形电流表的额定电压。普通钳形电流表不能测量高压电气设备。

(4) 为减小误差，测量时，被测导线应尽量位于钳口的中央。

(5) 测量时，钳形电流表的钳口应紧密接合，若指针抖晃，可重新开闭一次钳口；如果抖晃仍然存在，应仔细检查，注意清除钳口杂物、污垢，然后进行测量。

(6) 测量小电流时，为使读数更准确，在条件允许时，可将被测载流导线绕数圈后放入钳口进行测量。此时，被测导线实际电流值应等于仪表读数值除以放入钳口的导线圈数。

(7) 某些型号的钳形电流表设置有交流电压测量功能，测量电流、电压时应分别进行，不能同时测量。

(8) 当电池电量变低时，数字式钳形电流表的显示屏上会显示"BATT"，此时要更换新电池，如图 8-20 所示。

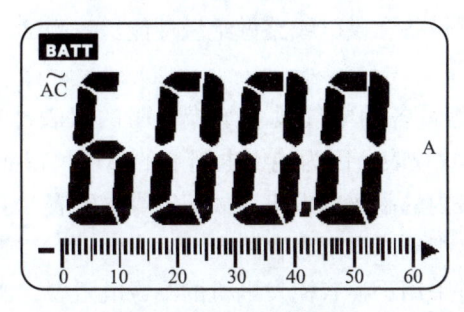

图 8-20　电池电量变低

(9) 由于钳形电流表需要在带电情况下测量，因此，使用时应注意测量方法的正确性，特别是要注意人身安全和设备安全。

(10) 测量结束，应将量程开关置于最高挡位，以防下次使用时疏忽，未选准量程进行测量而损坏仪表。

> **指点迷津**
>
> 钳形电流表使用口诀
> 不断电路测电流，电流感知不用愁。
> 测流使用钳形表，方便快捷数一流。
> 钳口开合应自如，清除油污和杂物。
> 未知电流选量程，从大到小要适当。
> 导线置于钳口中，钳口闭合可读数。
> 测量母线防短路，测量小流线缠绕。
> 带电测量要细心，安全距离不可小。
> 不能测试高压电，尽量别测裸导线。

8.2 绝缘电阻表

在各种电气设备及供电线路中,绝缘材料绝缘性能的好坏,直接关系到电气设备的正常运行和操作人员的人身安全。而表明电气设备绝缘性能好坏的一个重要指标,就是绝缘电阻值的大小。绝缘电阻是指用绝缘材料隔开的两部分导体之间的电阻。绝缘材料在使用中,由于发热、污染、锈蚀、受潮及老化等原因,其绝缘电阻值将降低,进而可能造成漏电或短路事故,因此必须定期对电气设备和供电线路做绝缘性能检查测试,以确保其正常工作,预防事故的发生。

绝缘电阻表就是用来测量各种电气设备绝缘电阻的仪表,它是专门用来测量大电阻(主要是绝缘电阻)的直读式仪表。因为绝缘电阻表的标度尺以兆欧为单位,又因为老式绝缘电阻表使用时需要摇动表内的手摇发电机,故把绝缘电阻表习惯上称为摇表。由于绝缘电阻表的单位为兆欧,人们又把绝缘电阻表称为兆欧表。

按照工作原理分类,有采用手摇直流发电机的绝缘电阻表,如 ZC25 型、ZC11 型等,还有采用晶体管电路的绝缘电阻表,如 ZC14 型、ZC30 型等。按照读数方式分类,有指针式绝缘电阻表和数字式绝缘电阻表。

选用绝缘电阻表,通常从选择绝缘电阻表的电压和测量范围这两方面来考虑。一般情况下,额定电压在 500V 以下的设备,应选用 500V 或 1000V 的绝缘电阻表;额定电压在 500V 以上的设备,选用 1000~2500V 的绝缘电阻表。指针式表的表盘刻度线上有两个小斑点,小斑点之间的区域为正确测量区域。所以在选表时,应使被测设备的绝缘电阻值在正确测量区域内。对于绝缘电阻值比较小的设备,选用数字式绝缘电阻表读数比较方便。

指点迷津

绝缘电阻表选用口诀
绝缘电阻表选用,电压、范围两方面。
压高压低不一般,测量范围不超限。
量程对值要超前,多种区别记心间。
五百以下小表选,五百以上大表揽。
阻值较小用数显,读数精确又方便。

8.2.1 手摇式绝缘电阻表

1. 绝缘电阻表的外部组成

手摇发电机式绝缘电阻表的外部主要由表盖、接线柱、刻度盘、提把、发电机手柄等组成，如图 8-21 所示。

刻度盘上有一条以"MΩ"为单位的刻度线，刻度线的一端为"∞"，另一端为"0"，有效读数范围为 0.1～500MΩ，如图 8-22 所示。

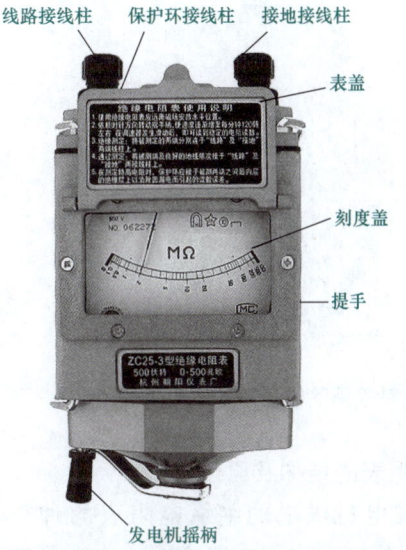

图 8-21　绝缘电阻表的外部组成

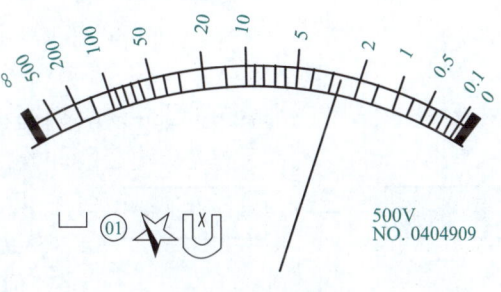

图 8-22　刻度盘

绝缘电阻表上有 3 个接线柱，分别为线路（L）、接地（E）和屏蔽（G），如图 8-23 所示。

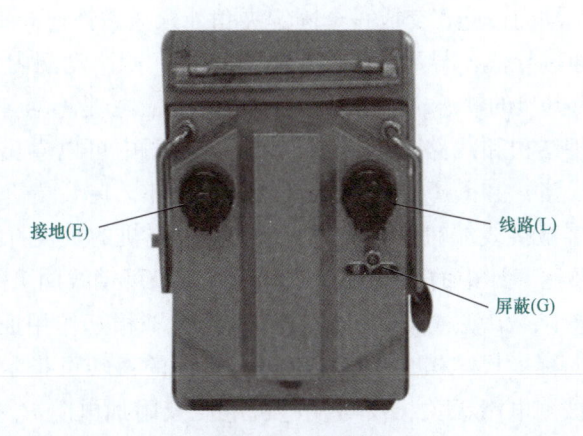

图 8-23　接线柱

一般在绝缘电阻表的表盖内侧印刷有使用说明，对于初学者来说，这个简单的说明书很实用，初学者必须认真阅读。

由于绝缘电阻表中没有产生反作用力的游丝等定位装置，所以绝缘电阻表在不工作的状态下，表针没有固定的位置，即可停留在任意位置，但在正常放置（水平）条件下，指针一般指在标度尺中间位置附近，如图 8-24 所示。

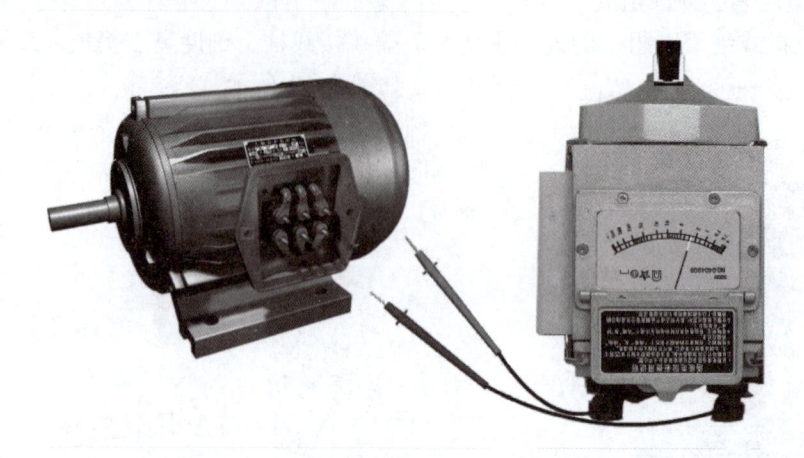

图 8-24 非工作状态下绝缘电阻表指针停留的位置

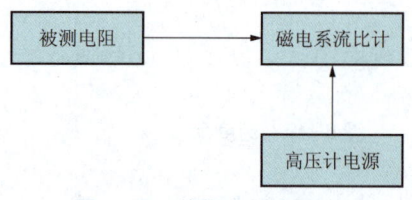

图 8-25 绝缘电阻表组成

2. 绝缘电阻表的结构及原理

虽然手摇发电机供电的绝缘电阻表的种类很多，但基本结构相同，内部电路主要由磁电系流比计和高压计电源（常用手摇发电机或晶体管电路产生）组成，如图 8-25 所示。

磁电系比率计由磁路部分、电路部分、指计等组成。磁路部分由永久磁铁、极掌、圆柱形铁心等构成。电路部分由两个可动的线圈（称之为动圈）构成。两个动圈彼此相交成一个固定夹角，永久磁铁连同指针固定在同一轴上。可动线圈中的电流是通过导流丝导入的，当通入电流后，两个动圈内部的电流方向是相反的。此外，动圈内是有开口的铁心，所以磁路空气隙内的磁场是不均匀的。

绝缘电阻表的原理结构和线路如图 8-26 所示。从图中可以看出，被测的电阻 R_x 接于绝缘电阻表的 L（线路）和 E（接地）端钮之间，另外，在 L 端钮外圈还有一个铜质圆环，叫保护环，又称屏蔽接线端钮，符号为 G，它与发电机的负极直接相连。被测绝缘电阻 R_x 与附加电阻 R_c 及比率计中的可动线圈 1 串联，流过可动线圈 1 的电流 I_1 与被测电阻 R_x 的大小有关。R_x 越小，I_1 就越大，磁场与可动线圈 1 相互作用而产生的转动力矩 M_1 也就越大，指针就越向标度尺"0"的方向偏转。指针的偏转可指示出被测电阻的数值。可动线圈 2 的电流与被测电阻无关，仅与发电机电压及附加电阻 R_v 有关，它与磁场相互作用而产生的力矩 M_2 与 M_1 相反，相当于游丝的反作用力矩，使指针稳定，从而指示出被测电阻值。

绝缘电阻表标度尺的刻度是不均匀的，测量范围是 0~∞，但实际上这是不可能的，在其标度尺上只有部分刻度能有较为准确的读数，如 0~100、0~250、0~500MΩ 等。

绝缘电阻表由手摇发电机产生的电压是很不稳定的，所发出电压的高低与摇动手柄的速

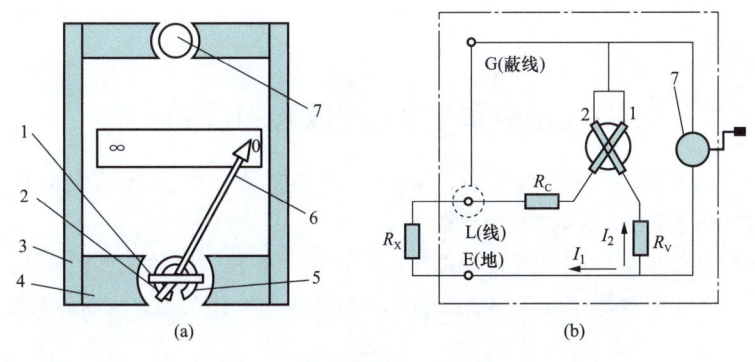

图 8-26 绝缘电阻表
（a）原理结构；（b）线路
1，2—可动线圈；3—永久磁铁；4—极掌；5—有缺口的圆环铁心；
6—指针；7—手摇发电机；R_C、R_V—附加电阻 R_X—被测电阻

度有关。若电压太低，即手摇速度过慢，则发电机产生的电压太低，将使两个线圈产生力矩减小，此时由于通电用导流丝有一定的弹性力矩，这一力矩将对可动部分有一定影响，因此测量结果就会产生误差。同时，发电机产生的电压达不到额定值，其测出的绝缘电阻是不符合要求的。所以，在使用时应保持 120r/min 的额定转速，不能在摇测时忽快忽慢。有些绝缘电阻表内部装有限速装置，能限制发电机转速，并使之以恒速转动，以保证测量的准确性。

测量电缆绝缘电阻时，因其绝缘材料表面易产生漏电流，所以需要使用绝缘电阻表的 G 端子。

3. 绝缘电阻表的主要功能

绝缘电阻表主要用于测量各种电机、电缆、变压器、家用电器、工农业电气设备和配送电线路的绝缘电阻，以及测量各种高阻值电阻器等。

绝缘电阻表所能测量的绝缘电阻或高阻值电阻的范围，与其所发出的直流电压的高低有关，直流电压越高，能测量的绝缘电阻就越高。例如，常见的 ZC25 系列绝缘电阻表，4 款型号的额定电压与测量范围的关系见表 8-5。

表 8-5 ZC25 系列绝缘电阻表的额定电压与测量范围

型号	额定电压（V）	测量范围（MΩ）	应 用 举 例
ZC25-1	100	0~100	普通的电线、电缆、线圈和其他对绝缘要求不高的器件
ZC25-2	250	0~250	普通的电线、电缆、线圈和其他对绝缘要求不高的器件
ZC25-3	500	0~500	电机、线圈、电缆、普通变压器、家用电器、工农业电气设备的绝缘电阻
ZC25-4	1000	0~1000	电力变压器、电机绕组、刀闸、电线等

> 知识链接

用绝缘电阻表和万用表测量绝缘电阻的区别

绝缘电阻表是专门用来测量绝缘的,如给电动机测量,因为它能输出几百伏以上的高压,能够比较准确地测量电器的绝缘程度。

万用表输出的电压很低,即使是指针式万用表的 $R \times 10k$ 挡输出的电压也不高,用于测量一些低电压的普通电器绝缘电阻是可以的,但无法准确测量额定工作电压比较高的电器的绝缘程度。

8.2.2 数字式绝缘电阻表

数字式绝缘电阻表没有手摇发电机,用电池作为电源,测量结果采用液晶屏幕显示数字。数字式绝缘电阻表具有量程宽广、自动化程度高、使用操作简便、读数显示直观、体积小、重量轻等特点,目前应用这种仪表的电工越来越多。

数字绝缘电阻表的型号很多,其基本功能和工作原理相似,下面以胜利 VC60B$^+$ 智慧型数字绝缘电阻表为例进行介绍。

1. VC60B$^+$ 智慧型数字绝缘电阻表的面板结构

图 8-27 所示为 VC60B$^+$ 智慧型数字绝缘电阻表的外形,它由显示屏、控制面板和接线插孔等部分组成。

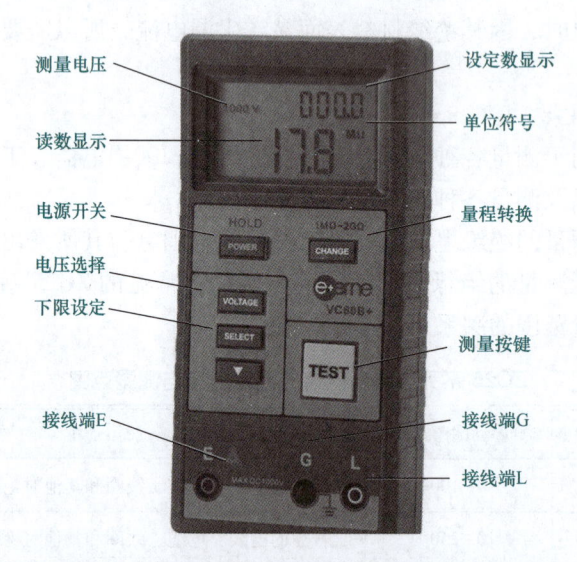

图 8-27 VC60B$^+$ 智慧型数字绝缘电阻表的外形

(1) 显示屏。VC60B$^+$ 型为 3$\frac{1}{2}$ 数字绝缘电阻表,LCD 显示屏最大显示数为 1999,除了显示测量结果读数外,显示屏还同时显示读数的单位符号、测量电压、下限报警设定数等信息。

(2)控制面板。表的中间部分是控制面板，主要包括设置和操作键，这些按键都属于轻触型按键，使用时用力不能太大，如图 8-28 所示。

图 8-28　VC60B⁺智慧型数字绝缘电阻表的控制面板

(3)接线插孔。在控制面板的下面部分是 L、E、G 三个接线插孔，如图 8-29 所示。

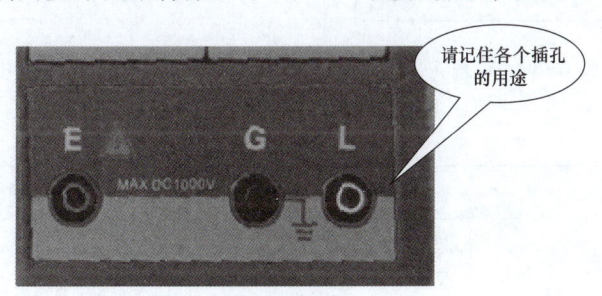

请记住各个插孔的用途

图 8-29　接线插孔

VC60B⁺智慧型数字绝缘电阻表采用 6 节 1.5V 五号电池作为电源，具有 250V/500V/1000V 三种测量电压选择，绝缘电阻有 200MΩ/2000MΩ 两个量程，其测量范围见表 8-6，基本上可满足绝大多数场合的测量需要。

表 8-6　　　　　　　　　VC60B⁺智慧型数字绝缘电阻表的测量范围

量程挡位	测量电压（V）	测量范围（Ω）	分辨率（MΩ）	中值电阻（MΩ）
200MΩ	250	5～199.9M	0.1	2
	500	10～199.9M	0.1	2
	1000	20～199.9M	0.1	5
2000MΩ	250	5～500M	1	2
	500	10M～1G	1	2
	1000	10M～1.999G	1	5

2. VC60B⁺智慧型数字绝缘电阻表的使用

（1）一般测量的方法。

1）第 1 步。数字绝缘电阻表的接线方法与指针式绝缘电阻表相同。连接好被测对象后，首先按一下 POWER 键，接通数字绝缘电阻表的电源，这时 LCD 显示屏读数区显示"----"（表示未测量），设定数区显示"0000"（表示没有设定数），如图 8-30 所示。

2）第 2 步。根据测量需要选择测量电压，通过 VOLTAGE 键可以选择 250、500V 和 1000V，显示屏的测量电压区有指示，如图 8-31 所示。不同的测量对象需要不同的测量电压，可参考表 8-7 进行选择。

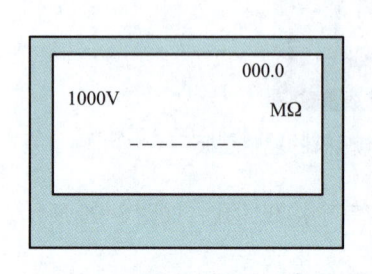

图 8-30　设置 1

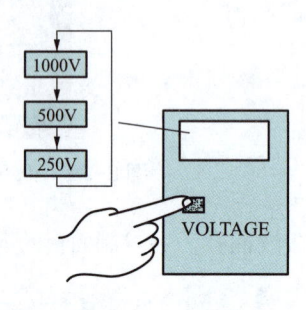

图 8-31　设置 2

表 8-7　　　　　　　　　数字绝缘电阻表测量电压选择　　　　　　　　　　V

被测对象	被测对象的额定电压	绝缘电阻表的测量电压
线圈的绝缘电阻	<500	500
	≥500	1000
电动机绕组的绝缘电阻	<500	1000
	≥500	1000~2500
变压器绕组的绝缘电阻	<500	500~1000
	≥500	1000~2500
电气设备的绝缘电阻	<500	500~1000
	≥500	1000~2500

3）第 3 步。根据测量需要选择量程，通过按动 CHANGE 键，量程将在 200MΩ 和 2GΩ 之间转换，显示屏单位符号区分别显示"MΩ"和"GΩ"，小数点也自动移位，如图 8-32 所示。

4）第 4 步。按住 TEST 键，显示屏读数区显示测量结果，如图 8-33 所示。如果显示"OL"，说明被测电阻已超过该量程，应转换到下一个高量程后再测量。

图 8-32　设置 3

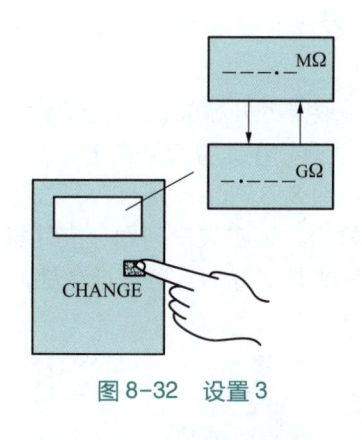

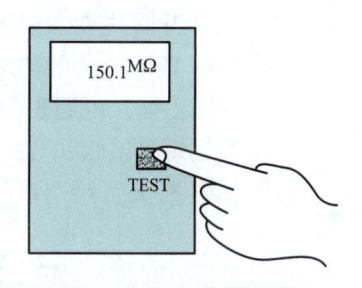

图 8-33　显示测量结果

（2）自动测量的方法。测量时，如果按住 TEST 键 5s 以上，即进入自动测量状态，这时松开 TEST 键，数字绝缘电阻表仍继续测量，显示屏读数区继续显示测量结果，直至再次按一下 TEST 键时才结束测量。自动测量功能方便在较长时间内的连续测量。

注意：在测试或进入自动测试状态后，仪表内部有高压输出，要避免接触测试夹的裸露金属部分。

（3）设定下限报警数据的方法。接通数字绝缘电阻表电源并选定量程后，按下下限设置键 SELECT 进入设定状态，显示屏右上角的设定数"0000"的左起第一位"0"开始闪烁，这时可按动▼键改变其数值。第一位设置好后，再按一下 SELECT 键，第二位"0"闪烁，并按动▼键改变其数值。依次设置好第三位、第四位的数值，然后按住 SELECT 键 3s 以上退出设定状态。图 8-34（a）所示为在 200MΩ 设定下限报警值为 10MΩ，图 8-34（b）所示为在 2GΩ 设定下限报警值为 100MΩ（0.1GΩ）。

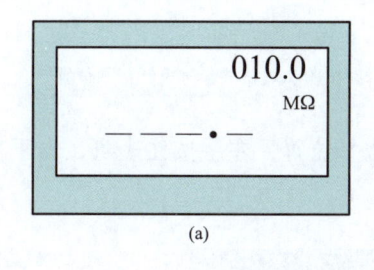

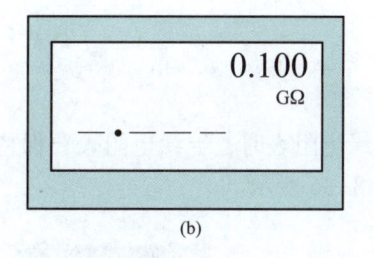

图 8-34　设定下限报警数据
(a) 在 200MΩ 设定下限报警值；(b) 在 2GΩ 设定下限报警值

如果设定了下限报警值，测量中，若被测绝缘电阻小于该设定数值，则显示屏显示"LO"，同时蜂鸣器发出报警声。要退出下限报警测量状态，按动 CHANGE 键转换量程或按动 POWER 键关机后重新开机即可。

8.2.3　手摇式绝缘电阻表的使用

1. 校表

（1）短路试验（校零点）。将线路、地线短接，慢慢摇动手柄，若发现表针立即指在零点处，则立即停止摇动手柄，说明表是好的，表的零点读数是正确的，如图8-35（a）所示。

（2）开路试验（校无穷大）。将线路、地线分开放置后，先慢后快逐步加速，以约120r/min的转速摇动手柄，待表的读数在无穷大处稳定指示时，即可停止摇动手柄，说明表的无穷大无异常，如图8-35（b）所示。

经过短路试验和开路试验两个步骤的检测，证实表没问题，表针指示状态如图8-35（c）所示，说明该绝缘电阻表是完好的，可进行测量。

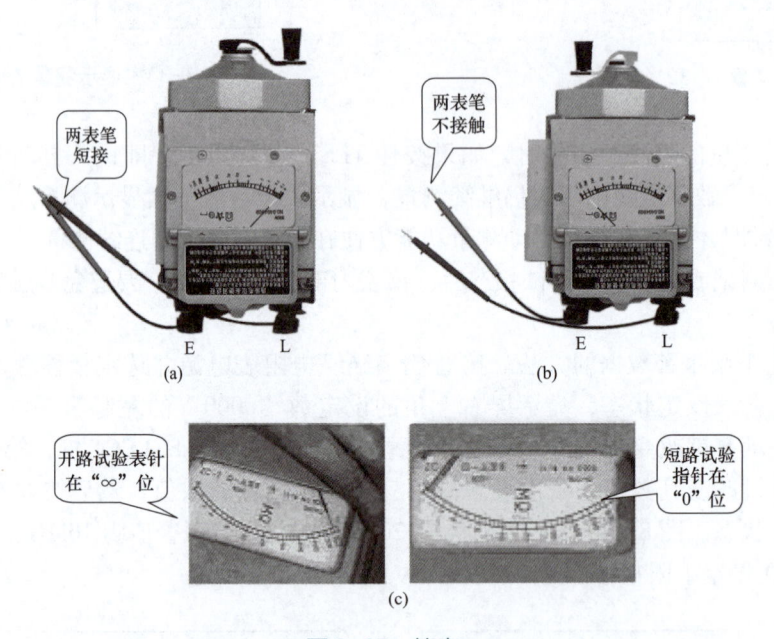

视频8.2 绝缘电阻表的使用

图8-35 校表
(a) 短路试验；(b) 开路试验；(c) 开路试验和短路试验时表针指示位置

在使用绝缘电阻表时，绝缘电阻表要保持水平位置，左手按住表身，右手摇动绝缘电阻表摇柄，如图8-36所示。

图8-36 摇动发电机摇柄的方法

2. 正确接线

测量对象不同,接线方法也有所不同。测量绝缘电阻时,一般只用线路 L 端子和地线 E 端子。

(1)测量电动机绕组绝缘电阻时,将 E、L 端子分别接于被测的两相绕组上,如图 8-37 所示。

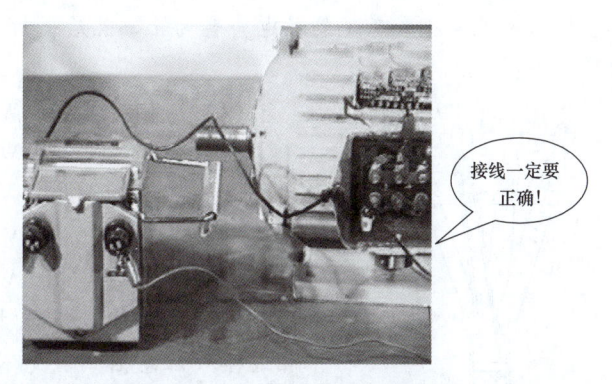

图 8-37 测量电动机绕组绝缘电阻的接线方法

(2)测量低压线路时,将 E 端子接地线,L 端子接到被测线路上,如图 8-38 所示。

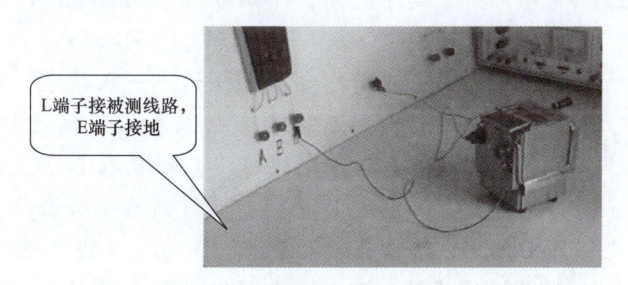

图 8-38 测量低压线路绝缘电阻的接线方法

(3)测量电缆对地绝缘电阻或被测设备的漏电流较严重时,G 端子接屏蔽层或外壳,L 端子接线芯,E 端子接外皮,如图 8-39 所示。G 端子接屏蔽层或外壳的作用是消除被测对象表面漏电造成的测量误差。

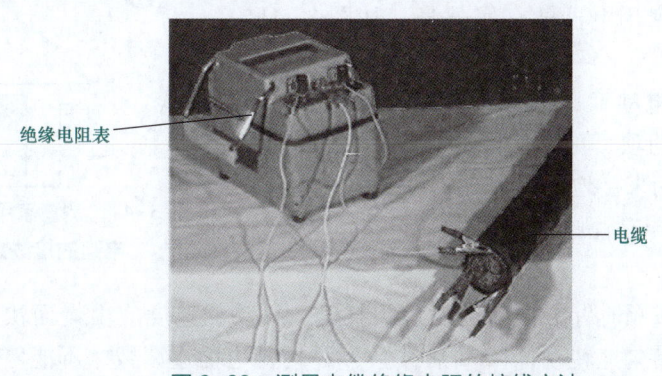

图 8-39 测量电缆绝缘电阻的接线方法

> **知识链接**

1kV 电力电缆绝缘电阻的测量方法

对于已退出运行的电力电缆,应先将线芯对地放电,然后相间放电。电缆越长,放电时间也要越长,直到看不见火花或听不到放电声音为止。然后,拆除电缆两端与设备或线路的接线。测量项目如下:

(1) U 相对 V 相、W 相、N 线及外皮。
(2) V 相对 U 相、W 相、N 线及外皮。
(3) W 相对 U 相、V 相、N 线及外皮。
(4) N 线对 U 相、V 相、W 相及外皮。

摇测 U 相对 V 相、W 相、N 线及外皮的绝缘电阻接线如图 8-40 所示。绝缘电阻表的 L 端子应与 U 相连接(注意摇测前先不接,而是用绝缘杆将 L 线挑起);V 相、W 相与 N 线用裸导线封接后与电缆的金属外皮连接。同时,绝缘电阻表的 E 端子也接在金属外皮上,G 端子与 U 相绝缘皮外绕的裸导线连接。

摇测时要两人操作,一人摇表,一人去搭接 L 线。一人先将绝缘电阻表摇到额定转速 120r/min,另一人通过绝缘杆将 L 线接在 U 相上,绝缘电阻表指针稳定 1min 后读数,然后先将 L 线撤下再停止摇表。停摇后 U 相要对地放电,然后按此方法步骤测量 V 相、W 相、N 线对地的绝缘电阻。

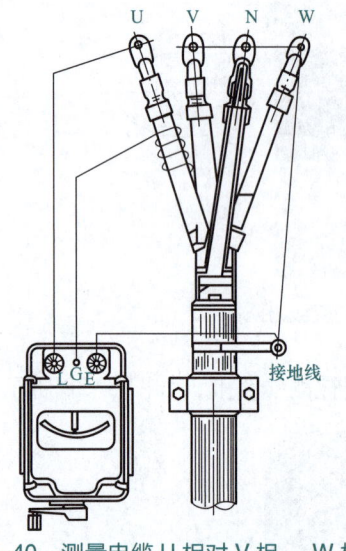

图 8-40 测量电缆 U 相对 V 相、W 相、N 线及外皮绝缘电阻的接线

测量 1kV 电力电缆应选用 1000V 的绝缘电阻表,其绝缘电阻合格值是,在电缆长度为 500m 及以下、电缆温度为 20℃ 时,应不低 10MΩ。

(4) 测量某些家用电器(如电冰箱、洗衣机、电风扇等)的绝缘电阻时,L 端子接被测家用电器的电源插头,E 端子接该家用电器的金属外壳,如图 8-41 所示。

(5) 测量手持式电动工具的绝缘电阻选用 500V 绝缘电阻表,根据检测的项目可按照图 8-42 所示正确接线。将绝缘电阻表上用来接地的 E 端子与手持式电动工具的外壳相接,L 端子与所测试绕组相接。

图 8-41 测量家用电器绝缘电阻的接线方法

3. 测试

线路接好后,可按顺时针方向转动发电机摇柄,摇动的速度应由慢而快,当转速达到 120r/min 左右时,保持匀速转动,1min 后读数,并且要边摇边读数,不能停下来读数,如图 8-43 所示。

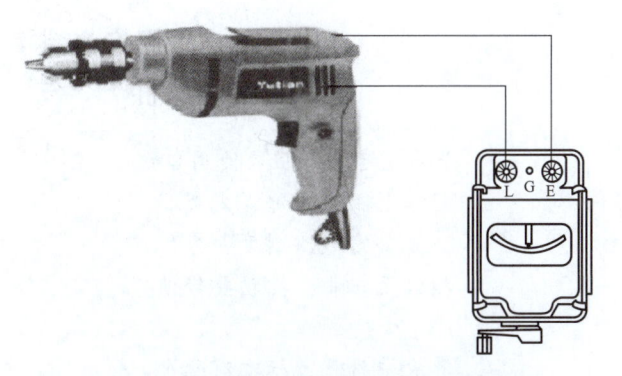

图 8-42 绝缘电阻表测量手电钻绝缘电阻的接线

图 8-43 边摇边读数

特别注意：在测量过程中，如果表针已经指向了"0"，此时不可继续用力摇动手柄，以防损坏绝缘电阻表。

4. 拆除连接线

测量完毕，待绝缘电阻表停止转动和被测物接地放电后，才能拆除连接导线，如图 8-44 所示。

图 8-44 拆除连接导线

> **指点迷津**
>
> 手摇式绝缘电阻表使用口诀
> 绝缘电阻表,外观先查验。
> 玻壳要完好,刻度易分辨。
> 指针无扭曲,摆动要轻便。
>
> 其次校验表,标准有两个。
> 短路试验时,指针应指零。
> 开路试验时,针指无穷大。
>
> 第三是接线,分清被测件。
> 三个接线柱,必用L和E。
> 若是测电缆,还要接G柱。
>
> 为了保安全,以下要注意。
> 引线要良好,禁止线绕缠。
> 进行测量时,勿在雷雨天。
> 测量线路段,必须要停电。
>
> 电容及电缆,测前先放电。
> 仪表放水平,远离磁场电。
> 匀速顺时摇,一百二十转。
> 摇转一分钟,读数才能算。
> 测量完成后,放电拆接线。

8.2.4 电池供电式绝缘电阻表的使用

1. 零位校准

对于采用电池供电的指针式绝缘电阻表,将功能选择开关置ON位置,调节机械调零螺钉使表针校准到标度尺的无穷大分度线上,如图8-45所示。

数字绝缘电阻表只要电池电量充足,可省去"零位校准"步骤。但当表头左上角显示欠电压符号时,则应对可充电电池组进行充电维护。

2. 测试

(1)将E端子接被测物的接地端,L端子接被测物的线路端。

图 8-45 零位校准

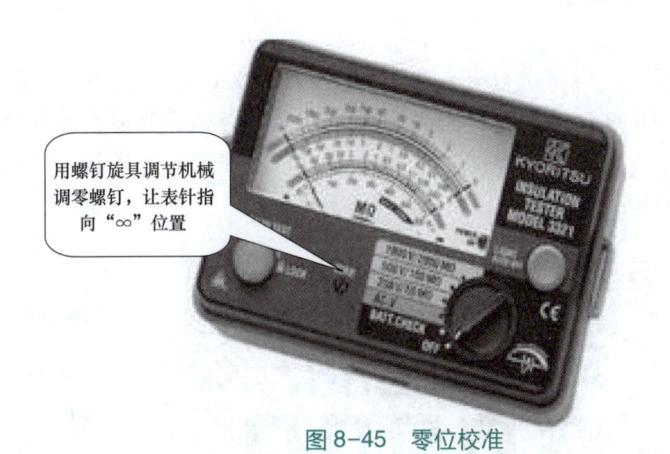

（用螺钉旋具调节机械调零螺钉，让表针指向"∞"位置）

（2）将功能选择开关置所需的额定电压位（双电压机型将选择开关置所需的额定电压位，单电压机型将选择开关置所需的测量量程位），表盘左上角的电源指示点亮（若为数字式绝缘电阻表，则屏幕首位显示"1"），表示工作电源接通，如图 8-46 所示。

（3）按一下高电压开关按钮，高电压指示点亮，表针在相应测试电压的刻度及相应量程上指示被测物的绝缘电阻值。

对于数字式绝缘电阻表，被测物的绝缘电阻值直接在屏幕上显示出来，如图 8-47 所示。若被测物的绝缘电阻值超过仪表量程的上限值时，屏幕首位显示"1"，后三位熄灭，如图 8-48 所示。

（首位显示"1"，表示电源已接通）

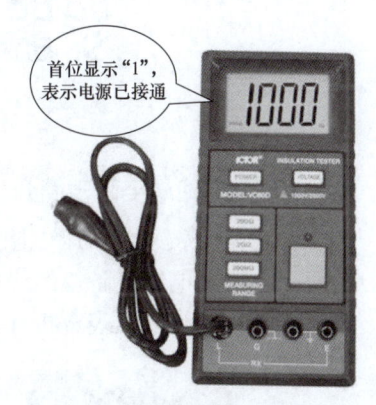

图 8-46 电源接通时的显示情况

图 8-47 用数字式绝缘电阻表测量设备绝缘情况

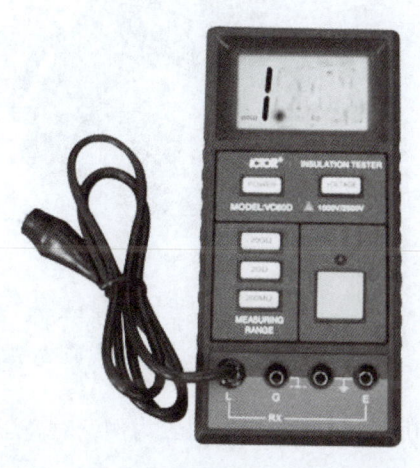

图 8-48 超过量程上限值时显示情况

3. 电池检查及更换

对于指针式绝缘电阻表，应将选择开关置于 BATT. CHECK 位置，当表针指在表盘右下方带箭头的标度 BATT. GOOD 区域内时，则表示电池正常，否则需要更换新电池。

对于数字式绝缘电阻表，在接通电源工作时，若显示屏显示欠电压符号，则表示电池电量不足，应及时更换新电池，如图 8-49 所示。

图 8-49　3125 型绝缘电阻表 LCD 显示屏

8.2.5　高压绝缘电阻表简介

高压绝缘电阻表又名高压电阻测试仪，是专门用于测量各种绝缘材料的电阻值及变压器、电机、电缆及电器设备等绝缘电阻的电工仪表。

常用的高压绝缘电阻表有指针式和数字式两大类，如图 8-50 所示。

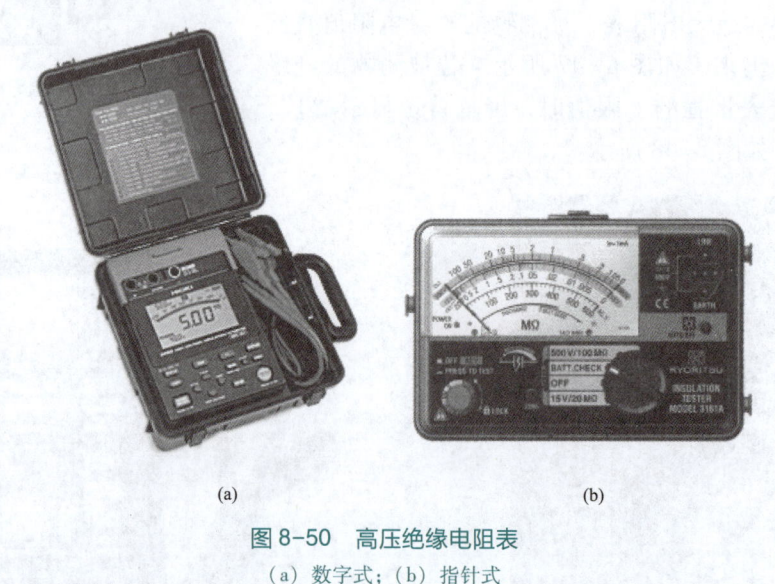

图 8-50　高压绝缘电阻表
（a）数字式；（b）指针式

下面以 3124 型绝缘电阻表为例，对高压绝缘电阻表的有关知识予以简要介绍。

1. 功能及特点

3124 型高压绝缘电阻表如图 8-51 所示。该仪表具有以下功能及特点：

（1）测量高电压绝缘电阻最大到 100GΩ，可调试电压介于 1~10kV 之间。

（2）在测试后，会自动将被测物放电，可由数位显示的电压值看出放电是否完成。

（3）采用双刻度，容易阅读。用颜色表示、高低电阻范围，LED 的亮灭搭配刻度上的颜色指示范围而动作。

（4）低压用 1000V/100MΩ 绝缘电阻计。在测试绝缘体时，高电压输出时会有警告声响。

（5）三种电源方式（内置电池、AC100V、车载用电池）。

（6）配置有记录仪输出端口，OUT PUT 端点可按测试电流与测试电压的比例大小为记录器提供直流电压用。

图 8-51　3124 型高压绝缘电阻表

2. 仪器面板结构

3124 型高压绝缘电阻表的面板结构如图 8-52 所示。

3. 高压绝缘电阻表的使用

（1）表针机械归零调整。将功能选择开关切换到 OFF 位置，检查表针是否处在"∞"的刻度，若不是，可用小起子调整表针机械归零调整钮，让表针指在"0"位置。

（2）1~10kV/100GΩ 范围的测试。

1）按 PRESS TO TEST 按钮，将功能选择开关置于 OFF 位置。

2）有夹子的接地线（绿）与被测试的电路、设备或电缆上的接地端点连接在一起。特殊情况时，可把有夹子的防护线（黑）连接到适当的端点。

3）先将功能开关置于 H.V.SET 的位置，旋转高压调整钮，并注意数字式显示屏幕的高压数值，以选择所需的电压。

4）将功能选择开关置于 H.V.OUT 的位置，按下 PRESS TO TEST 按钮。当 H 刻度的指示灯（绿）亮起时，读数值为绿色的 H 刻度。当 L 刻度的指示灯（红）亮起时，读数值为红色的 L 刻度值。假如绝缘阻抗指示器有变化时，表示被测试的电缆有高电容存在，指示器之后的读数值是可信赖的。若要持续动作，按 PRESS TO TEST 按钮，并顺时针转至 LOCK 位置，再放开按钮，结束时逆时针旋转按钮即可。

5）放开 PRESS TO TEST 按钮，旋转 H.V 调整钮到数字式显示屏幕上的读值归零为止。

6）将功能选择开关切换到 OFF 位置，将有夹子的测试导线从被测试的电路、设备、电缆脱离。

（3）1~10kV/100MΩ 范围的测试。

1）确定功能选择开关已经置于 OFF 位置，按 PRESS TO TEST 按钮。

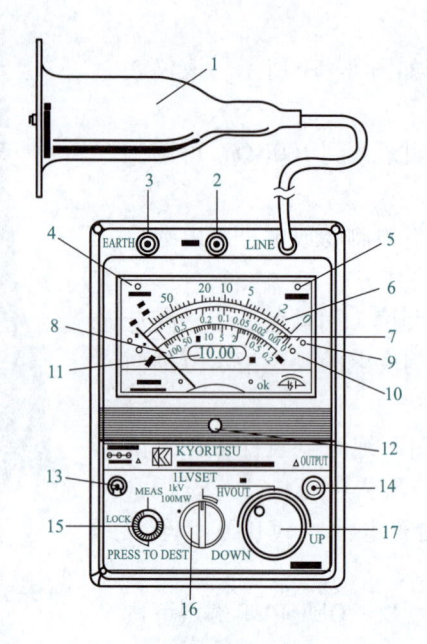

图 8-52　3124 型高压绝缘电阻表的面板结构

1—高压测线；2—防护端点；3—接地端点；4—电池报警器；5—电池充电指示；
6—100GΩ 范围的高刻度；7—100GΩ 范围的低刻度；8—100MΩ 范围的刻度；
9—100GΩ 范围的高刻度指示灯；10—100GΩ 范围的低刻度指示灯；
11—输出电压的电压指示；12—表头归零钮；13—电池充电端点；
14—记录器输出端点；15—测试键；16—切换开关；
17—输出电压调整钮

2）有夹子的接地线（绿）与被测试的电路、设备或电缆上接地端点连接在一起，特殊情况时，连接有夹子的防护线（黑）到适当的端点。

3）将功能开关先置于 1kV/100MΩ 的位置，按下 PRESS TO TEST 按钮，并读取 100MΩ 的刻度（内侧刻度）。若要持续动作，按 PRESS TO TEST 按钮，并顺时针转至 LOCK 位置，再放开按钮。结束时，逆时针旋转按钮即可。测试时，若电路、设备、电缆上出现绝缘故障，在绝缘阻抗指示器下降至零或读数值大约在 L 刻度时，应立即放开 PRESS TO TEST 按钮及旋转 H.V 调整钮，直到数字式显示屏幕上的读数值至零为止，再将功能选择开关切换到 OFF 位置。

4）放开 PRESS TO TEST 按钮，直至数字式显示屏幕上的读数值归零为止。

5）把功能选择开关切换到 OFF 位置，将有夹子的测试导线从测试线中的电路、设备、电缆脱离。

（4）防护端点的使用。测试电缆绝缘时，可将被测试的电缆绝缘体周围缠绕，按照如图 8-53 所示将防护测试导线与防护端点连接。

（5）电池充电。在电池电量检查或绝缘测试之后，BATT. ALARM 指示灯从绿色转为黄色或红色时，就代表需要充电。

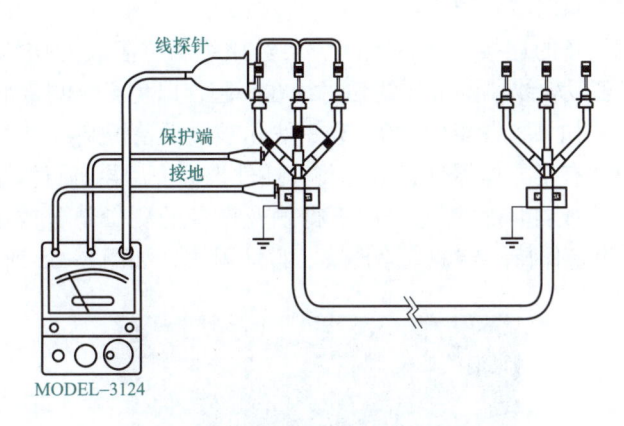

图 8-53　测试电缆绝缘电阻

1）将功能选择开关切换至 OFF 位置。

2）将充电器的插头或电池充电导线连接到仪器的电池充电插座端，电池充电指示器 BATT. CHARGE 会出现红色。

3）充电时间取决于电池的残留电量。当电池充电指示灯转换为绿色灯时，表示电池已充电到 80%，还需要大约 5h（小时）的充电才能完成。总充电时间大约 10h。

4）在充电之后，将充电器的插头或电池充电导线脱离。

8.2.6　使用绝缘电阻表的注意事项

绝缘电阻表本身工作时要产生高压电，为避免人身及设备事故，必须重视以下几点注意事项：

（1）不能在设备带电的情况下测量其绝缘电阻。测量前，必须切断被测设备与电源和负载的连接，并进行放电；已用绝缘电阻表测量过的设备，如需再次测量，也必须先接地放电，如图 8-54 所示。拆线时，不可直接去触及引线的裸露部分。

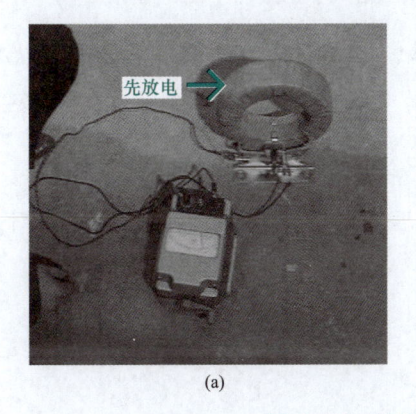

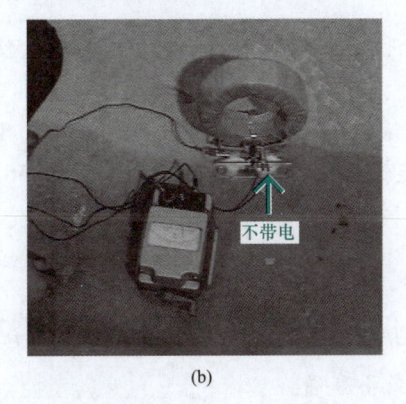

图 8-54　先接地放电再测量

(2) 绝缘电阻表测量时要远离大电流导体和外磁场。

(3) 测量与被测设备的连接导线的电阻，要选用绝缘电阻表专用测量线，或者选用绝缘强度高的两根单芯多股软线，两根导线切忌绞在一起，以免影响测量准确度。

(4) 测量过程中，如果指针指向"0"位，表示被测设备短路，应立即停止转动手柄。

(5) 被测设备中如有半导体器件，应先将其插件板拆去后再进行测量。

(6) 测量过程中手或身体的其他部位不得触及设备的测量部分或绝缘电阻表接线桩，即操作者应与被测量设备保持一定的安全距离，以防触电，如图8-55所示。

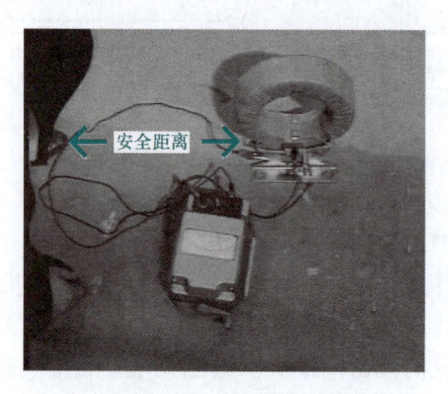

图8-55 注意保持安全距离

(7) 测量电容性设备的绝缘电阻时，测量完毕，应对设备充分放电。

(8) 数字式绝缘电阻表多采用5号电池或者9V电池供电，工作时所需供电电流较大，故在不使用时务必要关机，即便有自动关机功能的绝缘电阻表，建议用完后就手动关机。

知识链接

测量数据不准确的因素

(1) 电池电压不足。电池电压欠电压过低，造成电路不能正常工作，所以测出的读数是不准确的。

(2) 测试线接法不正确。若误将L、G、E三个端子接线接错，或将G、L端子连线或G、E端子连线接在被测试品两端，如图8-56所示。

(3) G端子连线未接。被测试品由于受污染潮湿等因素造成电流泄漏引起的误差，造成测试不准确，此时必须接好G端子连线，以防止泄漏电流引起误差，如图8-57所示。

(4) 干扰过大。如果被测试品受环境电磁干扰过大，造成仪表读数跳动，或表针晃动，均会造成读数不准确。

(5) 人为读数错误。在用指针式绝缘电阻表测量时，由于人为视角误差或标度尺误差造成示值不准确。

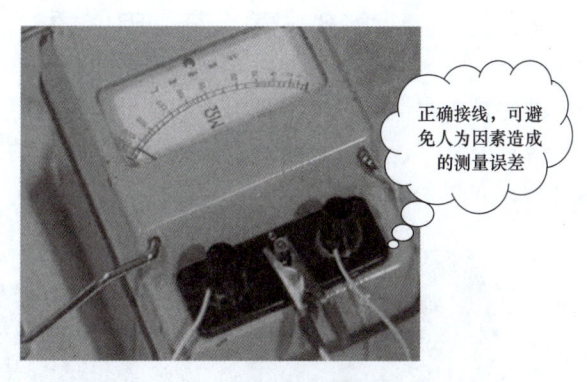

图 8-56　正确连接测试线

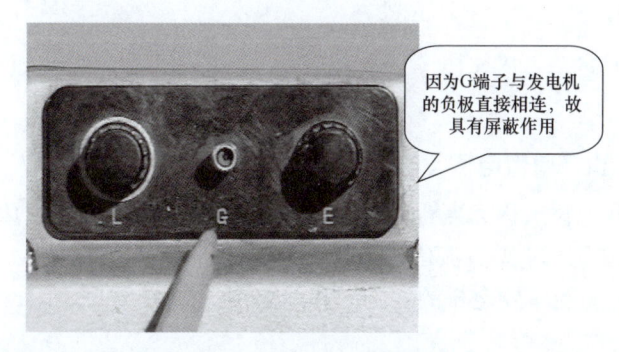

图 8-57　G 端子可防止泄漏电流引起误差

（6）仪表误差。若仪表本身误差过大，需要重新校验。校验的方法是直接测量有确定值的标准电阻，检查其测量误差是否在允许范围以内。

技能提高

怎样校测绝缘电阻表的输出直流高压

用普通的指针式万用表直接在绝缘电阻表 L、E 两个端子测量其输出的额定直流电压，测量结果与标称的额定电压值相比要小很多（超出误差范围），而用数字万用表则不会。

这是因为，指针式万用表内阻较小，而数字万用表内阻相对较大。指针式万用表内阻较小，绝缘电阻表 L-E 端子输出电压降低很多，不是正常工作时的输出电压。但是，用万用表直接去测绝缘电阻表的输出电压是错误的，应当用内阻阻抗较大的静电高压表或用分压器等负载电阻足够大的方式去测量。

8.3 直流电桥

直流电桥是一种比较式测量仪表，主要用于测试低阻值电阻。例如在修理电动机时测量绕组直流电阻；在线路检修时，测量线路的直流电阻等。常用的直流电桥有直流单臂电桥和直流双臂电桥两大类，如图8-58所示。

视频8.3 直流电桥的使用

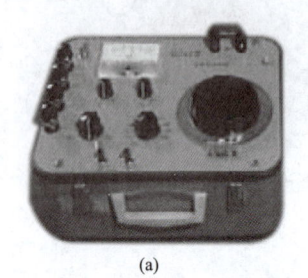

(a)   (b)

图8-58 直流电桥
(a) 双臂电桥；(b) 单臂电桥

8.3.1 直流单臂电桥

直流单臂电桥又称为惠斯通电桥，其电阻测量范围为1Ω~10MΩ，常用的有QJ-23型直流单臂电桥和QJ-24型直流单臂电桥。

QJ-23型直流单臂电桥的实物图和线路图，如图8-59所示。

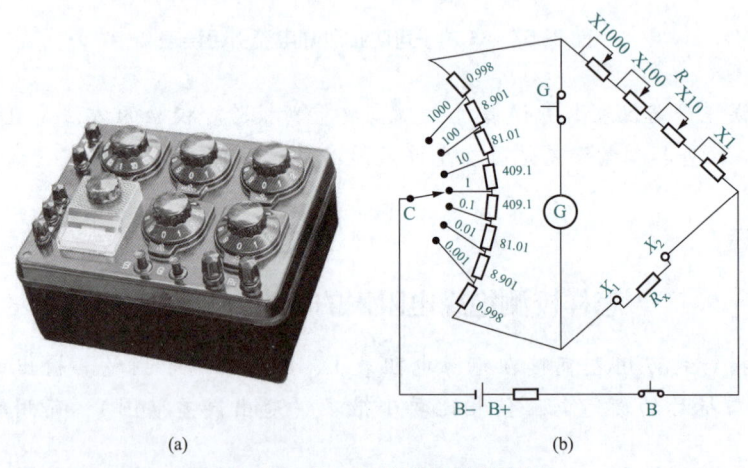

(a)   (b)

图8-59 QJ-23型直流单臂电桥
(a) 实物图；(b) 线路图

QJ-24型直流单臂电桥如图8-60（a）所示，该电桥的使用说明及线路图如图8-60（b）所示。

下面以Q23型直流单臂电桥为例，介绍其使用方法。

图 8-60　QJ-24 型直流单臂电桥
（a）实物图；（b）使用说明及线路图

（1）校正零位。打开检流计开关，待稳定后，将指针校到零位。

（2）线路连接。将被测电阻接到电桥面板上标有"R_0"的两个端钮上。

（3）倍率选择。先用万用表估计被测电阻值，然后选择倍率，以减少测量时间，获得准确的测量结果。

（4）电桥平衡调节。先按下按钮 B 接通电源，再按下按钮 G 接通检流计。若这时检流计指针顺时针方向偏转，应增加比较臂电阻；反之，减少比较臂电阻。这样反复调节，直至检流计指针指向零位，说明电桥已达到平衡。在平衡调节过程中，不能将按钮 G 锁住，只能在每次调节时短时按下，观察平衡情况。当检流计偏转不大时，才可锁住按钮 G 进行调节。

（5）测量后的操作。应先松开按钮 G，再松开按钮 B。否则当被测电阻的阻值较大时，易损坏检流计。

（6）被测电阻计算公式为

$$R_x = 倍率 \times 比较臂读数（\Omega）$$

（7）使用完毕后的处理。先将检流计上的开关锁住，并将检流计连接线放在"内接"位置上。

知识点拨

注意保护检流计

当电桥达到平衡时，检流计中的电流为零。在使用检流计时，要注意保护检流计，不要让大电流通过检流计，实验中间要用"跃接"，即按下后立即松开，尤其在检流计偏转很大时应立即松开。检流计的使用方法如图 8-61 所示。

在使用过程中，要注意电池按钮和接通检流计按钮的使用，检流计按钮先使用粗，然后再使用细，不要两个按钮同时使用。使用完成后，一定要将电池按钮松开，如图 8-62 所示。

图 8-61 检流计的使用

图 8-62 按钮功能说明

8.3.2 直流双臂电桥

当电动机绕组电阻很小时，利用万用表和直流单臂电桥测量，其测量结果带来的误差较大，这时应采用直流双臂电桥进行测量。

直流双臂电桥使用方法，与直流单臂电桥基本相同，其差异在以下两个方面。

（1）直流双臂电桥在开始测量时，应将控制检流计灵敏度的旋钮放在最低位置上。在平衡调节过程中，若灵敏度不够，可逐步提高。

（2）直流双臂电桥的 4 个接线端钮中，C1、C2 为电流端钮；P1、P2 为电位端钮。AB 间为被测电阻，如图 8-63 所示。

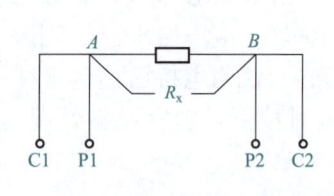

图 8-63 双臂电桥测电阻的接线方法
（a）原理图；（b）接线示例

电桥所用连接线应尽量选择较粗的导线，且导线接头与接线端钮应接触良好。

指点迷津

> **直流电桥使用口诀**
> 测量低阻电阻器，直流电桥最合适。
> 单臂双臂两大类，不同场合来选用。
> 中值电阻选单臂，电阻很小选双臂。
> 使用首先校零位，倍率选择应合适。
> 线路连接要正确，平衡调节细观察。
> 比较臂数乘倍率，就是测量电阻值。
> 注意保护检流计，开关锁住内接线。

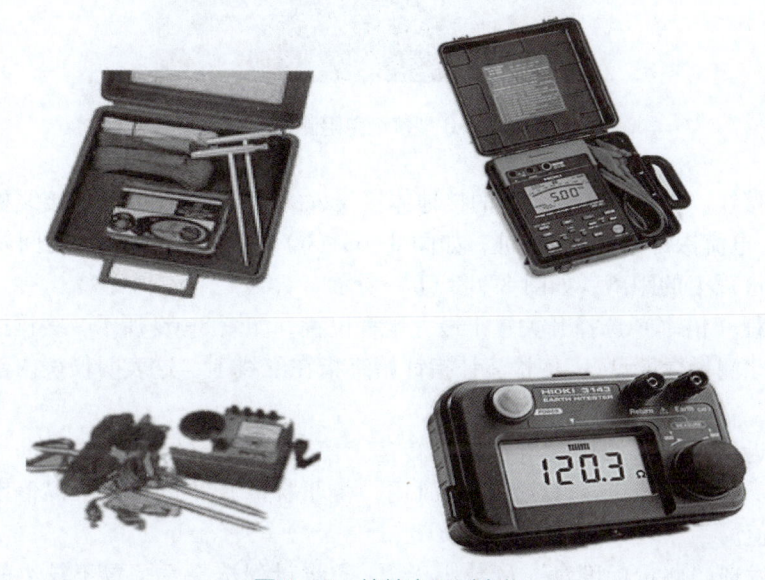

8.4 接地电阻测定仪

接地电阻测定仪又名接地摇表，主要用于测量电气系统、避雷系统等接地装置的接到电阻和土壤电阻率，如图 8-64 所示。

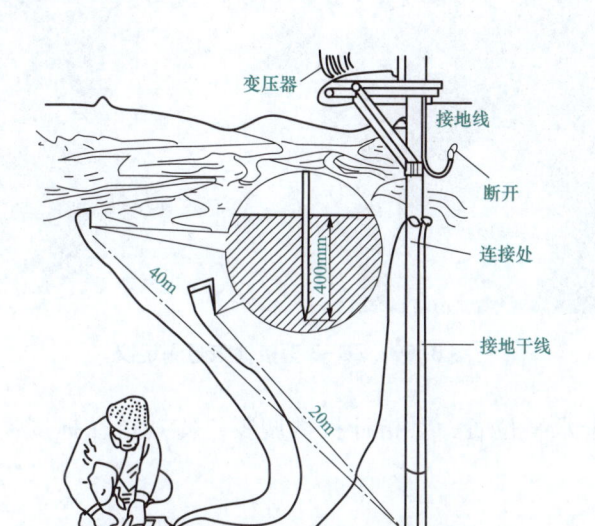

视频 8.4 接地电阻测定仪的使用

图 8-64 用接地电阻测定仪测量接地电阻

如图 8-65 所示，接地电阻测定仪也是一种便携式仪表，可分为数字式和指针式两大类，用法也不尽相同，但工作原理却基本一样。

图 8-65 接地电阻测定仪

8.4.1 接地电阻测定仪的使用方法

ZC-8型接地电阻测定仪的外形如图8-66所示，下面介绍它的使用方法。

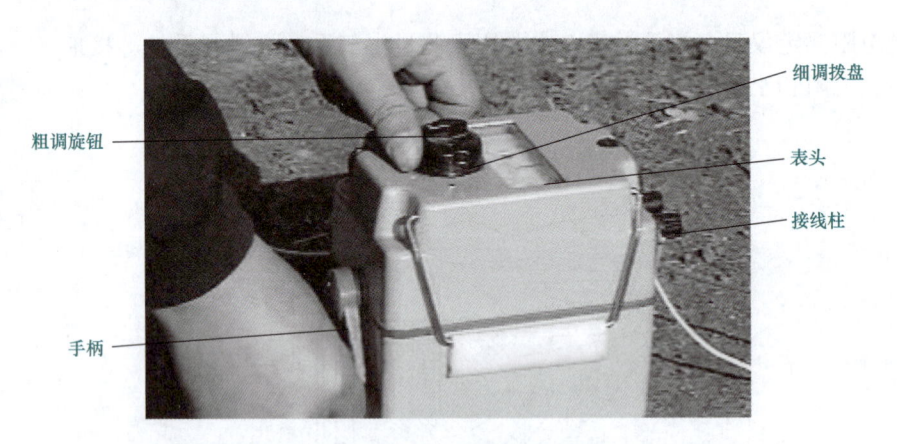

图8-66 ZC-8型接地电阻测定仪

（1）将仪表置于水平位置，对指针机械调零，使其指在标度尺红线上，如图8-67所示。

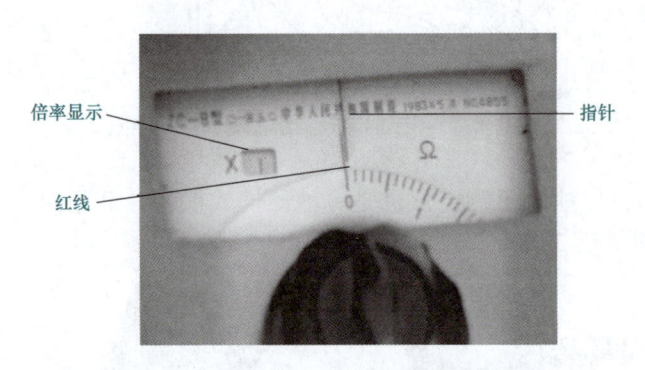

图8-67 ZC-8型接地电阻测定仪的表头

（2）正确接线。将被测接地装置的接地体接仪表的P2、C2（或E）接线桩，电压探针接P1接线桩，电流探针接C1接线桩，如图8-68（a）所示。两个探针之间及与接地极之间均应保持20m以上的距离，如图8-68（b）所示。

（3）将量程（倍率）选择开关置于最大量程位置，如图8-69所示，缓慢摇动发电机摇柄，同时调整"测量标度盘"，使检流计指针始终指在红线上，这表明仪表内部电路工作在平衡状态。

当指针接近红线时，加快发电机摇柄转速，使其达额定转速（120r/min），再次调节"测量标度盘"，使指针稳定在红线上，这时用"测量标度盘"的读数乘以倍率标度，即得所测接地电阻值。

测量中若发现"测量标度盘"读数小于1，应将量程选择开关置于较小的一挡，重新

(a)

(b)

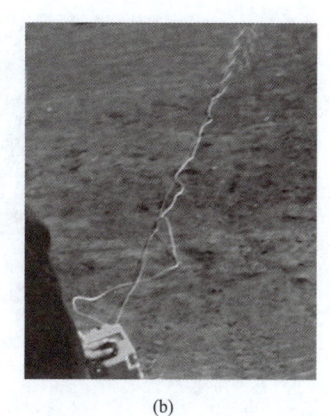

图 8-68　正确接线并保持距离
（a）接线位置；（b）接线距离

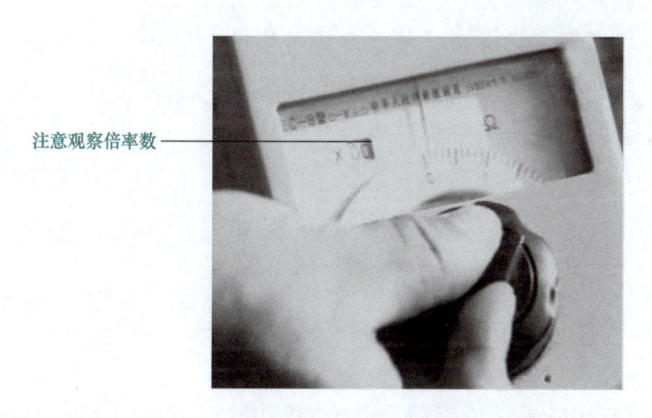

注意观察倍率数

图 8-69　调节倍率选择开关的方法

测量。

（4）用 ZC-8 型接地电阻测定仪测量导体电阻。将 P1、C1 接线桩用导线短接,再将被测电阻接于 E（或 P2、C2 短接的公共点）与 P1 之间,其余测量方法和步骤与测量接地电阻相同。

8.4.2　使用接地电阻测定仪的注意事项

（1）测接地装置的接地电阻,必须先将接地线路与被保护的设备断开,才能测得较准确的接地电阻值。

（2）若仪表中检流计灵敏度不够时,可沿电压探针 P1 和电流探针 C1 的接地处注水,以减小两探针接地电阻。如果检流计灵敏度过高,则可减小电压探针插入土中的深度,如图 8-70 所示。

图 8-70 插入探针的方法

指点迷津

接地电阻测定仪使用口诀
接地电阻测定仪，专业检测对地阻。
指针数字两大类，使用方法不尽同。
正确接线选量程，用线加长电阻高。
左手按表右手摇，转速两转每秒好。
指针稳定再读数，加线电阻别忘了。
接地电阻要准确，多次测量误差掉。

8.5 回路电阻测试仪

视频 8.5 回路电阻测试仪的使用

回路电阻测试仪运用欧姆定律原理，采用开关电源、数字电流表及微欧计于一体的设计方式，达到了高精度测量微阻的目的。可方便进行接点和开关等设备的接触电阻及载流导体电阻的测试。具有信号输出电流调节范围宽，输出信号稳定，测试精度高，读数直观等优点。

8.5.1 仪表面板和测试线

1. 仪表面板

M-41××系列回路电阻测试仪的面板结构如图 8-71 所示。

2. 测试线

回路电阻测试仪的测试线如图 8-72 所示。

8.5.2 特性及性能规格

1. 量程

M-41××系列回路电阻测试仪的量程见表 8-8。

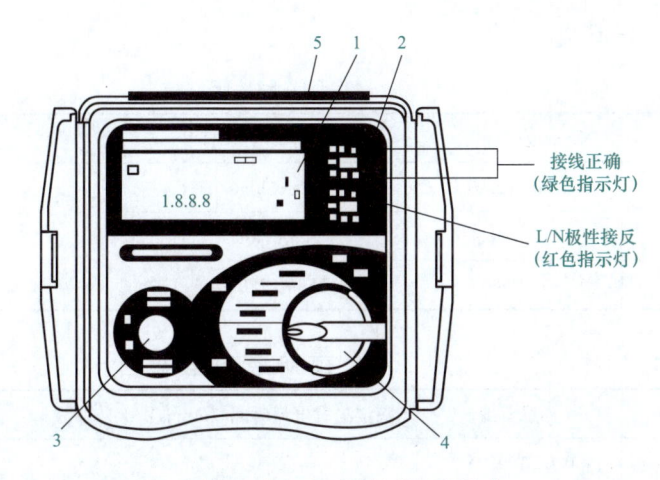

图 8-71　M-41××系列回路电阻测试仪的面板结构
1—液晶显示屏；2—接线状态指示灯；3—测试键；4—量程开关；5—接口

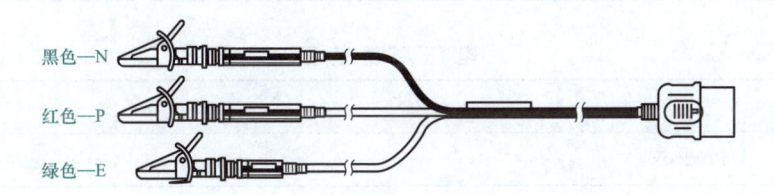

图 8-72　测试线

表 8-8　　　　　　　　M-41××系列回路电阻测试仪的量程

型　　号	M-4120A	M-4118A	M-4116A
D-LOK（自动 RCD 锁定线路）	○	×	×
回路 0~19.99Ω/0~199.9Ω/0~1999Ω	○	○	○
预期短路电流 0~199.9A/0~1999A/0~4kA	○	○	×

注　○表示有此量程，×表示无此量程。

D-LOK 工作所需电源电压见表 8-9。

表 8-9　　　　　　　　D-LOK 工作所需电源电压

量　　程	D-LOK 工作电压
LOOP 200Ω/PSC（预期短路电流）200A	190~253V
LOOP 20Ω/ PSC2000A，20kA	205~253V

2. 性能规格

M-41××系列回路电阻测试仪的回路阻抗见表 8-10，预期短路电流见表 8-11，电压测量范围见表 8-12。

表 8-10　　　　　　　　　回　路　阻　抗

量程（Ω）	测量范围（Ω）	额定测试电流时间	精　确　度
20	0.00~19.99	25A/20ms	
200	0.0~199.9	2.3A/40ms	±（2%rdg+4dgt）
2000	0~1999	15mA/280ms	

表 8-11　　　　　　　　　预　期　短　路　电　流

量程（kA）	测量范围	额定测试电流时间（A/ms）	精　确　度
200	0.0~199.9A	2.3	
2000	0~1999A	25	±（2%rdg+4dgt）
20000	0.00~4.0kA	25	

表 8-12　　　　　　　　　电　压　测　量　范　围

测　量　范　围	精　确　度
110~260V	±（2%rdg+4dgt）

8.5.3　一般使用方法

1. 测量前检查

连接测试线。如图 8-73 所示，将测试线与仪表连接。检查接线是否正确的方法是在按下测试键前，依照以下程序检查指示灯的状态：

（1）P-E 绿色指示灯-ON。

（2）P-N 绿色指示灯-ON。

（3）□ 红色指示灯-OFF。

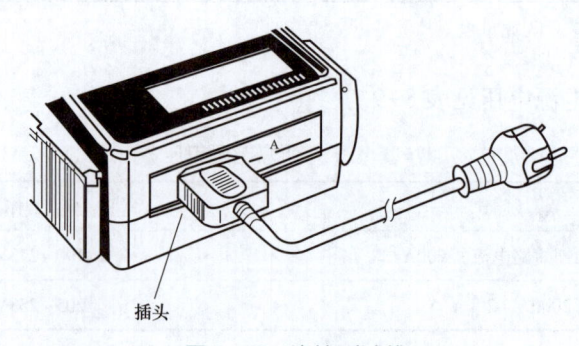

图 8-73　连接测试线

若指示灯状态不是按照上述方式或红色指示灯亮，不能进行测量。因接线有误，必须查出原因予以纠正。

2. 回路阻抗测量

（1）将仪器设置到 200Ω 或 2000Ω 量程。设置到 20Ω 量程时，有可能产生轻微火花。

（2）将测试线连接到仪器上。

（3）电源接头插在被测电路插座上。

（4）按下测试键后，显示屏上显示回路阻抗值及单位。测量结束后，仪器发出"嘟嘟"声。

采用低量程时，会得到更佳测量结果。

3. 预期短路电流测量

（1）将仪器设置到 20kA 量程。

（2）连接测试线。

（3）插头接在被测线路插座上。

（4）按下测试键后，显示屏上显示预期电路电流值及单位。持续显示 3s 后，显示交流电压值。测量结束后，仪器发出蜂鸣声。

采用低量程时，会得到更佳测量结果。

8.5.4 故障回路阻抗和故障预期电流测量

若电气装置有过电流保护装置或熔丝，应测量其故障回路阻抗。在有故障情况下，过电流保护装置或熔丝在规定时间内会自动切断电路，其故障环路电阻应越小。

1. TT 系统的故障回路阻抗测量

（1）TT 系统的故障回路阻抗的组成。

1）电源变压器二次绕组的阻抗。

2）从电源变压器到故障位置的相线电阻。

3）从故障位置到接地极的保护导体电阻。

4）接地电阻。

5）电源变压器接地系统电阻。

（2）TT 系统的故障回路阻抗测量方法。TT 系统的故障回路阻抗测量接线方法如图 8-74 所示。

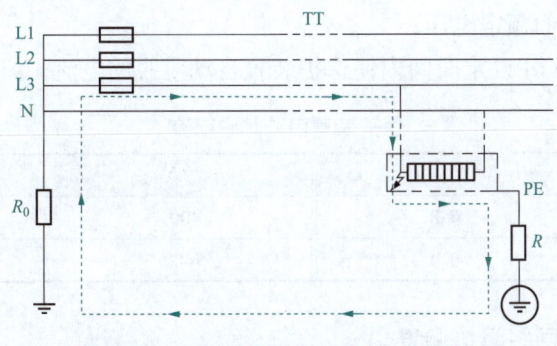

图 8-74　TT 系统故障回路阻抗测量方法

(3) 技术指标。TT 系统中每个回路应满足

$$R_A \leqslant 50/I_a$$

式中　R_A——接地电阻 R 和保护导体电阻之和,最大接触电压 50V;

　　　I_a——使保护装置在 5s 内自动跳脱的电流。

当保护装置是剩余电流设备（R_{CD}）,I_a 即为额定剩余电流 $I_{\Delta n}$。其关系见表 8-13。

表 8-13　　　　　　　　　　　　R_{CD} 与 R_A 的对应值

额定剩余电流 $I_{\Delta n}$（mA）	10	30	100	300	500	1000
R_A（50V，Ω）	5000	1667	500	167	100	50
R_A（25V，Ω）	2500	833	250	83	50	25

图 8-75 是依据国际标准 IEC 60364,检验 TT 系统的保护例子。

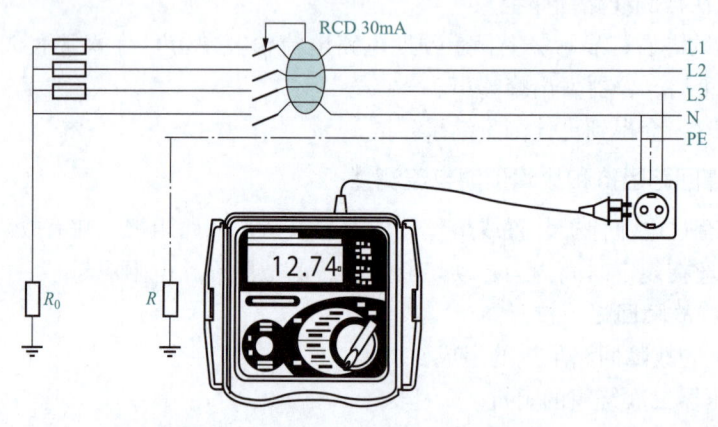

图 8-75　检验 TT 系统保护装置举例

这个例子最大值为 1667Ω,回路测试仪读数为 12.74Ω,这表明符合条件 $R_A \leqslant 50/I_a$。

依据国际标准 IEC 60364,TN 系统中每个回路应满足

$$Z_s \leqslant U_0/I_a$$

式中　Z_s——故障回路阻抗;

　　　U_0——相与地间的额定电压;

　　　I_a——按照表 8-14 设定时间内使保护装置自动跳脱的电流。

表 8-14　　　　　　　　　　　　保护装置自动跳脱电流

U_0（V）	T（s）	U_0（V）	T（s）
120	0.8	400	0.2
230	0.4	>400	0.1

2. TN 系统的故障回路阻抗测量

(1) TN 系统的故障回路阻抗的组成。

1) 电源变压器二次绕组的阻抗。
2) 从电源变压器到故障位置的相线电阻。
3) 从故障位置到电源变压器的保护导体电阻。
4) 接地电阻。
5) 电源变压器接地系统电阻。

（2）TN 系统的故障回路阻抗测量方法。TN 系统的故障回路阻抗测量接线方法如图 8-76 所示。

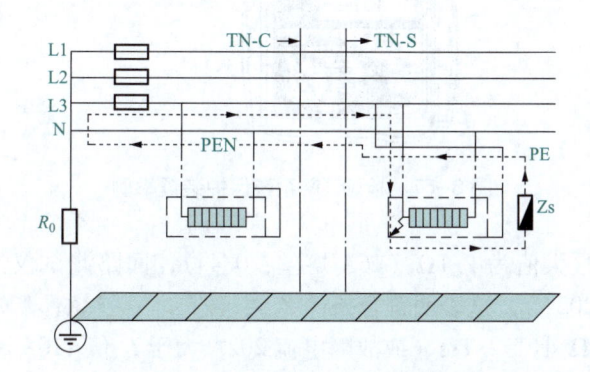

图 8-76　TN 系统故障回路阻抗测量方法

在 TN 系统时，当电源电压 $U_0 = 230\text{V}$ 时，保护装置为熔丝，I_a 和最大 Z_s 值可能见表 8-15。

表 8-15　　　　　　　　　　I_a 和 最 大 Z_s 值

额定电流 （A）	跳脱时间 5s		跳脱时间 0.4s	
	I_a（A）	最大 Z_s（Ω）	I_a（A）	最大 Z_s（Ω）
6	28	8.2	47	4.9
10	46	5	82	2.8
16	65	3.6	110	2.1
20	85	2.7	147	1.56
25	110	2.1	183	1.25
32	150	1.53	275	0.83
40	190	1.21	320	0.72
50	250	0.92	470	0.49
63	320	0.71	550	0.42
80	425	0.54	840	0.27
100	580	0.39	1020	0.22

图 8-77 所示为依据国际标准 IEC 60364，检验 TN 系统保护的例子。

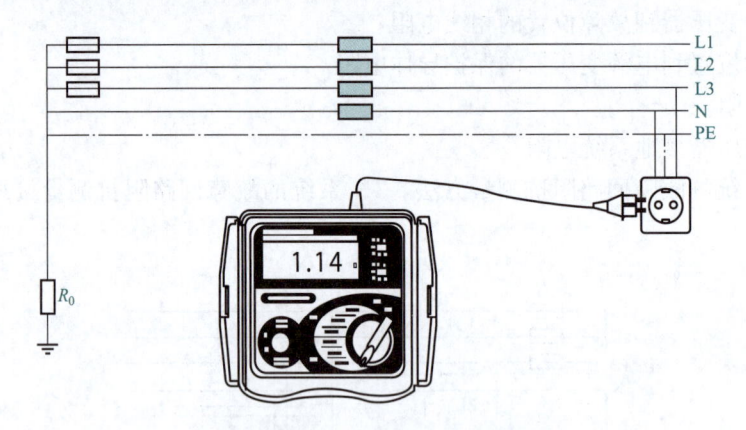

图 8-77　检验 TN 系统保护装置举例

这个例子中，Z_s 最大值为 2.1Ω（16A 熔丝，0.4s），回路测试仪读数为 1.14Ω（或故障电流量程挡读数为 202A），这表明符合条件 $Z_s \leq U_0/I_a$。

总之，Z_s 值 1.14Ω 小于 2.1Ω（或故障电流 202A 大于 I_a 值 110A），说明保护装置是正常的。

8.5.5　线路阻抗与预期短路电流测量

线路阻抗，是在单相系统中相线 L 与中性线 N 接线端子间测得的阻抗。测量原理与故障回路阻抗测量完全相同，但测量却是在 L 和 N 接线端子间进行。

任何已装置过载电流保护电器，其过载电流的容量，应高于计算出的预期短路电流，否则必须更换所用的过载电流保护电器型号。

图 8-78 所示为相线 L1 中性线 N 端子间线路阻抗测量原理（TN 系统）。

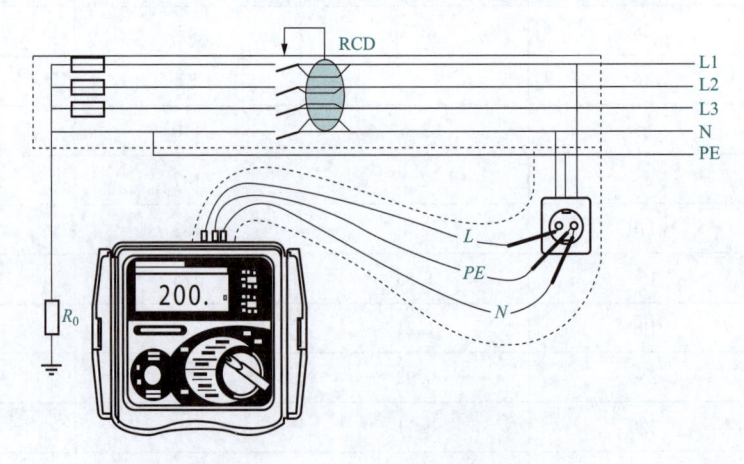

图 8-78　TN 系统线路阻抗测量原理

> **指点迷津**
>
> 回路电阻测试仪使用口诀
> 设备、导体等微阻，闭环回路的阻抗。
> 故障预期电流值，此种仪表可测量。
> 根据对象选量程，最佳采用低量程。
> 正确接线很关键，是否正确看指示。
> 接线正确绿灯亮，极性接反红灯亮。
> 完毕按下测试键，屏幕显示测量值。
> 仪表发出蜂鸣声，提示测量已结束。

8.6 绝缘子测试仪

8.6.1 概述

绝缘子测试仪采用数字显示，测量准确、稳定、直观。主要用于电力高压输电线路绝缘电阻的现场测试，以便及时更换绝缘电阻不符合要求的绝缘子，确保输电线的可靠安全运行。绝缘子测试仪也可以作为绝缘电阻表使用。

视频 8.6 绝缘子测试仪的使用

1. 外部基本结构

绝缘子测试仪的实物图片如图 8-79（a）所示，外形结构示意图如图 8-79（b）所示。

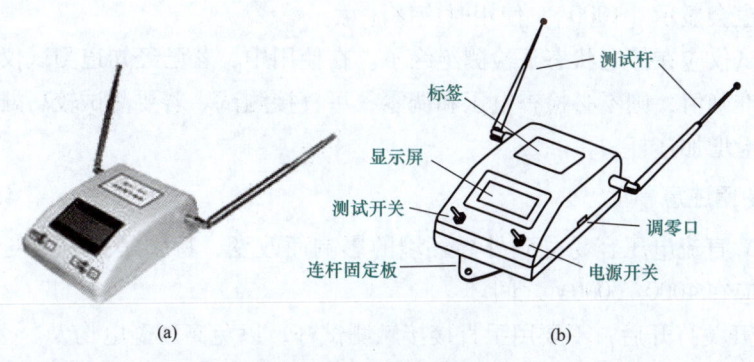

(a)　　(b)

图 8-79　绝缘子测试仪
（a）实物图；（b）外形结构示意图

2. 绝缘子测试仪的主要技术指标

（1）测量电压：约 5000V 直流。

(2) 量程范围：0~1999MΩ。

(3) 分辨力：1MΩ。

(4) 基本误差：±5%。

(5) 电源：1节9V层叠电池。

(6) 电源电流：约20mA。

8.6.2 使用方法

1. 检查电压

在测量之前，应先检查测试仪内部的测量电压，以确定测试仪是否正常。方法是：将"测试开关"拨到"×10V"，将"电源开关"拨到"开"，当"测试杆"都悬空时，"显示屏"的读数×10，就是测试仪内部的测量电压。例："显示屏"的读数为［520］，那么测试仪内部的测量电压就是5200V。

2. 调零

为了使测量的电阻值准确地显示出来，在测量之前，可以先调零。方法是：将"测试开关"拨到"MΩ"，将两"测试杆"用导线短路，再将"电源开关"拨到"开"，"显示屏"的读数应为［000］，若不是［000］，可调整"调零口"，使之显示［000］。

3. 测试

首先将两"测试杆"拉起，将"测试开关"拨到"MΩ"，再将"电源开关"拨到"开"，"显示屏"显示为［1000］，将两测试杆分别接触被测绝缘子两端金属部分，使之接触良好，"显示屏"即显示被测的绝缘子的绝缘电阻值，单位为"MΩ"。

显示若为［1000］，则说明被测的绝缘子的绝缘电阻值大于2000MΩ，说明绝缘子正常；如果"显示屏"显示的电阻值太小，说明绝缘子漏电或击穿，不能用。如果测试杆与绝缘子接触不良，也会显示［1000］，使用时应该注意。

绝缘子测试仪应在停电状态下检测绝缘子。在使用中，若已经知道测试仪正常，也不需要显示电阻的准确值，则不必检查电压和调零，可直接测试。若要测试较高处的绝缘子，可在连杆固定板上增加连杆。

8.6.3 使用注意事项

(1) 5000V直流电压容易受到外界环境的影响而改变，特别是环境湿度的影响。一般情况下，高压应在4000~6000V之间。

(2) 电源开关打开后，不要用手直接接触测试杆，以免高压静电伤人。

(3) 为避免使用后忘记关电源开关，绝缘子测试仪设有自动关机功能，关机时间约为10min。自动关机后若要继续使用，将电源开关拨到"关"再拨到"开"。

(4) 当显示屏显示低电压时，应更换电池。

指点迷津

绝缘子测试仪使用口诀

输电线路绝缘子，绝缘电阻应合格。
现场测试绝缘子，此种仪表能测量。
测量之前要检查，电压充足并调零。
首先拉起测试杆，良好接触绝缘子。
测试开关置 MΩ，电源开关拨到开。
屏幕显示的数值，判定绝缘合格否。
测试杆上电压高，人体触摸有危险。
屏幕显示电压低，更换电池再使用。

附录 A　常用安全工器具的技术要求及预防性检查

对已经投入使用的电力安全工器具，定期进行外观检查，必要时按照规定的试验条件、试验项目进行因地制宜的试验，称为预防性检查和试验。例如：对安全规程中要求试验的工器具，新购置和自制的工器具，检修后或关键零部件经过更换的工器具，对工器具的机械、绝缘性能产生疑问或发现缺陷时等情形都必须进行预防性检查和试验。

电力安全工器具的定期预防性检查与试验是安全生产管理的重要内容，是保持劳动防护品安全、可靠、合格的重要手段。

外观检查作为工器具管理的重要内容，必须引起试验机构和使用人的高度重视。在相关的法律法规中要求使用人做到会检查，而常规检查就是以外观检查为主。

预防性试验一般由各使用单位的工器具试验机构根据试验标准和周期进行，该试验机构必须获得上级安全监督主管部门的能力认可。根据《中华人民共和国安全生产法》的规定，预防性试验也可委托有资质的试验机构试验。

下面侧重于介绍常用安全工器具的外观检查常识和国家有关法规对该工器具的技术要求。

一、安全带

（一）安全带的外观检查

安全带的外观检查主要内容如下：

（1）标识清晰，各部件完整无缺失、无伤残破损。

（2）腰带、围杆带、围杆绳、安全绳无灼伤、脆裂、断股、霉变，各股松紧一致，绳子应无扭结，腰带、围杆带表面不应有明显磨损。

（3）护腰带完整，带子接触腰部分垫有柔软材料，边缘圆滑无角。

（4）缝合线完整无脱线，铆钉连接牢固不松动，铆面平整，金属配件表面光洁，无裂纹、无严重锈蚀和目测可见的变形，配件边缘应呈圆弧形。

（5）金属卡环（钩）必须有保险装置，且操作灵活。钩体和钩舌的咬口必须完整，两者不得偏斜。

（二）对安全带的有关技术要求

以下是 GB 6095—2009《安全带》对安全带的技术要求（摘要）：

（1）腰带必须是一整根，其宽度为 40~50mm，长度为 1300~1600mm。

（2）护腰带宽度不小于 80mm，长度为 600~700mm。带子接触腰部分垫有柔软材料，外层用织带或轻革包好，边缘圆滑无角。

（3）带子缝合线的颜色和带颜色一致。围杆带折头缝线方形框中，用直径为 4.5mm 以上的金属铆钉一个，下垫皮革和金属的垫圈，铆面要光洁。

（4）带子颜色主要采用深绿、草绿、橘红、深黄，其次为白色等。

（5）腰带上附加小袋一个。

（6）安全绳直径不小于 13mm，捻度为 8.5～9/100（花/mm）。吊绳、围杆绳直径不小于 16mm，捻度为 7.5/100（花/mm）。电焊工使用悬挂绳必须全部加套。其他悬挂绳只部分加套。吊绳不加套。绳头要编成 3～4 道加捻压股插花，股绳不准有松紧。

（7）金属钩必须有保险装置。铁路专用钩例外。自锁钩的卡齿用在钢丝绳上时，硬度为洛氏 HRC60。金属钩舌弹簧有效复原次数不少于 2 万次。钩体和钩舌的咬口必须平整，不得偏斜。

（8）金属配件表面光洁，不得有麻点、裂纹；边缘呈圆弧形；表面必须防锈。不符合上述要求的配件，不准装用。

（9）金属配件圆环、半圆环、三角环、8 字环、品字环、三道联，不许焊接，边缘成圆弧形。调节环只允许对接焊。

（三）使用和保管的要求

（1）安全带应高挂低用，注意防止摆动碰撞。使用 3m 以上长绳应加缓冲器，自锁钩用吊绳例外。

（2）缓冲器、速差式装置和自锁钩可以串联使用。

（3）不准将绳打结使用，也不准将钩直接挂在安全绳上使用，应挂在连接环上用。

（4）安全带上的各种部件不得任意拆掉。更换新绳时要注意加绳套。

（5）安全带使用两年后，按批量购入情况，抽验一次。围杆带做静负载试验，以 2206N（225kgf）拉力拉 5min，无破断可继续使用。悬挂安全带冲击试验时，以 80kg 质量做自由坠落试验，若不破断，该批安全带可继续使用。对抽试过的样带，必须更换安全绳后才能继续使用。

（6）使用频繁的绳，要经常做外观检查，发现异常时，应立即更换新绳。带子使用期为 3～5 年，发现异常应提前报废。

二、安全网

（一）外观检查

（1）网体、边绳、系绳、筋绳无灼伤、断纱、破洞、变形及有碍使用的编制缺陷。所有节点固定。

（2）平网和立网的网目边长不大于 8cm，系绳长度不小于 0.8m。

（3）相邻两系绳间距不大于 0.75m，平网相邻两筋绳间距不大于 0.3m。

（4）密目式安全立网的网目密度不低于 800 目/100cm^2，相邻两系绳间距不大于 0.45m。

（5）密目网的缝线不得有跳针、漏缝，缝边应均匀。

（6）每张密目网允许有一个缝接，缝接部位应端正牢固。

（7）密目网不得有断纱、破洞、变形及有碍使用的编织缺陷。

（二）有关技术要求

（1）安全网可采用锦纶、维纶、涤纶或其他的耐候性不低于上述品种（耐候性）的材料制成。

（2）同一张安全网上的同种构件的材料、规格和制作方法须一致，外观应平整。

（3）平网宽度不得小于 3m，立网宽（高）度不得小于 1.2m，密目式安全立网宽（高）度不得小于 1.2m。产品规格偏差：允许在±2%以下。每张安全网重一般不宜超过 15kg。

（4）菱形或方形网目的安全网，其网目边长不大于 8cm。

（5）边绳与网体连接必须牢固，平网边绳断裂强力不得小于 7000N；网边绳断裂强力不得小于 3000N。

（6）系绳沿网边均匀分布，长度不小于 0.8m。当筋绳、系绳合一使用时，系绳部分必须加长，且与边绳系紧后，再折回边绳系紧，至少形成双根。

（7）筋绳分布应合理，平网上两根相邻筋绳的距离不小于 30cm，筋绳的断裂强力不大于 3000N。

（8）网体（网片或网绳线）断裂强力应符合相应的产品标准。

（9）安全网所有节点必须固定。

（10）阻燃安全网必须具有阻燃性，其续燃、阻燃时间均不得大于 4s。

三、安全帽

(一) 外观检查

（1）安全帽的永久性标志清晰，各组件应完好无缺失。

（2）帽壳表面无裂纹、无灼伤、冲击痕迹，帽衬与帽壳连接牢固，锁紧卡开闭灵活，卡位牢固。

（3）帽壳与顶衬缓冲空间在 25~50mm。

(二) 有关技术要求

以下是以 GB 2811—2007《安全帽》对安全帽的技术性能要求（摘要）：

（1）对结构形式的要求。

1）帽壳顶部应加强。可以制成光顶或有筋结构。帽壳制成无沿、有沿或卷边。

2）塑料帽衬应制成有后箍的结构，能自由调节帽箍大小。

3）无后箍帽衬的下颌带制成 Y 形，有后箍的，允许制成单根。

4）接触头前额部的帽箍，要透气、吸汗。

5）帽箍周围的衬垫，可以制成条形或块状，并留有空间，使空气流通。

（2）对尺寸的要求。

1）帽壳内部：长 195~250mm，宽 170~220mm，高 120~150mm。

2）帽舌：10~70mm。

3）帽檐：0~70mm，向下倾斜度 0°~60°。

4）透气孔隙：帽壳上的打孔，总面积不少于 400mm^2。特殊用途不受此限。

5）帽箍分三个号：1 号为 610~660mm，2 号为 570~600mm，3 号为 510~560mm。帽箍可以分开单做，也可以通用。

6）塑料衬垂直间距：25~50mm；棉织或化纤带垂直间距：30~50mm。

7）佩戴高度为 80~90mm。

8）水平间距为 5~20mm。

9）帽壳内周围突出物高度不超过 6mm，突出物周围应有软垫。

（3）颜色的要求。一般以浅色或醒目的颜色为宜，如白色、浅黄色等。

（4）质量大小的要求。

1）小檐、卷边安全帽不超过430g（不包括附件）。

2）大檐安全帽不超过460g（不包括附件）。

3）防寒帽不超过690g（不包括附件）。

（5）各种安全帽按不同材料的分类。

1）工程塑料。工程塑料主要分热塑性材料和热固性材料两大类，主要用来制作安全帽帽壳、帽衬等，制作帽箍所用材料，当加入其他增塑、着色剂等材料时，要注意这些成分有无毒性，不要引起皮肤过敏或发炎。应用在煤矿瓦斯矿井使用的塑料帽，应加防静电剂。热固性材料可以和玻璃丝、维纶丝混合压制而成。

2）橡胶料。橡胶料有天然橡胶和合成橡胶，不能用废胶和再生胶。

3）纸胶料。纸胶料用木浆等原料调制。

4）植物料。植物料有藤子、柳枝、竹子。

5）防寒帽用料。防寒帽帽壳可用工程塑料、植物料制成，面料可用棉织品、化纤制品、羊剪绒、长毛绒、皮革、人造革、毛料等。帽衬里可用色织布、绒布、毛料等。

6）帽衬带用料为棉、化纤。

7）帽衬和顶带拴绳用料为棉绳、化纤绳或棉、化纤混合绳。

8）下颏带用料为棉织带或化纤带。

四、绝缘手套

（一）外观检查

（1）手套表面必须平滑，内外面应无针孔、疵点、裂纹、砂眼、杂质、修剪损伤、夹紧痕迹等各种明显缺陷和明显的波纹及明显的铸模痕迹。不允许有染料溅污痕迹。

（2）手套表面出现小的凹陷、隆起或压痕时，如果满足下述要求，不应视为废品：

1）凹陷直径不大于1.6mm，圆弧形边缘及其表面没有明显的破裂，在反面用拇指展开时看不见痕迹。凹陷不应超过三处，且任意两处间距不小于15mm。

2）手套的手掌和分叉处没有这些缺陷。

3）小的隆起仅为小块凸起橡胶，不易用手指除去，不影响橡胶的弹性。

（3）吹鼓手套，由袖口向手指方向滚卷至手腕，滚卷过程中未卷部分应无漏气现象。

（4）外观检查以目测为主，并用量具测定缺陷程度，长度用精度为1mm的钢直尺测量，厚度用精度为0.02mm的游标卡尺测量。

（二）带电绝缘手套的有关技术要求

以下是以GB/T 17622—2008《带电作业用绝缘手套》对带电绝缘手套的相关要求（摘要）：

（1）产品型号。手套用合成橡胶或天然橡胶制成，其形状为分指式（异形）。按照在不同电压等级的电气设备上使用，手套分为1、2、3三种型号。1型适用于在3kV及以下电气设备上工作，2型适用于在6kV及以下电气设备上工作，3型适用于在10kV及以下电气设备上工作。

(2) 技术要求。

1) 电气性能。手套必须具有良好的电气绝缘特性。

2) 机械性能。

a. 拉伸强度及扯断伸长率：平均拉伸强度应不低于 14MPa，平均扯断伸长率应不低于 600%。

b. 拉伸永久变形不应超过 15%。

c. 绝缘手套的抗机械刺穿力应不小于 18N/mm。

3) 耐老化性能。经过热老化试验的手套，拉伸强度和扯断伸长率所测值应为未进行热老化试验手套所测值的 80% 以上。拉伸永久变形不应超过 15%。

4) 耐燃性能。按照 GB/T 17622—2008 第 6.4 条方法经过燃烧试验后的试品，在火焰退出后，观察试品上燃烧试验火焰的蔓延情况。经过 55s，如果燃烧火焰未蔓延至试品末端 55mm 基准线处，则试验合格。

5) 耐低温性能。手套按照 GB/T 17622—2008 第 6.5 条方法经过耐低温试验后，在受力情况下经目测应无破损、断裂和裂缝出现，并应在不经过吸潮处理的情况下，通过绝缘试验。

五、绝缘鞋、绝缘靴

对绝缘鞋（靴）的外观检查要求如下：

(1) 鞋面或鞋底有标准号，有绝缘标志、安监证和耐电压数值。

(2) 电绝缘鞋宜用平跟，外底应有防滑花纹、鞋底（跟）磨损不超过 1/2。

(3) 电绝缘鞋应无破损，鞋底防滑齿磨平、外底磨透露出绝缘层者为不合格。

六、绝缘服（披肩）、屏蔽服

对绝缘服（披肩）、屏蔽服的外观检查要求如下：

(1) 标识应清晰可辨。

(2) 整衣应具有足够的弹性且平坦，并采用无缝制作方式。

(3) 内、外表面不存在破坏其均匀性、损坏表面光滑轮廓的缺陷，如小孔、裂缝、局部隆起、切口、夹杂导电异物、折缝、空隙、凹凸波纹及铸造标志等。

(4) 屏蔽服各部件应经过可卸的连接头进行可靠的电气连接，应保证各连接头在工作过程中不得脱开。

七、绝缘杆、核相器

对绝缘杆、核相器的外观检查要求如下：

(1) 操作杆应有醒目且牢固的型号标识。

(2) 操作杆的接头可采用固定式或拆卸式接头，但连接应紧密牢固。

(3) 绝缘杆应光滑，绝缘部分应无气泡、皱纹、裂纹、绝缘层脱落、严重的机械或电灼伤痕，固定连接部分应无松动、锈蚀和断裂等现象。

(4) 手持部分护套与绝缘杆连接紧密、无破损，不产生相对滑动或转动。

(5) 绝缘杆的最短有效绝缘长度、端部金属接头长度和手持部分长度应符合相关规定。

(6) 核相器的外观检查除了上述要求外，其连接线绝缘层应无破损、老化现象，导线无断股、扭结，接头连接牢固。

八、电容型验电器

（一）外观检查

（1）验电器额定电压、使用频率等标志清晰。

（2）手柄与绝缘杆、绝缘杆与指示器的连接应紧密牢固。

（3）绝缘杆应光滑，绝缘部分应无气泡、皱纹、裂纹、绝缘层脱落、严重的机械或电灼伤痕。

（4）伸缩型绝缘杆各节配合合理，拉伸后不应自动回缩。

（5）绝缘件的最小长度符合规定。

（6）自检三次，指示器均应有视觉信号和（或）听觉出现。

（二）有关技术要求

以下是 DL 740—2000《电容型验电器》对电容型验电器的技术要求（摘要）：

（1）一般要求。如果验电器需要带有加长的接触电极，那么所有的试验都应在带有该加长电极的情况下进行。

1）安全性。验电器的设计和制造应保证用户在按正确的操作方法和说明书的规定使用时的人身和设备安全。

2）指示。验电器应通过信号状态的改变，明确指示"存在电压"或"无电压"，指示可为声/光形式或其他的明显可辨的指示方式。

（2）功能要求。

1）起动电压及抗干扰性。

a. 在额定电压（或额定电压范围）下，验电器应能清晰地显示。

b. 验电器的起动电压设定后，用户不能随便调整。

c. 当验电器直接连接带电设备时，验电器应可连续显示。

d. 当按照说明书使用验电器时，邻近的带电部件或接地部件的存在不应影响验电器指示的正确性。

e. 验电器在被测设备仅带有干扰电压时，不应发出有电信号，干扰电场的存在不应影响显示的正确性。

2）清晰可辨性。在正常的光照和背景噪声下，验电器在达到起动电压后应给出清晰易辨的显示。在正常的光照条件下，验电器的光显示信号对于正常操作者应是清晰可见的。在正常的背景噪声下，验电器的声音信号对处于正常操作位置的人员，应是清晰可闻的。

3）指示器与温度的关系。验电器按其使用的环境温度，可分成低温型、常温型、高温型三类。各类验电器应相对应的温度范围内正常工作，在该气候条件范围内，起动电压的变化不应超过 DL 740—2000 第 6.1.1 条规定气候条件下起动电压值的 10%。

4）频率响应。在额定频率变化±3%的范围内验电器应能给出正确指示。

5）响应时间。响应时间应小于 1s。

6）内装电源耗尽指示。电源耗尽时应给出电源耗尽的显示或自动关机。带有自检元件的验电器，可通过自检来判定电源是否耗尽。

7) 自检元件。自检元件无论是内装的还是外附的，均应能检测指示器的所有电路，包括电源和指示功能。如果不能检测所有的电路，应在使用说明书中清楚地申明，并应保证这些未被自检的电路是高度可靠的。

8) 对直流电压无响应。验电器在直流电压下应无指示信号或只有瞬间的信号。

9) 额定工作时间。验电器应能在额定电压下，连续无故障地工作 5min 以上。

(3) 电气绝缘要求。

1) 防短接性能。验电器在正常操作时，如同时触及带电和接地部件，验电器不应闪络和击穿。

2) 耐电火花性能。验电器在正常验电时，不应由于电火花的作用致使显示器毁坏或停止工作。

3) 泄漏电流。通过绝缘件的泄漏电流不应大于 0.5mA。

(4) 机械强度要求。

1) 握着力和弯曲度。握着力不应超过 200N。应尽量减小验电器自重造成的弯曲，在水平状态下测得的弯曲度不应超过整体长度的 10%。验电器的质量应减少到最小且具有所需的性能要求。

2) 抗跌落性。验电器自 1m 的高度跌落在坚硬的地面上时，结构不应有损坏并应保持原有的功能和性能。

3) 抗冲击性。指示器应具有抗冲击性能。

4) 护手。护手直径应比绝缘杆直径大 40mm，护手厚度最小为 20mm。

九、绝缘绳

对绝缘绳的外观检查要求如下：

(1) 每股绝缘绳索及每股线均应紧密绞合，不得有松散、分股的现象。

(2) 绳索各股中丝线均不应有叠痕、凸起、压伤、背股、抽筋等缺陷。

(3) 接头应单根丝线连接，不允许有股接头。

(4) 单丝接头应封闭于绳股内部，不得露在外面。

(5) 股绳和股线的捻距及纬线在其全长上应该均匀。

(6) 经防潮处理后的绝缘绳索表面应无油渍、污迹、脱皮等。

十、绝缘软梯

绝缘软梯应保持干燥、洁净、无破损缺陷，各部件外观检查应符合下列要求。

(一) 编织结构的边绳及环形绳要求

(1) 边绳的绳芯及环形绳直径应不小于 8mm，编织的内纬线节距为 8mm。

(2) 绳扣接头应采用镶嵌方式，接头应紧密匀称，长度不得少于 240mm。

(3) 环形绳与边绳的包箍连接点应平服、牢固扣紧。

(4) 边绳处绳扣接头及环形绳定位包箍连接点处，其外径应不小于 10mm，外纬线节距为 3mm。

(5) 边绳与环形绳不准有紧松不匀、分股、凸起、压伤等缺陷。内、外纬线的节距应匀称，股线连接接头应牢固，且应嵌入编织层内，不得突露在外表面。

（二）捻合结构的边绳及环形绳要求

（1）绳索和绳股必须连续而无捻接。捻合成的绳索和绳股应紧密胶合，不得有松散、分股的现象。

（2）绳索各股及各股中丝线不应有叠痕、凸起、压伤、背股、抽筋等缺陷，不得有错乱、交叉的丝、线、股。

（3）绳索各股中绳纱及无捻连接的单丝数应相同。

（4）绳索应由绳股以 Z 向捻合成，绳股本身为 S 捻向。

（5）股绳和股线的捻距应该均匀。

（6）绳扣接头应从绳索套扣下端开始，且每绳股应连续镶嵌 5 道。镶嵌成的接头应紧密匀称，末端应用丝线牢固绑扎。

（7）环形绳与边绳的连接应牢固、平服。

（三）横蹬要求

（1）横蹬两端管口应呈 $R1.5$ 的圆弧状，且应平整、光滑、涂有绝缘漆。

（2）横蹬应紧密牢固定在两边绳上，不得有横向滑移的现象。

（四）金属心形环要求

（1）金属心形环表面光洁，无毛刺、疤痕、切纹等缺陷。边缘呈圆弧状，表面镀锌层良好，无目测可见的锈蚀。

（2）金属心形环镶嵌在绳索套扣内应紧密无松动。

（五）软梯头要求

（1）软梯头的主要部件应表面光滑，无尖边、毛刺、缺口、裂纹、锈蚀等缺陷。

（2）各部件连接应紧密牢固，整体性好。

（3）软梯头滚轮与轴应润滑、可靠。

十一、接地线

常用的接地线有携带型短路接地线和个人保安接地线。对其进行外观检查应符合以下要求。

（1）标记清晰明了，应包括以下信息：厂家名称或商标、产品的型号或类别、接地线横截面积（mm^2）、双三角形符号、生产年份。

（2）接地线绝缘护套材料应柔韧，厚度不小于 1.0mm。

（3）护套应无孔洞、撞伤、擦伤、裂缝、龟裂等现象，导线无松股、中间无接头、断股和发黑腐蚀。

（4）汇流夹应由 T3 或 T2 铜制成，压接后应无裂纹，与接地线连接牢固。

（5）绝缘操作杆符合规定的表观要求。线夹完整、无损坏，与绝缘杆连接牢固。应操作方便，安装后应有自锁功能。线夹与电力设备及接地体的接触面无毛刺，紧固力应不致损坏设备导线或固定接地点。导线应采用线鼻与线夹相连接，线鼻与线夹连接牢固，接触应良好，无松动、腐蚀及灼伤痕迹。

十二、脚扣、登高板

（一）脚扣的外观检查

（1）金属母材及焊缝无任何裂纹和目测可见的变形，表面光洁，边缘呈圆弧形。

(2) 围杆钩在扣体内滑动应灵活、可靠、无卡阻现象。

(3) 小爪连接牢固，活动灵活。

(4) 橡胶防滑块与小爪钢板、围杆钩连接牢固，覆盖完整，无破损。

(5) 皮带完好，无霉变、裂缝或严重变形。

（二）登高板的外观检查

(1) 踏板、钩子不得有裂纹和变形，心形环完整，绳索无断股或霉变。

(2) 绳扣接头及每绳股连续插花应不少于 4 道，绳扣与踏板间应套接紧密。

十三、移动式竹木梯、移动式铝合金梯

对移动式竹木梯、移动式铝合金梯的外观检查要求如下：

(1) 踏棍（板）与梯梁连接牢固，整梯无松散，各部件无变形，梯脚防滑良好。

(2) 梯子竖立后平稳，无目测可见的侧向倾斜。

(3) 升降梯升降灵活，锁紧装置可靠。

(4) 竹木梯无虫蛀、腐蚀等现象。

(5) 木梯不得有横向倾斜节疤或超过梯梁 1/5 宽度的节疤，踏挡节疤直径不大于 3mm，无连续裂纹和长度大于 100mm 的浅表裂纹。

(6) 木梯表面应涂漆保护。

(7) 铝合金折梯铰链牢固，开闭灵活，无松动。

(8) 折梯限制开度装置完整牢固。

(9) 延伸式梯子操作用绳无断股、打结等现象，升降灵活，锁位准确可靠。

十四、抱杆

对抱杆的外观检查要求如下：

(1) 金属抱杆的额定起重载荷标识清晰。

(2) 圆木抱杆不得有木质腐朽、损伤严重或弯曲过大情况。

(3) 金属抱杆整体组装方便，连接紧密，无松动或错位。主要受力构件无局部严重弯曲、磕瘪变形、表面严重腐蚀、裂纹、脱焊或铆钉脱落等现象，抱杆脱帽环表面无裂纹或螺纹变形。

(4) 钢结构抱杆主要受力构件长细比不应超过 120，次要受力构件不应超过 150。焊接处无裂缝、夹渣、气孔和未焊满等缺陷。

(5) 铝合金结构抱杆主要受力构件长细比不应超过 100，次要受力构件不应超过 110。主材与辅材、辅材与辅材间的连接应采用铝合金铆钉连接，不得用焊接方法连接。

十五、滑车

对滑车的外观检查要求如下：

(1) 滑车的规格型号标识清晰。

(2) 轴、吊钩（环）、梁、侧板等不得有裂纹和显著的变形，保险扣完整、有效。

(3) 滑轮槽底光滑，转动灵活，无卡阻和碰擦轮缘现象。

(4) 槽底所附材料完整，轮毂黏结牢固。

(5) 吊钩及吊环螺母必须采用开槽螺母，侧面螺栓高出螺母部分不大于 2mm。侧板开

口在 90°范围内应无卡阻现象。

十六、钢丝绳

钢丝绳有下列情况之一者应予以报废：

（1）钢丝绳在一个节距中的断丝根数达到或超过规定的数值。

（2）外层钢丝磨损或腐蚀达到原来钢丝直径的 40% 及以上，或钢丝绳受过严重退火或局部电弧烧伤者。

（3）绳芯损坏或绳股挤出而引起绳径减小者。

（4）笼状畸形、严重扭结或弯折。

（5）钢丝绳压扁变形及表面起毛刺严重者。

（6）钢丝绳断丝数量不多，但断丝增加很快者。

（7）插接的环绳或绳套，其插接长度小于直径的 15 倍或小于 300mm。

十七、紧线器、提线器

对紧线器、提线器的外观检查要求如下：

（1）必须有保险装置，保证丝杆螺纹和杆套（螺母）任何时候都有足够的啮合长度。

（2）双钩紧线器必须能自锁，换向爪应灵活有效。

（3）螺杆无缺齿、裂纹或变形，空载时应能轻松伸缩。

（4）吊钩磨损不超过原截面的 10%，开口度不超过 15%，扭转变形不超过 10°。

（5）棘轮紧线器的换向爪和自锁装置应完好有效，轴承转动应灵活。

十八、卡线器

对卡线器的外观检查要求如下：

（1）规格型号等标识清晰。

（2）卡线器主要零件应表面光滑，无尖边毛刺、缺口裂纹等缺陷。

（3）钳口斜纹应清晰。

（4）转动部分灵活、无卡涩现象，在导线上装、拆方便。

（5）在额定载荷作用下导线应无明显压痕；在 1.25 倍额定载荷作用下，卡线器夹嘴与线体在纵横方向均无相对滑移，且线体的表面压痕及毛刺不超过 GB 50233—2005《110～500kV 架空电力线路施工及验收规范》规定的打光处理标准，线体与夹嘴无偏移，直径无压扁，表面无拉痕和鸟巢状变形。

（6）导线卡线器的夹嘴长度应大于（6.5d-20）mm（d 为导线外径）。

附录 B 电气产品安全认证标志

表 B.1　　IEC 成员国的电工产品认证标志

国家名称	标志符号	适用范围	标志管理部门
中国		电工产品	中国电工产品认证委员会（CCEE）
澳大利亚		电工与非电工产品	澳大利亚标准协会（SAA）
加拿大		电工与非电工产品	加拿大标准协会（CSA）
丹麦		电工产品	丹麦电工材料检验所（DEMKO）
芬兰		电工产品	电器检验所

续表

国家名称	标志符号	适用范围	标志管理部门
法国		家用电器 家用和类似用途连接附件	电工联合会（UTE）
日本		电工与非电工以及电子产品	日本工业标准调查会（JISC）
韩国		电工与非电工产品 电子元器件及材料	韩国工业发展管理局
荷兰		电工产品	—

续表

国家名称	标志符号	适用范围	标志管理部门
挪威		电工产品	挪威电气设备实验与认证局
美国	美国没有国家标准标志，但许多民间组织可以提供实验及认证服务	电工产品	美国保险商实验室

参 考 文 献

［1］杨清德．看图学电工仪表．北京：电子工业出版社，2008．
［2］杨清德．看图学电工．北京：电子工业出版社，2008．
［3］杨清德．图解电工技能．北京：电子工业出版社，2007．
［4］杨清德．电工技能培训与应试指导．北京：电子工业出版社，2008．
［5］杨清德．轻轻松松学电工基础篇．北京：人民邮电出版社，2008．
［6］杨清德．轻轻松松学电工器件．北京：人民邮电出版社，2008．
［7］杨清德．轻轻松松学电工技能篇．北京：人民邮电出版社，2008．
［8］杨清德．轻轻松松学电工应用篇．北京：人民邮电出版社，2008．
［9］于日浩，邱利军，朱政．电工工具使用入门．北京：化学工业出版社，2008．
［10］胡山，杨宗强．电工常用工具和仪表．北京：化学工业出版社，2007．
［11］余虹云，俞成彪，李端．电力安全工器具及小型施工机具使用与检测．北京：中国电力出版社，2007．